Bootstrap 5.X 从入门到项目实战

李爱玲　编著

清華大学出版社
北　京

内 容 简 介

本书是针对零基础读者编写的网站前端开发入门教材。本书采用目前最新的 Bootstrap 5.X 版本，侧重案例实训，书中配有丰富的微课视频，读者可以通过微课视频更为直观地学习有关网站前端开发的热点案例。

本书分为 18 章，包括流行的开发框架 Bootstrap，使用最新的框架 Bootstrap 5.X，快速掌握 Bootstrap 布局，Bootstrap 中的弹性盒子布局，精通页面排版，CSS 通用样式，Bootstrap 在表单中的应用，常用的 CSS 组件，高级的 CSS 组件，卡片、旋转器和手风琴组件，认识 JavaScript 插件，精通 JavaScript 插件等内容。最后通过 6 个热点综合项目，帮助读者进一步掌握项目开发技能。

本书通过精选热点案例，可以让初学者快速掌握网站前端开发技术。通过微信扫码观看视频，可以随时随地在移动端学习开发知识。

图书在版编目(CIP)数据

Bootstrap 5.X 从入门到项目实战/李爱玲编著. —北京：清华大学出版社，2023.6

ISBN 978-7-302-63873-5

Ⅰ. ①B… Ⅱ. ①李… Ⅲ. ①网页制作工具 Ⅳ. ①TP393.092.2

中国国家版本馆 CIP 数据核字(2023)第 109384 号

责任编辑： 张彦青

装帧设计： 李　坤

责任校对： 李玉萍

责任印制： 朱雨萌

出版发行： 清华大学出版社

网　　址： http://www.tup.com.cn, http://www.wqbook.com

地　　址： 北京清华大学学研大厦 A 座　　**邮　　编：** 100084

社 总 机： 010-83470000　　**邮　　购：** 010-62786544

投稿与读者服务： 010-62776969, c-service@tup.tsinghua.edu.cn

质量反馈： 010-62772015, zhiliang@tup.tsinghua.edu.cn

印 装 者： 三河市科茂嘉荣印务有限公司

经　　销： 全国新华书店

开　　本： 185mm×260mm　　**印　张：** 20.5　　**字　数：** 499 千字

版　　次： 2023 年 6 月第 1 版　　**印　次：** 2023 年 6 月第 1 次印刷

定　　价： 75.00 元

产品编号：100091-01

前　言

Bootstrap 是目前最受欢迎的前端框架。它能在很大程度上降低 Web 前端开发的难度，因此深受广大 Web 前端开发人员的喜爱。Bootstrap 框架功能强大，能用最少的代码实现最多的功能。对最新版本 Bootstrap 的学习也成为网页设计师的必修功课。目前学习和关注 Bootstrap 的人越来越多，但很多初学者都苦于找不到一本通俗易懂、容易入门和案例实用的参考书。通过本书的案例实训，读者可以很快地掌握流行的动态网站开发方法，提高职业化能力。

本书特色

■　零基础、入门级的讲解和最新技术

无论您是否从事计算机相关行业，无论您是否接触过网站开发，都能从本书中找到最佳起点。最新版的 Bootstrap 5.X 新增了很多实用的功能，本书将会一一讲述。

■　实用、专业的范例和项目

本书在内容编排上紧密结合深入学习网页设计的过程，从 Bootstrap 的基本概念开始，逐步带领读者学习网站前端开发的各种应用技巧，侧重实战技能，使用简单易懂的实际案例进行分析和操作指导，让读者学起来简单轻松，操作起来有章可循。

■　随时随地碎片化学习

本书提供了微课视频，通过手机扫码即可观看，随时随地解决学习中的困惑。

本书微课视频涵盖书中所有知识点，详细讲解了每个实例及项目的创建过程及技术关键点。读者看视频比看书能更轻松地掌握书中所有的 Bootstrap 前端开发知识，而且扩展的讲解部分使读者能得到比书中更多的收获。

■　超多容量王牌资源

赠送 8 大王牌资源助力读者自学无忧，包括本书案例源代码、同步教学视频、精美教学幻灯片、教学大纲、100 套热门 Bootstrap 项目源码、160 套 jQuery 精彩案例、名企网站前端开发招聘考试题库和毕业求职面试资源库。

读者对象

本书是一本完整介绍网站前端技术的教程，内容丰富、条理清晰、实用性强，适合以下读者学习使用：

- 零基础的 Bootstrap 网站前端开发自学者
- 希望快速、全面掌握 Bootstrap 网站前端开发的人员
- 高等院校或培训机构的老师和学生

- 参加毕业设计的学生

如何获取本书配套资料和帮助

为帮助读者高效、快捷地学习本书知识点，我们不但为读者准备了与本书知识点有关的配套素材文件，而且还设计并制作了精品视频教学课程，同时还为教师准备了 PPT 课件资源。购买本书的读者，可以扫描下方的二维码获取相关的配套学习资源。

本书案例源代码

附赠资源

精美幻灯片

读者在学习本书的过程中，使用 QQ 或者微信的“扫一扫”功能，扫描本书各标题下的二维码，在打开的视频播放页面中可以在线观看视频课程，也可以将其下载并保存到手机中离线观看。

创作团队

本书由李爱玲编著，参加编写的人员还有刘荣英和刘春茂。在编写本书的过程中，笔者尽量争取将网站前端开发涉及的知识点以浅显易懂的方式呈现给读者，但难免有疏漏和不妥之处，敬请读者不吝指正。

编　者

目　　录

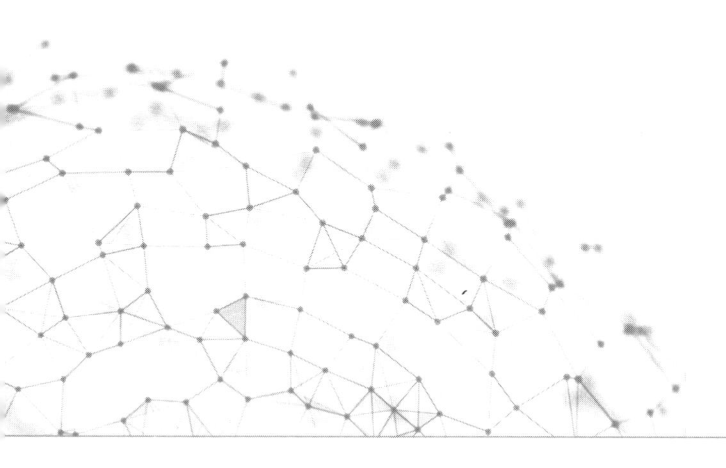

第1章

流行的开发框架 Bootstrap

Bootstrap 是目前最流行的一套前端开发框架，集成了 HTML、CSS 和 JavaScript 技术，为快速开发网页提供了布局、网格、表格、按钮、表单、导航、提示、分页等组件。本章主要介绍 Bootstrap 的由来、构成模块、特色、优势和 Bootstrap 5.X 的新变化。

1.1 认识 Bootstrap

Bootstrap 是最受欢迎的 HTML、CSS 和 JavaScript 框架，用于开发响应式布局、移动设备优先的 Web 项目。下面来认识 Bootstrap。

1.1.1 Bootstrap 的由来

Bootstrap 是美国 Twitter 公司的设计师 Mark Otto(马克・奥托)和 Jacob Thornton(雅各布・桑顿)合作开发的，基于 HTML、CSS、JavaScript 的简洁、直观、强悍的前端开发框架，使用它可以快速、简单地构建网页和网站。

在 Twitter 的早期，工程师们几乎使用他们熟悉的每一个前端库来满足开发前端的需求，这就造成了网站维护困难、可扩展性不强、开发成本高等问题。在 Twitter 的第一个 Hack Week 期间，Bootstrap 最初是为了应对这些挑战而迅速发展起来的。

2010 年 6 月，为了提高内部的协调性和工作效率，Twitter 公司的几个前端开发人员自发成立了一个兴趣小组，该小组早期主要围绕一些具体产品展开讨论。经过不断地讨论和实践，该小组逐渐确立了一个清晰的目标，期望设计一个伟大的产品，即创建一个统一的工具包，允许任何人在 Twitter 内部使用，并不断对其进行完善和超越。后来，这个工具包逐步演化为一个有助于建立新项目的应用系统。在它的基础上，Bootstrap 的构想产生了。

Bootstrap 项目由 Mark Otto 和 Jacob Thornton 主导建立，定位为一个开放源码的前端工具包。他们希望通过这个工具包提供一种精致、经典、通用，且使用 HTML、CSS 和 JavaScript 构建的组件，为用户构建一个设计灵活和内容丰富的插件库。

最终，Bootstrap 成为应对这些挑战的解决方案，并开始在 Twitter 内部迅速成长，形成了稳定版本。随着工程师对其不断的开发和完善，Bootstrap 进步显著，不仅包括基本样式，而且有了更为优雅和持久的前端设计模式。

2011 年 8 月，Twitter 将其开源，开源页面地址为 http://twitter.github.com/Bootstrap。至今，Bootstrap 已发展了几十个组件，并已成为最受欢迎的 Web 前端框架之一。

2015 年 8 月，Twitter 发布了 Bootstrap 4 内测版。Bootstrap 4 是一次重大更新，几乎涉及每行代码。Bootstrap 4 与 Bootstrap 3 相比拥有了更多具体的类，并把一些有关的部分变成了相关的组件。同时 Bootstrap.min.css 的体积减少了 40%以上。

2021 年 5 月，Bootstrap 5 正式发布，Bootstrap 5 带来了大量的变化和改进，包括添加新组件、新类、旧组件的新样式、更新的浏览器支持，并删除了一些旧组件，值得一提的是其 Logo 也有相应变化。

1.1.2　Bootstrap 的构成模块

Bootstrap 的构成模块从大的方面可以分为页面布局、页面排版、通用样式和基本组件等部分。下面简单介绍 Bootstrap 中各模块的功能。

1. 页面布局

布局对于每个项目都必不可少。Bootstrap 在 960 栅格系统的基础上扩展出一套优秀的栅格布局，而且在响应式布局中有更强大的功能，能让栅格布局适应各种设备。这种栅格布局的使用方法也相当简单，只需要按照 HTML 模板应用，即可轻松构建所需的布局效果。

2. 页面排版

页面排版将直接影响产品风格。在 Bootstrap 中，页面的排版都是从全局的概念出发，定制了主体文本、段落文本、强调文本、标题、Code 风格、按钮、表单、表格等格式。

3. 通用样式

Bootstrap 定义了通用样式类，包括边距、边框、颜色、对齐方式、阴影、浮动、显示与隐藏等，可以使用这些通用样式快速地进行应用开发，无须再编写大量的 CSS 样式。

4. 基本组件

基本组件是 Bootstrap 的精华之一，其中都是开发者平时需要用到的交互组件。例如，按钮、下拉菜单、标签页、工具栏、工具提示和警告框等。运用这些组件可以大幅度提高用户的交互体验，使产品不再那么呆板。

1.2　Bootstrap 的特色

Bootstrap 是目前最好的前端开发工具包，它拥有以下特色。

(1) 支持响应式设计：从 Bootstrap 2 开始，提供完整的响应式特性；所有的组件都能根据分辨率和设备尺寸灵活缩放，从而提供一致性的用户体验。

(2) 适应各种技术水平：Bootstrap 适应不同技术水平的从业者，无论是设计师，还是程序开发人员，不管是骨灰级别的大牛，还是刚入门的菜鸟；使用 Bootstrap 既能开发简单的小程序，也能构造复杂的应用。

(3) 跨设备、跨浏览器：最初设想的 Bootstrap 只支持现代浏览器，不过新版本已经支持所有的主流浏览器，甚至包括 IE7；从 Bootstrap 2 开始，提供对平板和智能手机的支持。

(4) 提供 12 列网格布局：网格系统不是万能的，不过在应用的核心层有一个稳定和灵活的网格系统确实可以让开发过程变得更简单；可以选用内置的网格，或是自己手动编写。

(5) 样式化的文档：与其他前端开发工具包不同，Bootstrap 优先设计了一个样式化的使用指南，不仅用来介绍特性，更用以展示最佳实践、应用以及代码示例。

(6) 不断完善的代码库：尽管经过 gzip 压缩后，Bootstrap 只有 10KB 大小，但是它却仍是最完备的前端工具包之一，提供了几十个全功能的随时可用的组件。

(7) 可定制的 jQuery 插件：任何出色的组件设计，都应该提供易用、易扩展的人机界面。Bootstrap 为此提供了定制的 jQuery 内置插件。

(8) 选用 LESS 构建动态样式：当传统枯燥的 CSS 写法止步不前时，LESS 技术横空出世；LESS 使用变量、嵌套、操作、混合编码，帮助用户花费很少的时间成本，就可以编写出更快、更灵活的 CSS。

(9) 支持 HTML5：Bootstrap 支持 HTML5 标签和语法，要求建立在 HTML5 文档类型基础上进行设计和开发。

(10) 支持 CSS3：Bootstrap 支持 CSS3 的所有属性和标准，并逐步改进组件以达到最终效果。

(11) 提供开源代码：Bootstrap 全部托管于 GitHub(https://github.com/)，完全开放源代码，并借助 GitHub 平台实现社区化开发和共建。

1.3 Bootstrap 的优势

Bootstrap 是由 Twitter 发布并开源的前端框架，使用非常广泛。Bootstrap 框架的优势如下。

(1) Bootstrap 出自 Twitter。由大公司发布，并且完全开源，自然久经考验，减少了测试的工作量。

(2) Bootstrap 的代码有着非常良好的代码规范。在学习和使用 Bootstrap 时，有助于开发者养成良好的编码习惯，在 Bootstrap 的基础之上创建项目，日后代码的维护也变得简单清晰。

(3) Bootstrap 是基于 LESS 打造的，并且也有 SASS 版本。LESS 和 SASS 是 CSS 的预处理技术，正因如此，它一经推出就包含了一个非常实用的 Mixin 库供开发者调用，从而使得开发过程中对 CSS 的处理更加简单。

(4) Bootstrap 支持响应式开发。Bootstrap 响应式的网格系统(Grid System)非常先进，它已经搭建好了实现响应式设计的基础框架，并且非常容易修改。Bootstrap 可以帮助新手在非常短的时间内掌握响应式布局的设计。

(5) 丰富的组件与插件。Bootstrap 的 HTML 组件和 JavaScript 组件非常丰富，并且代码简洁，非常易于修改。由于 Bootstrap 的火爆，又出现了不少围绕 Bootstrap 而开发的 JavaScript 插件，这就使得开发的工作效率得到极大提升。

下面介绍一个使用 Bootstrap 框架的网站——星巴克网站，网址为 https://www.starbucks.com.cn/。星巴克(Starbucks)是一家连锁咖啡公司的名称，其网站比较独特，采用两栏的方式进行布局，如图 1-1 所示。

当移动设备屏幕比较窄时，网页部分内容可折叠到菜单中，当需要使用时再展开，通过选择菜单导航，这样既使得页面布局更简洁，又提升了用户体验，如图 1-2 所示。

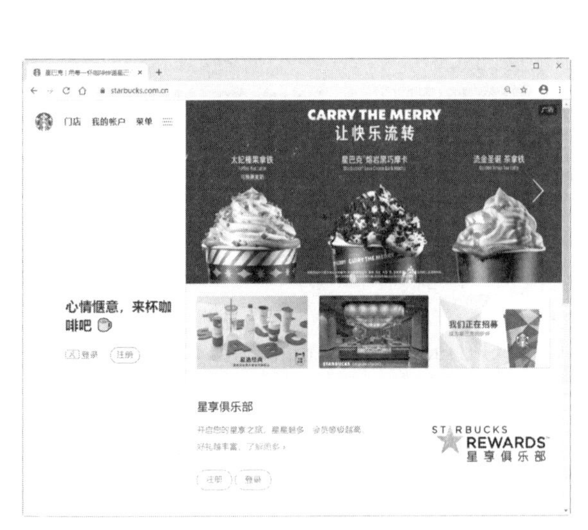

图 1-1　星巴克网站首页

图 1-2　移动端浏览网页效果

这是一个非常典型的响应式使用，因为如果保持导航布局结构，在低分辨率显示情况下，导航布局宽度可能会超出水平显示的宽度，那么浏览器中就会出现水平滚动条，在移动设备端，这是不友好的体现。

1.4　Bootstrap 5.X 的新变化

和 Bootstrap 4 版本相比，Bootstrap 5.X 发生了一些新变化，包括对浏览器支持的更改，不再依赖 jQuery 库，改变了数据属性的命名方式等，下面进行简单介绍。

1. 对浏览器支持的更改

在 Bootstrap 5.X 之前，Bootstrap 支持 Internet Explorer 10 及以上版本的浏览器。从 Bootstrap 5.X 开始，对 Internet Explorer 浏览器的支持已完全取消。

Bootstrap 5.X 开始支持的浏览器如下。

(1) 浏览器 Firefox 60 和 Chrome 60 及以上版本。

(2) 浏览器 Safari 12 及以上版本。

(3) 浏览器 Android System WebView 6 及以上版本。

2. 不再依赖 jQuery 库

在 Bootstrap 5.X 之前，Bootstrap 需要加载 jQuery 库。在 Bootstrap 5.X 中，开发项目可以不使用 jQuery 库。不过，如果用户需要使用 jQuery 库，也可以加载 jQuery 库。

没有 jQuery 库，Bootstrap 5.X 是如何工作的呢？例如，在 Bootstrap 4 中，用户可以在 JavaScript 中使用以下代码来创建消息元素。

```
$('.toast').toast()
```

在 Bootstrap 5.X 中，没有 jQuery 库的情况下，用户可以使用以下代码创建消息元素。

```
//使用 JavaScript 来查询文档中具有.toast 类的元素
const toastElList = [...document.querySelectorAll('.toast')]
//使用 new bootstrap.Toast() 在元素上初始化一个 Toast 组件
const toastList = toastElList.map((toastEl) =>{
   return new bootstrap.Toast(toastEl)
})
```

注意

如果网站中存在 jQuery 库，但又不希望 Bootstrap 加载 jQuery 库，那么应该如何设定呢？用户可以在<body>标签里添加属性 data-bs-no-jquery 来实现。

```
<body data-bs-no-jquery = "true">
</body>
```

3. 数据属性的更改

在 Bootstrap 5.X 之前，Bootstrap 命名 data 属性使用“data-*”的形式。在 Bootstrap 5.X 中，为了避免属性冲突，中间加了 bs，命名 data 属性使用“data-bs-*”的形式。

```
//在 Bootstrap 5.X 之前的版本中
data-toggle = "tooltip"
//在 Bootstrap 5.X 版本中
data-bs-toggle = "tooltip"
```

4. 其他变化

除了上述比较明显的变化外，还有一些细微的变化如下。

(1) Bootstrap 5.X 使用 Popper v2 版本，通过@popperjs/core 引用，而不再需要以前的 Popper.js 文件，所以 Popper v1 将不再工作。

(2) Bootstrap 5.X 版本之前，如果想隐藏一个元素，需要使用.sr-only 类。在 Bootstrap 5.X 版本中，该类被替换为.visually-hidden。Bootstrap 5.X 版本之前，如果想隐藏一个交互式元素，需要同时使用.sr-only 类和.sr-only-focusable 类。在 Bootstrap 5.X 版本中，只需要使用.visually-hidden-focusable，而不再需要.visually-hidden。

(3) 用于命名引用源的<blockquote>元素需要用<figure>元素包裹。

(4) Bootstrap 5.X 版本之前，表的样式是继承的。例如一个表嵌套在另外一个表中，嵌套的表将继承父表的样式。在 Bootstrap 5.X 版本中，各个表的样式是相互独立的。

(5) 关于位置类的命名也发生了变化。由于 left 修改为 start，right 修改为 end，所以缩写也发生了变化。例如，ml 修改为 ms，mr 修改为 me，pl 修改为 ps，pr 修改为 pe。

(6) 面包屑的默认样式已经更改，删除了默认的灰色背景、填充和边框半径。

(7) 用于范围输入的.form-control-range 类被修改为.form-range 类。

(8) 链接默认有下划线，即使鼠标没有在链接上悬停。

(9) 自定义表单元素类的名称已经从.custom-*变成了表单组件类的一部分。例如，.custom-check 被 .form-check 所取代，.custom-select 被.form-select 所取代，以此类推。

(10) Bootstrap 5.X 默认启用了响应式字体大小(RFS)。响应式字体大小最初是为了响应式地缩放和调整字体大小。现在，RFS 也能为 margin、padding、box-shadow 等属性做同样的事情，其所做的基本工作是根据浏览器的尺寸计算出最合适的数值，有助于实现更好的响应性。

(11) 新增了一些实用的组件，包括 Accordion(手风琴)、Offcanvas(重叠侧边栏)和 Floating Label(浮动标签)。

1.5 疑难问题解惑

疑问 1： Bootstrap 5.X 对浏览器和移动设备的支持情况如何？

Bootstrap 5.X 支持每个主要平台上的默认浏览器的最新版本。不过基于代理(proxy)模式的浏览器是不被支持的。

可以在 Bootstrap 源码文件中找到.browserslistrc 文件，其中包括支持的浏览器及其版本，代码如下所示：

```
# https://github.com/browserslist/browserslistrc#readme

>= 0.5%
last 2 major versions
not dead
Chrome >= 60
Firefox >= 60
Firefox ESR
iOS >= 12
Safari >= 12
not Explorer <= 11
```

Bootstrap 5.X 对移动设备上的浏览器的支持情况如表 1-1 所示。

表 1-1　Bootstrap 5.X 对移动设备上的浏览器的支持情况

	Chrome	Firefox	Safari	Android Browser & WebView
安卓(Android)	支持	支持	不支持	Android v6.0+支持
苹果(iOS)	支持	支持	支持	不支持

Bootstrap 5.X 对桌面浏览器的支持情况如表 1-2 所示。

表 1-2　Bootstrap 5.X 对桌面浏览器的支持情况

	Chrome	Firefox	Microsoft Edge	Opera	Safari
Mac	支持	支持	支持	支持	支持
Windows	支持	支持	支持	支持	不支持

疑问 2：　学习 Bootstrap 5.X 有什么好的资源？

使用 Bootstrap 开发网站，就像拼图一样，需要什么就拿什么。Bootstrap 框架定义了大量的组件，根据网页的需要，可以直接用相应的组件进行拼凑，然后稍微添加一些自定义的样式风格，即可完成网页的开发。对于初学者来说，花几个小时阅读本书，就能快速地了解各个组件的用法，只要按照它的使用规则使用即可。

下面推荐一些 Bootstrap 5.X 的学习资源。

(1)　Bootstrap 5 中文网：https://www.bootcss.com/。

(2)　Bootstrap 5 中文文档：https://v5.bootcss.com/。

(3)　Bootstrap 所有版本：https://getbootstrap.com/docs/versions/。

第 2 章

使用最新的框架 Bootstrap 5.X

Bootstrap 是一个简洁、直观、强悍的前端开发框架，只要学习并遵守它的标准，即使没有学过网页设计的开发者，也能做出专业和美观的页面，极大地提高工作效率。本章主要介绍下载和安装 Bootstrap 5.X、Bootstrap 的在线开发工具等内容，并实际设计两个简单的案例。

2.1　下载 Bootstrap 5.X

下载 Bootstrap 5.X 之前，先确保系统中已经准备好一个网页编辑器，本书使用 WebStorm 软件。另外，读者应该对自己的网页开发水平进行初步评估，如是否基本掌握 HTML5、CSS3 和 JavaScript 技术，以便在网页设计和开发中轻松学习和使用 Bootstrap 5.X。

Bootstrap 5.X 提供了几个快速上手的方式，每种方式都针对不同级别的开发者和不同的使用场景。Bootstrap 压缩包有两个版本，一个是供学习使用的完整源码版，一个是供直接引用的编译版。

1. 下载源码版 Bootstrap 5.X

访问 GitHub，找到 Twitter 公司的 Bootstrap 项目页面(https://github.com/twbs/bootstrap/)，即可下载最新版本的 Bootstrap 5.X 压缩包，如图 2-1 所示。通过这种方式下载的 Bootstrap 5.X 压缩包，名称为 bootstrap-master.zip，包含 Bootstrap 5.X 库中所有的源文件以及参考文档，适合读者学习和交流使用。

用户也可以通过访问 https://getbootstrap.com/docs/5.1/getting-started/download/页面下载源码文件，如图 2-2 所示。

2. 下载编译版 Bootstrap 5.X

如果希望快速地使用 Bootstrap，可以直接下载经过编译、压缩后的发布版，访问 https://getbootstrap.com/docs/5.1/getting-started/download/页面，单击 Download 按钮进行下载，下载文件名称为 bootstrap-5.1.3-dist.zip，如图 2-3 所示。

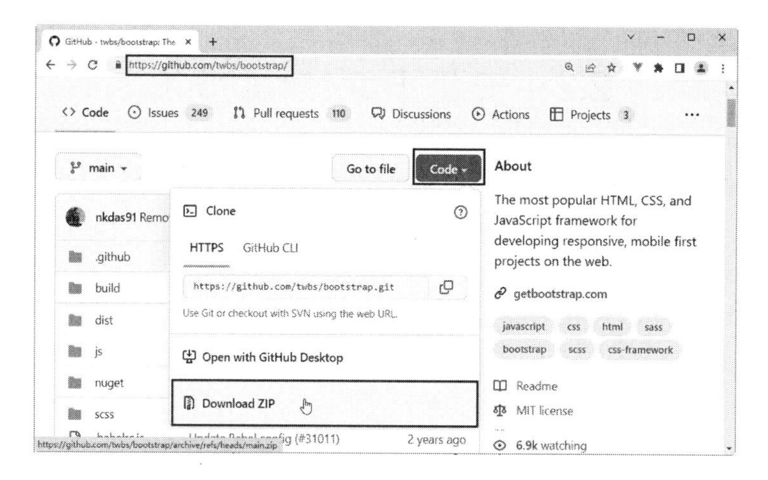

图 2-1　GitHub 上下载 Bootstrap 5.X 压缩包

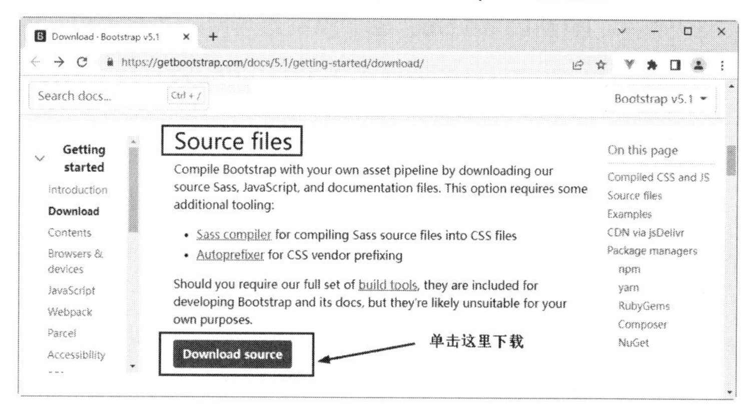

图 2-2　在官网下载 Bootstrap 5.X 源代码

图 2-3　在官网下载编译版的 Bootstrap

编译版的 Bootstrap 文件仅包括 CSS 文件和 JavaScript 文件，Bootstrap 中删除了字体图标文件。直接复制压缩包中的文件到网站目录，导入相应的 CSS 文件和 JavaScript 文件，即可在网站和网页中应用 Bootstrap 的内容。

2.2 安装 Bootstrap 5.X

Bootstrap 压缩包下载到本地之后，就可以安装使用了。本节介绍两种安装 Bootstrap 5.X 框架的方法。

2.2.1 本地安装

Bootstrap 5.X 不同于历史版本，它首先为移动设备优化代码，然后用 CSS 媒体查询来扩展组件。

接下来安装 Bootstrap 5.X，需要以下 4 步。

(1) 添加 HTML5 doctype 声明。Bootstrap 要求使用 HTML5 文件类型，所以需要添加 HTML5 doctype 声明。HTML5 doctype 在文档头部声明，并设置相应编码：

```
<!DOCTYPE html>
<html>
  <head>
    <meta charset="utf-8">
  </head>
</html>
```

(2) 为了确保所有设备的渲染和触摸效果，必须在网页的<head>标签中添加响应式的视图标签，代码如下：

```
<meta name="viewport" content="width=device-width, initial-scale=1">
```

代码中的“width=device-width”表示宽度采用设备屏幕的宽度；“initial-scale=1”表示初始的缩放比例。

(3) 安装 Bootstrap 的基本样式，在<head>标签中，使用<link>标签调用 CSS 样式，这是常见的一种调用方法。

```
<head>
    <meta charset="utf-8">
    <meta name="viewport" content="width=device-width, initial-scale=1">
    <link rel="stylesheet" href="bootstrap-5.1.3-dist/css/bootstrap.css">
    <link rel="stylesheet" href="css/style.css">
</head>
```

其中，bootstrap.css 是 Bootstrap 的基本样式，style.css 是项目自定义的样式。

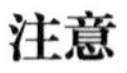

调用必须遵从先后顺序。style.css 是项目中的自定义样式，用来覆盖 Bootstrap 中的一些默认设置，便于开发者定制本地样式，所以必须在 bootstrap.css 文件后面引用。

(4) CSS 样式安装完成后，开始安装 bootstrap.js 文件。方法很简单，按照与 CSS 样式相似的引入方式，把 bootstrap.js 引入到页面代码中即可。

```
<!DOCTYPE html>
<html>
<head>
```

```
    <meta charset="utf-8">
    <meta name="viewport" content="width=device-width, initial-scale=1">
    <link rel="stylesheet" href="bootstrap-5.1.3-dist/css/bootstrap.css">
    <link rel="stylesheet" href="css/style.css">
    <script src="bootstrap-5.1.3-dist/js/bootstrap.js"></script>
</head>
<body>
<!—页面内容-->
</body>
</html>
```

bootstrap.js 是 Bootstrap 框架的源文件。

2.2.2 在线安装

Bootstrap 官网为 Bootstrap 构建了 CDN 加速服务，访问速度快、加速效果明显。读者可以在文档中直接引用，代码如下：

```
<!-- 最新的 Bootstrap5 核心 CSS 文件 -->
<link rel="stylesheet" href="https://cdn.staticfile.org/twitter-
    bootstrap/5.1.3/css/bootstrap.min.css">
<!-- 最新的 Bootstrap5 核心 JavaScript 文件 -->
<script src="https://cdn.staticfile.org/twitter-
    bootstrap/5.1.3/js/bootstrap.min.js"></script>
```

也可以使用另外一些 CDN 加速服务。例如，BootCDN 为 Bootstrap 免费提供了 CDN 加速器。使用 CDN 提供的链接即可引入 Bootstrap 文件：

```
<!--Bootstrap 核心 CSS 文件-->
https://cdn.bootcss.com/twitter-bootstrap/5.1.3/css/bootstrap.min.css
<!--Bootstrap 核心 JavaScript 文件-->
https://cdn.bootcss.com/twitter-bootstrap/5.1.3/js/bootstrap.min.js
```

2.3 Bootstrap 的在线开发工具

Layoutit(https://www.bootcss.com/p/layoutit/)是一个在线工具，它可以简单又快速地搭建 Bootstrap 响应式布局，操作基本是使用拖动方式来完成，而元素都是基于 Bootstrap 框架集成的，所以这一工具很适合网页设计师和前端开发人员使用，快捷方便。Layoutit 的首页效果如图 2-4 所示。

图 2-4　Layoutit 工具首页效果

2.4 案例实训 1——我的第一个 Bootstrap 网页

学会如何安装 Bootstrap 5.X 后，下面开始设计一个简单的 Bootstrap 网页。

```
<!DOCTYPE html>
<html>
<head>
    <meta charset="utf-8">
    <meta name="viewport" content="width=device-width, initial-scale=1">
    <link rel="stylesheet" href="bootstrap-5.1.3-dist/css/bootstrap.css">
    <script src="bootstrap-5.1.3-dist/js/bootstrap.js"></script>
</head>
<body>
<div class="container-fluid p-5 bg-primary text-white text-center">
    <h1>我的第一个 Bootstrap 页面</h1>
</div>
 <div class="container mt-5">
    <div class="row">
        <div class="col-sm-4">
        <h3>思帝乡·春日游</h3>
        <p>春日游，杏花吹满头。</p>
        <p>陌上谁家年少，足风流？</p>
        <p>妾拟将身嫁与，一生休。</p>
        <p>纵被无情弃，不能羞。</p>
        </div>
        <div class="col-sm-4">
        <h3>长相思</h3>
        <p>汴水流，泗水流，流到瓜州古渡头。</p>
        <p>吴山点点愁。</p>
        <p>思悠悠，恨悠悠，恨到归时方始休。</p>
        <p>月明人倚楼。</p>
        </div>
        <div class="col-sm-4">
        <h3>三五七言</h3>
        <p>秋风清，秋月明，</p>
        <p>落叶聚还散，寒鸦栖复惊。</p>
        <p>相思相见知何日？此时此夜难为情！</p>
        </div>
    </div>
</div>
</body>
</html>
```

程序运行结果如图 2-5 所示。

图 2-5　我的第一个 Bootstrap 网页

2.5　案例实训 2——设计网站主页的按钮

下面来设计网页按钮，具体代码如下：

```
<!DOCTYPE html>
<html>
<head>
   <meta charset="utf-8">
   <meta name="viewport" content="width=device-width, initial-scale=1">
   <link rel="stylesheet" href="bootstrap-5.1.3-dist/css/bootstrap.css">
   <script src="bootstrap-5.1.3-dist/js/bootstrap.js"></script>
</head>
<body>
<div class="container">
  <a href="#" class="btn btn-primary m-5">首页</a>
  <a href="#" class="btn btn-primary m-5">精品课程</a>
  <a href="#" class="btn btn-primary m-5">技术服务</a>
  <a href="#" class="btn btn-primary m-5">老码识途课堂</a>
  <a href="#" class="btn btn-primary m-5">联系我们</a>
</div>
</body>
</html>
```

这里创建了一些按钮，然后设置其颜色为.btn-primary 类样式和外边距为.m-5 类样式。程序运行结果如图 2-6 所示。

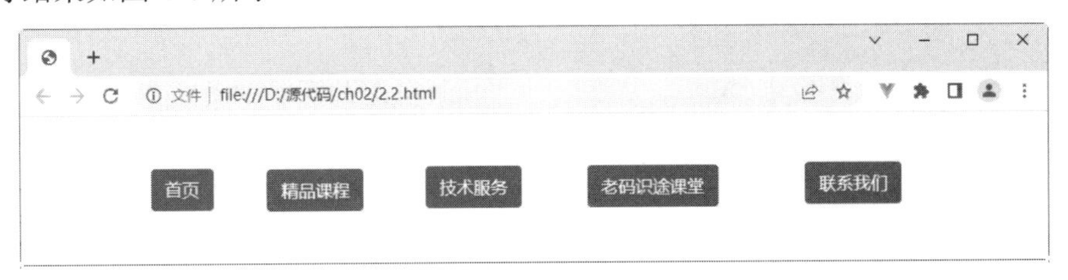

图 2-6　按钮设计效果

特别说明

在之后的章节中，案例不再提供完整的代码，而是根据上下文，将 HTML 部分与 JavaScript 部分单独展示，省略了<head>、<body>等标签以及 Bootstrap 的加载代码等，读者可根据本章示例的代码结构来组织代码。

2.6 疑难问题解惑

疑问 1：如何在网站项目中安装 Bootstrap 5.X

在网站项目开发中，可以通过管理工具 npm、yarn、gem 或 composer 来安装 Bootstrap 5.X，命令如下：

```
npm install bootstrap
yarn add bootstrap
gem install bootstrap -v 5.1.3
composer require twbs/bootstrap:5.1.3
```

疑问 2：如何从 Bootstrap 4 升级到 Bootstrap 5.X?

从 Bootstrap 4 升级到 Bootstrap 5.X 是比较容易的，因为 Bootstrap 4 中的大部分组件和类都可以在 Bootstrap 5.X 中继续使用。在升级的过程中，特别需要注意的是那些被删除的组件或类。如果发现一些类和组件被删除了，需要根据 Bootstrap 5.X 的规定进行相应的替换操作。特别是组件中的 data 属性需要更换为 data-bs 属性。另外如果使用 SASS 文件，有些变量已被重命名，用户需要查阅 Bootstrap 5.X 的官方文档进行核实。

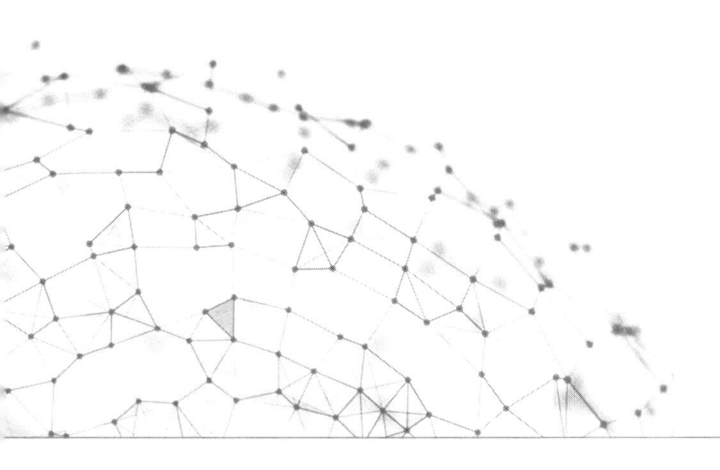

第3章

快速掌握 Bootstrap 布局

Bootstrap 中的网格系统提供了一套响应式的布局解决方案。网格系统运用固定的格子设计版面布局，以规则的矩阵来指导和规范网页中的版面布局以及信息发布。网格系统的优点是使设计的网页版面工整简洁，深受网页设计师的喜爱。Bootstrap 5.X 中的网格系统又得到了加强，从原先的 5 个响应尺寸变成了现在的 6 个。本章主要介绍布局基础和网格系统的知识。

3.1 布局基础

Bootstrap 5.X 的布局基础包括布局容器、响应断点、z-index 堆叠样式属性和响应式容器，下面将分别进行介绍。

3.1.1 布局容器

Bootstrap 5.X 需要一个容器元素来包裹网站的内容。容器是 Bootstrap 中最基本的布局元素，在使用默认网格系统时是必需的。Bootstrap 5.X 提供了以下两个容器类。

(1) .container 类是固定宽度并支持响应式布局的容器。

(2) .container-fluid 类是 100%宽度，占据全部视口(viewport)的容器。

上述两个容器类的显示效果如图 3-1 所示。

.container	.container-fluid

图 3-1 两个容器类

container 容器和 container-fluid 容器最大的不同之处在于宽度的设定。

container 容器根据屏幕宽度的不同，会利用媒体查询设定固定的宽度，当改变浏览器的大小时，页面会呈现阶段性变化。意味着 container 容器的最大宽度在每个断点都会发生变化。

.container 类的样式代码如下：

```
.container {
{
  width: 100%;
  padding-right: var(--bs-gutter-x, 0.75rem);
  padding-left: var(--bs-gutter-x, 0.75rem);
  margin-right: auto;
  margin-left: auto;
}
```

在每个断点中，container 容器的最大宽度如以下代码所示：

```
@media (min-width: 576px) {
  .container-sm, .container {
    max-width: 540px;
  }
}
@media (min-width: 768px) {
  .container-md, .container-sm, .container {
    max-width: 720px;
  }
}
@media (min-width: 992px) {
  .container-lg, .container-md, .container-sm, .container {
    max-width: 960px;
  }
}
@media (min-width: 1200px) {
  .container-xl, .container-lg, .container-md, .container-sm, .container {
    max-width: 1140px;
  }
}
@media (min-width: 1400px) {
  .container-xxl, .container-xl, .container-lg, .container-md, .container-
sm, .container {
    max-width: 1320px;
  }
}
```

container-fluid 容器则会保持全屏大小，即始终保持 100%的宽度。当需要一个元素横跨视口的整个宽度时，可以添加.container-fluid 类。

.container-fluid 类的样式代码如下：

```
.container-fluid {
  width: 100%;
  padding-right: var(--bs-gutter-x, 0.75rem);
  padding-left: var(--bs-gutter-x, 0.75rem);
  margin-right: auto;
  margin-left: auto;
}
```

下面的实例分别使用.container 和.container-fluid 类创建容器。

实例 1： 创建容器(案例文件：ch03\3.1.html)

```
<div class="container">
  <h1>使用.container 类创建容器</h1>
  <p>钟鼓馔玉不足贵，但愿长醉不愿醒。</p>
```

```
  <p>古来圣贤皆寂寞，惟有饮者留其名。</p>
</div>
<div class="container-fluid">
  <h1>使用.container-fluid 类创建容器</h1>
  <p>胜日寻芳泗水滨，无边光景一时新。</p>
  <p>等闲识得东风面，万紫千红总是春。</p>
</div>
```

程序运行结果如图 3-2 所示。

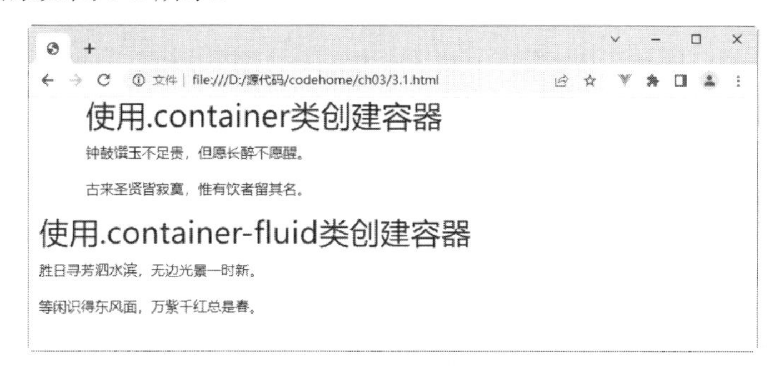

图 3-2　Bootstrap 的容器

默认情况下，容器左右都有填充内边距，顶部和底部没有填充内边距。Bootstrap 提供了一些间距类用于填充边距。

实例 2： 使用.pt-5 类填充顶部内边距(案例文件：ch03\3.2.html)

```
<div class="container pt-5">
  <h1>使用.pt-5 类填充顶部内边距</h1>
  <p>钟鼓馔玉不足贵，但愿长醉不愿醒。</p>
  <p>古来圣贤皆寂寞，惟有饮者留其名。</p>
</div>
```

程序运行结果如图 3-3 所示。

图 3-3　使用.pt-5 类填充顶部内边距

Bootstrap 也提供了一些边框(border)和颜色(bg-dark、bg-primary 等)类用于设置容器的样式。

实例 3： 设置容器的不同边框和颜色(案例文件：ch03\3.3.html)

```
<div class="container p-5 my-5 border">
  <h1>容器样式 A</h1>
  <h3>有边框和额外的内边距和外边距。</h3>
</div>
```

```
<div class="container p-5 my-5 bg-primary text-white">
  <h1>容器样式 B</h1>
  <h3>有蓝色背景色和白色文本，以及一些额外的边距。</h3>
</div>
<div class="container p-5 my-5 bg-dark text-white">
  <h1>容器样式 C</h1>
  <h3>有深黑色背景色和白色文本，以及额外的内边距和外边距。</h3>
</div>
```

程序运行结果如图 3-4 所示。

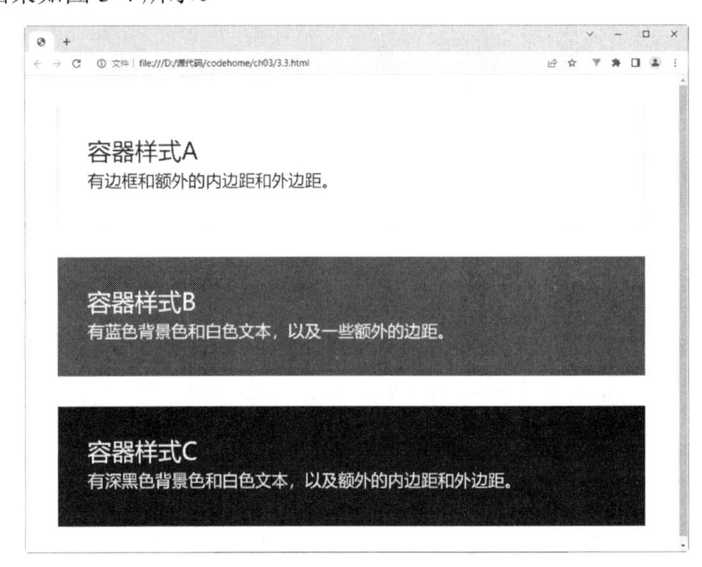

图 3-4　设置容器的不同边框和背景色

3.1.2　响应断点

Bootstrap 使用媒体查询为布局和接口创建合理的断点。这些断点主要基于最小的视口宽度，并且允许随着视口的变化而扩展元素。

Bootstrap 程序主要使用源 Sass 文件中的以下媒体查询范围(或断点)来处理布局、网格系统和组件。

```
// 超小设备(xs，小于 576 像素)
// 没有媒体查询"xs"，因为在 Bootstrap 中是默认的
// 小型设备 (sm，576 像素及以上)
@media (min-width: 576 像素) { ... }
// 中型设备(md，768 像素及以上)
@media (min-width: 768 像素) { ... }

// 大型设备(lg，992 像素及以上)
@media (min-width: 992 像素) { ... }
// 特大型设备(xl，1200 像素及以上)
@media (min-width: 1200 像素) { ... }
// 超大型设备(xxl，1400 像素及以上)
@media (min-width: 1400 像素) { ... }
// xs 断点不需要媒体查询
@include media-breakpoint-up(sm) { ... }
@include media-breakpoint-up(md) { ... }
```

```
@include media-breakpoint-up(lg) { ... }
@include media-breakpoint-up(xl) { ... }
```

3.1.3　z-index 堆叠样式属性

一些 Bootstrap 组件使用了 z-index 样式属性。z-index 属性可以设置元素在 z 轴上的位置，z 轴定义为垂直延伸到显示区的轴。如果为正数，则离用户更近，如果为负数，则表示离用户更远。Bootstrap 利用该属性来安排内容，帮助用户控制布局。

Bootstrap 中定义了相应的 z-index 数值，可以对导航、工具提示和弹出窗口、模态框等进行分层。

```
$zindex-dropdown:          1000 !default;
$zindex-sticky:            1020 !default;
$zindex-fixed:             1030 !default;
$zindex-modal-backdrop:    1040 !default;
$zindex-modal:             1050 !default;
$zindex-popover:           1060 !default;
$zindex-tooltip:           1070 !default;
```

提示

不推荐自定义 z-index 属性值，如果改变其中一个属性值，有可能需要改变所有的属性值。

3.1.4　响应式容器

使用.container-sm|md|lg|xl|xxl|类可以创建响应式容器，容器的 max-width 属性值会根据屏幕的大小来改变，具体改变情况如表 3-1 所示。

表 3-1　不同的屏幕下容器的 max-width 属性值

类	超小屏幕设备(<576px)	小型屏幕设备(≥576px 且<768px)	中型屏幕设备(≥768px 且<992px)	大型屏幕设备(≥992px 且<1200px)	特大屏幕设备(≥1200px 且<1400px)	超大屏幕设备(≥1400px)
.container-sm	100%	540px	720px	960px	1140px	1320px
.container-md	100%	100%	720px	960px	1140px	1320px
.container-lg	100%	100%	100%	960px	1140px	1320px
.container-xl	100%	100%	100%	100%	1140px	1320px
.container-xxl	100%	100%	100%	100%	100%	1320px

实例 4： 设计 5 种响应式容器(案例文件：ch03\3.4.html)

```
<div class="container pt-3">
  <h1>响应式容器</h1>
</div>
<div class="container-sm border">.container-sm</div>
<div class="container-md mt-3 border">.container-md</div>
<div class="container-lg mt-3 border">.container-lg</div>
<div class="container-xl mt-3 border">.container-xl</div>
<div class="container-xxl mt-3 border">.container-xxl</div>
```

程序运行结果如图 3-5 所示。

响应式容器

.container-sm

.container-md

.container-lg

.container-xl

.container-xxl

图 3-5　响应式容器

3.2　网 格 系 统

Bootstrap 5.X 包含一个强大的移动设备优先网格系统，它基于一个 12 列的布局、有 5 种响应式尺寸(对应不同的屏幕)、支持 Sass mixins 自由调用，并可以结合预定义的 CSS 和 JS 类，创建各种形状和尺寸的布局。

3.2.1　网格选项

Bootstrap 5.X 提供了一套响应式、移动设备优先的流式网格系统，随着屏幕尺寸的增加，系统会自动最多分为 12 列。用户可以根据项目实际开发的需求自定义列数。由于 Bootstrap 5.X 的网格是响应式的，所以列会根据屏幕大小自动重新排列，如图 3-6 所示。

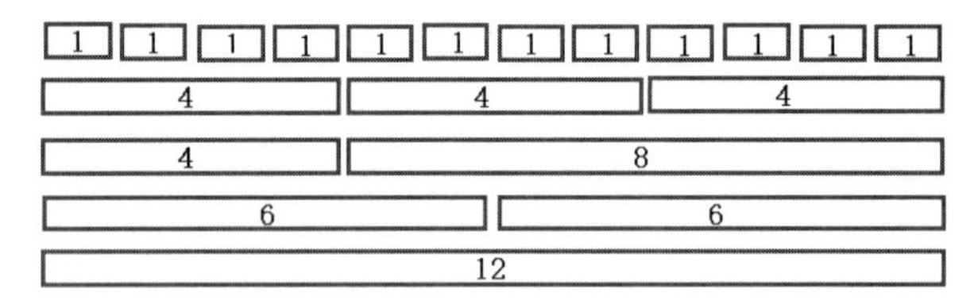

图 3-6　自定义列数

在定义列数时，请确保每一行中列的总和等于或小于 12。

Bootstrap 5.X 的网格系统在各种屏幕和设备上的约定如表 3-2 所示。

表 3-2　网格系统在各种屏幕和设备上的约定

	超小屏幕设备(<576px)	小型屏幕设备(≥576px 且<768px)	中型屏幕设备(≥768px 且<992px)	大型屏幕设备(≥992px 且<1200px)	特大屏幕设备(≥1200px 且<1400px)	超大屏幕设备(≥1400px)
最大 container 宽度	无(自动)	540px	720px	960px	1140px	1320px

续表

	超小屏幕设备(<576px)	小型屏幕设备(≥576px 且<768px)	中型屏幕设备(≥768px 且<992px)	大型屏幕设备(≥992px 且<1200px)	特大屏幕设备(≥1200px 且<1400px)	超大屏幕设备(≥1400px)
类(class)前缀	.col-	.col-sm-	.col-md-	.col-lg-	.col-xl-	.col-xxl-
列数	小于或等于 12					
槽宽	1.5 rem (一个列两边的内边距分别为 0.75 rem)					
嵌套	允许					
列排序	允许					

3.2.2　自动布局列

利用特定于断点的列类，可以轻松地进行列的大小调整，例如 col-sm-6 类，而无须使用明确样式。

1. 等宽列

下面的实例，展示了一行两列、一行三列、一行四列和一行十二列的布局，从 xs(如表 3-2 所示，实际上并不存在 xs 这个空间命名，其实是以.col 表示)到 xxl(即.col-xxl-*)所有设备上的列都是等宽并占满一行，只要简单地应用.col 就可以完成。

实例 5：设计等宽列的效果(案例文件：ch03\3.5.html)

```
<h3 class="mb-4">等宽列</h3>
<div class="row">
    <div class="col border py-3 bg-light">二分之一</div>
    <div class="col border py-3 bg-light">二分之一</div>
</div>
<div class="row">
    <div class="col border py-3 bg-light">三分之一</div>
    <div class="col border py-3 bg-light">三分之一</div>
    <div class="col border py-3 bg-light">三分之一</div>
</div>
<div class="row">
    <div class="col border py-3 bg-light">四分之一</div>
    <div class="col border py-3 bg-light">四分之一</div>
    <div class="col border py-3 bg-light">四分之一</div>
    <div class="col border py-3 bg-light">四分之一</div>
</div>
<div class="row">
    <div class="col border py-3 bg-light">十二分之一</div>
    <div class="col border py-3 bg-light">十二分之一</div>
    <div class="col border py-3 bg-light">十二分之一</div>
    <div class="col border py-3 bg-light">十二分之一</div>
    <div class="col border py-3 bg-light">十二分之一</div>
    <div class="col border py-3 bg-light">十二分之一</div>
    <div class="col border py-3 bg-light">十二分之一</div>
    <div class="col border py-3 bg-light">十二分之一</div>
    <div class="col border py-3 bg-light">十二分之一</div>
    <div class="col border py-3 bg-light">十二分之一</div>
    <div class="col border py-3 bg-light">十二分之一</div>
```

```
    <div class="col border py-3 bg-light">十二分之一</div>
</div>
```

程序运行结果如图 3-7 所示。

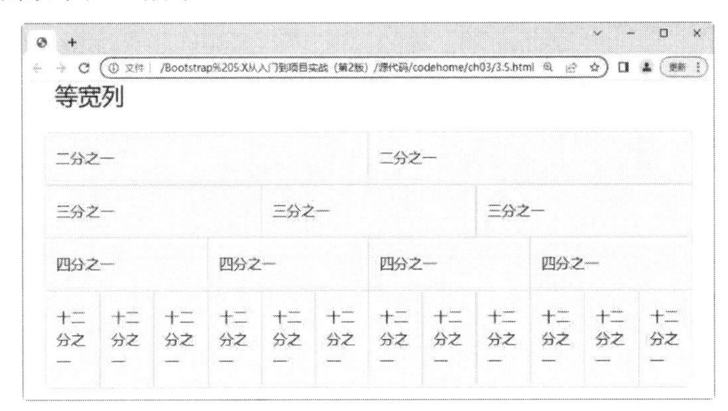

图 3-7　等宽列效果

2. 设置一个列宽

可以在一行多列的情况下，特别指定一列并进行宽度定义，同时其他列自动调整大小，可以使用预定义的网格类，从而实现网格宽或行宽的优化处理。

在下面的实例中，为第一行中的第 2 列设置 col-7 类，为第 2 行的第 1 列设置 col-3 类。

实例 6： 设置一个列宽(案例文件：ch03\3.6.html)

```
<h3 class="mb-4">设置一个列宽</h3>
<div class="row">
    <div class="col border py-3 bg-light">左</div>
    <div class="col-7 border py-3 bg-light">中</div>
    <div class="col border py-3 bg-light">右</div>
</div>
<div class="row">
    <div class="col-3 border py-3 bg-light">左</div>
    <div class="col border py-3 bg-light">中</div>
    <div class="col border py-3 bg-light">右</div>
</div>
```

程序运行结果如图 3-8 所示。

图 3-8　设置一个列宽效果

3. 可变宽度内容

使用 col-{breakpoint}-auto 断点方法，可以根据其内容的自然宽度来调整列宽的大小。

实例 7： 设置可变宽度内容(案例文件：ch03\3.7.html)

```
<h3 class="mb-4">可变宽度的内容</h3>
<div class="row justify-content-md-center">
    <div class="col col-lg-2 border py-3 bg-light">左</div>
    <div class="col-md-auto border py-3 bg-light">中(在屏幕尺寸≥768px时，可根据
        内容自动调整列宽度)</div>
    <div class="col col-lg-2 border py-3 bg-light">右</div>
</div>
<div class="row">
    <div class="col border py-3 bg-light">左</div>
    <div class="col-md-auto border py-3 bg-light">中(在屏幕尺寸≥768px时，可根据
        内容自动调整列宽度)</div>
    <div class="col col-lg-2 border py-3 bg-light">右</div>
</div>
```

程序在不同的屏幕上运行的效果也不一样。在<768px 的屏幕上显示的效果如图 3-9 所示。

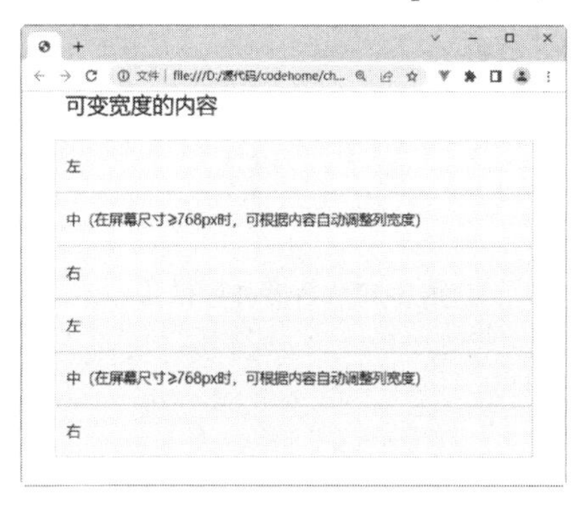

图 3-9　在<768px 的屏幕上显示的效果

在≥768px 且<992px 的屏幕上显示的效果如图 3-10 所示。

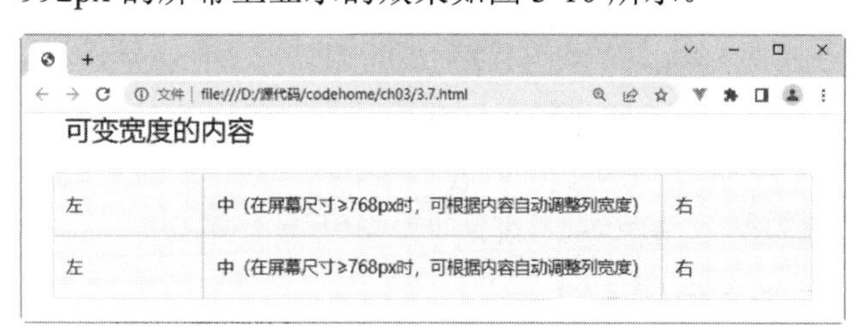

图 3-10　在≥768px 且<992px 的屏幕上显示的效果

在≥992px 屏幕上显示的效果如图 3-11 所示。

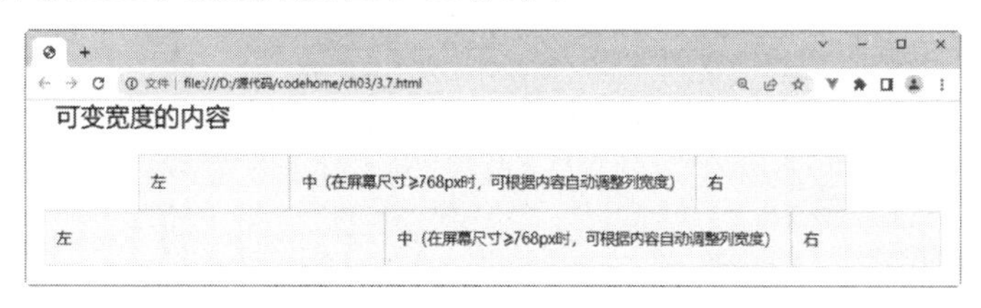

图 3-11　在≥992px 的屏幕上显示的效果

4. 等宽多列

创建跨多个行的等宽列，方法是插入 w-100 通用样式类，将列拆分为新行。

实例 8： 设置等宽多列(案例文件：ch03\3.8.html)

```
<h3 class="mb-4">多行显示等宽列</h3>
<div class="row">
    <div class="col border py-3 bg-light">四分之一</div>
    <div class="col border py-3 bg-light">四分之一</div>
    <div class="w-100"></div>
    <div class="col border py-3 bg-light">四分之一</div>
    <div class="col border py-3 bg-light">四分之一</div>
</div>
```

程序运行结果如图 3-12 所示。

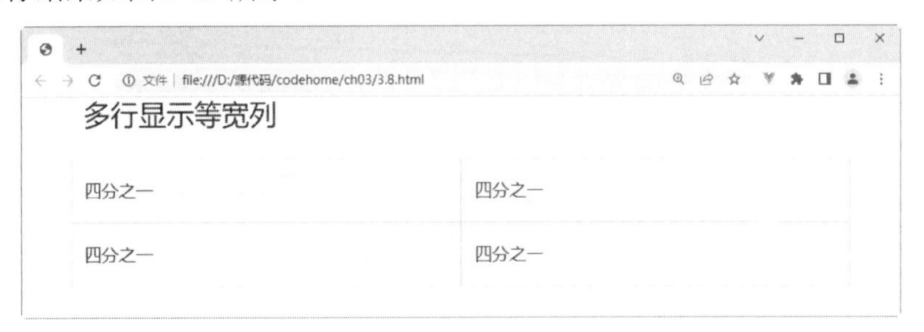

图 3-12　等宽多列效果

3.2.3　响应类

Bootstrap 的网格系统包括五种预定义宽度，用于构建复杂的响应式布局，可以根据需要定义在超小型.col、小型.col-sm-*、中型.col-md-*、大型.col-lg-*、特大型.col-xl-*五种屏幕(设备)上的样式。

1. 覆盖所有设备

如果要一次性定义从最小设备到最大设备相同的网格系统布局表现，使用.col 和.col-*类。后者是用于指定特定大小的(例如.col-6)，否则使用.col 就可以了。

实例 9： 设计覆盖所有设备效果(案例文件：ch03\3.9.html)

```
<h3 class="mb-4">覆盖所有设备</h3>
<div class="row">
    <div class="col border py-3 bg-light">col</div>
    <div class="col border py-3 bg-light">col</div>
    <div class="col border py-3 bg-light">col</div>
    <div class="col border py-3 bg-light">col</div>
</div>
<div class="row">
    <div class="col-8 border py-3 bg-light">col-8</div>
     <div class="col-4 border py-3 bg-light">col-4</div>
</div>
```

程序运行结果如图 3-13 所示。

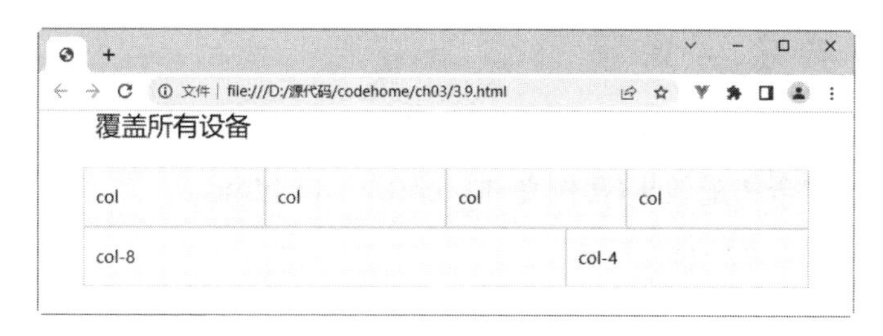

图 3-13　覆盖所有设备效果

2. 水平排列

使用单一的.col-sm-*类方法，可以创建一个基本的网格系统，此时如果没有指定其他媒体查询断点宽度，这个网格系统是成立的，而且会随着屏幕变窄成为超小屏幕后，自动成为每列一行、水平堆砌。

实例 10：设计水平排列效果(案例文件：ch03\3.10.html)

```
<h3 class="mb-4">水平排列</h3>
<!--在 sm(≥576px)型设备上开始水平排列-->
<div class="row">
    <div class="col-sm-8 border py-3 bg-light">col-sm-8</div>
    <div class="col-sm-4 border py-3 bg-light">col-sm-4</div>
</div>
<!--在 md(≥768px)型设备上开始水平排列-->
<div class="row">
    <div class="col-md-8 border py-3 bg-light">col-md-8</div>
    <div class="col-md-4 border py-3 bg-light">col-md-4</div>
</div>
```

程序运行在不同的屏幕上的效果也不一样。在 sm(≥576px)型设备上显示的效果如图 3-14 所示；在 md(≥768px)型设备上显示的效果如图 3-15 所示。

图 3-14　在 sm(≥576px)型设备上显示的效果

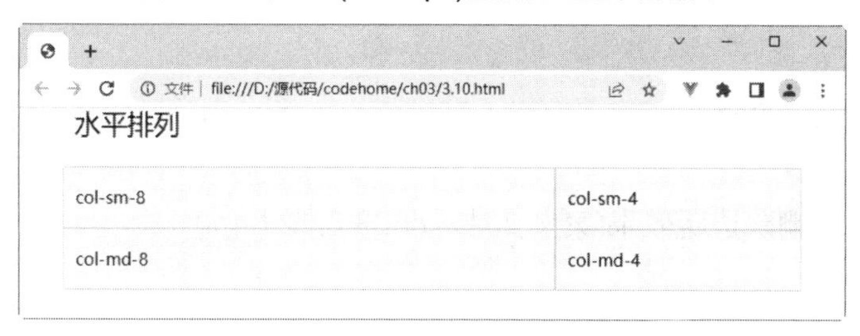

图 3-15　在 md(≥768px)型设备上显示的效果

3. 混合搭配

可以根据需要对每一个列都进行不同的设备定义。

实例 11： 设计混合搭配效果(案例文件：ch03\3.11.html)

```
<h3 class="mb-4">混合搭配</h3>
<!--在小于 md 型的设备上显示为一个全宽列和一个半宽列，在大于等于 md 型设备上显示为一行，分别占 8 份和 4 份-->
<div class="row">
   <div class="col-12 col-md-8 border py-3 bg-light">.col-12.col-md-8</div>
   <div class="col-6 col-md-4 border py-3 bg-light">.col-6 .col-md-4</div>
</div>
<!--在任何类型的设备上，列的宽度都是占 50%-->
<div class="row">
   <div class="col-6 border py-3 bg-light">.col-6</div>
   <div class="col-6 border py-3 bg-light">.col-6</div>
</div>
```

程序运行在不同屏幕上的效果也不一样。在小于 md 型的设备上显示为一个全宽列和一个半宽列，效果如图 3-16 所示；在大于等于 md 型设备上显示为一行，分别占 8 份和 4 份，效果如图 3-17 所示。

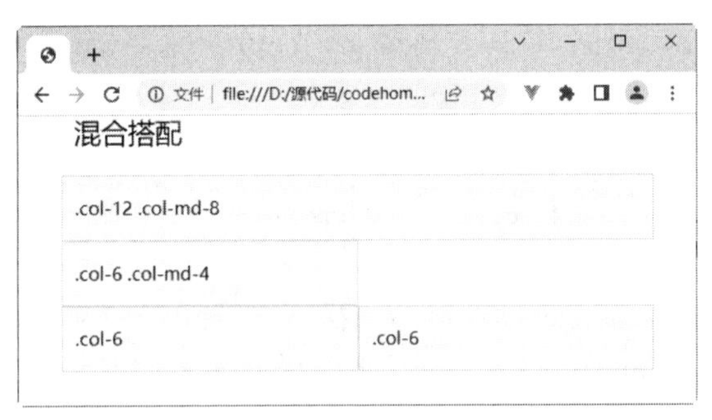

图 3-16　在小于 md 型的设备上显示的效果

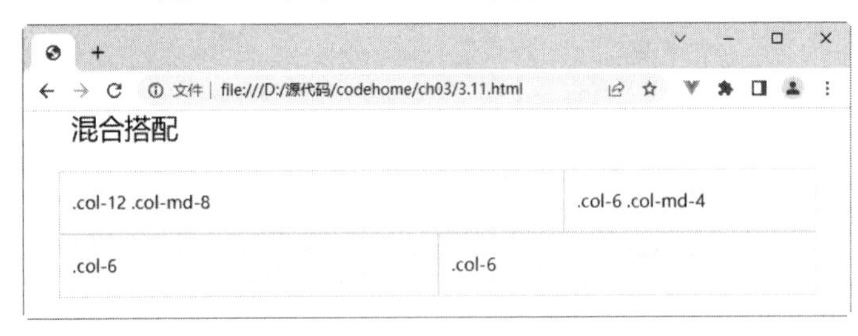

图 3-17　在大于等于 md 型的设备上显示的效果

4. 删除边距

Bootstrap 默认的网格和列间有边距，可以用.g-0 类来删除，这将影响到行、列平行间隙及所有子列。

实例 12： 设计删除边距效果(案例文件：ch03\3.12.html)

```
<h3 class="mb-4">删除边距</h3>
<div class="row g-0">
   <div class="col-12 col-sm-6 col-md-8 py-3 border bg-light">.col-12.col-
```

```
sm-6.col-md-8</div>
    <div class="col-6 col-md-4 py-3 border bg-light">.col-6.col-md-4</div>
</div>
```

程序运行结果如图 3-18 所示。

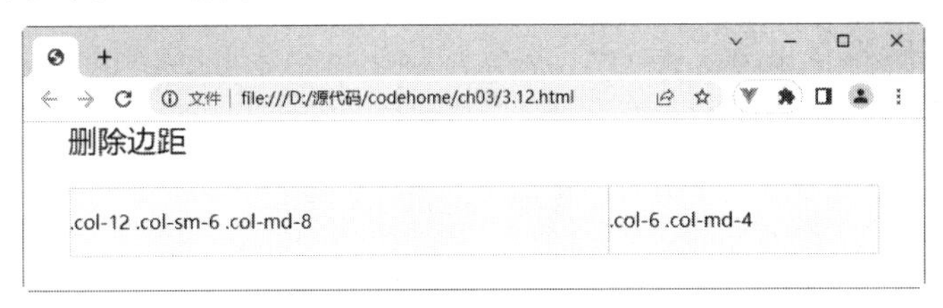

图 3-18　删除边距效果

5. 列包装

如果在一行中放置超过 12 列，则每组额外列将作为一个单元包裹到新行上。

实例 13：设计列包装效果(案例文件：ch03\3.13.html)

```
<h3 class="mb-4">列包装</h3>
<div class="row">
    <div class="col-9 py-3 border bg-light">.col-9</div>
    <div class="col-4 py-3 border bg-light">.col-4<br>因为 9 + 4 = 13 >12，4 列
        宽的 div 被包装到一个新行上，作为一个连续的单元。</div>
    <div class="col-6 py-3 border bg-light">.col-6<br>后续的列沿着新行继续排列。
</div>
</div>
```

程序运行结果如图 3-19 所示。

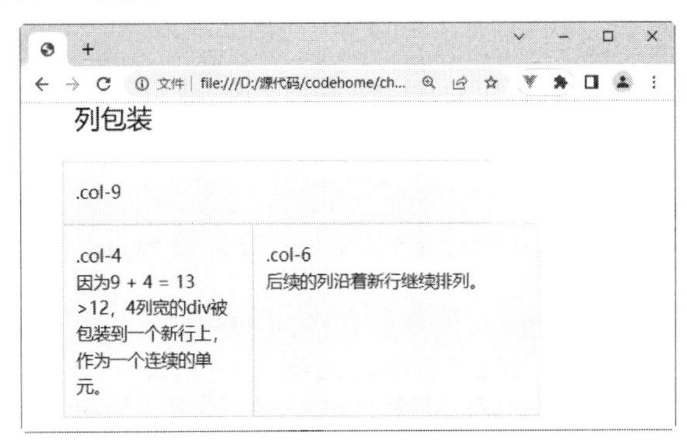

图 3-19　列包装效果

3.2.4　重排序

1. 排列顺序

使用.order-first，可以快速地更改一个列到最前面，使用.order-last，可以更改一个列到最后面。

实例 14：排列顺序(案例文件：ch03\3.14.html)

```
<h3 class="mb-4">排列顺序</h3>
<div class="row">
```

```
    <div class="col order-last py-3 border bg-light">
        order-last
    </div>
    <div class="col py-3 border bg-light">
        col
    </div>
    <div class="col order-first py-3 border bg-light">
        order-first
    </div>
</div>
```

程序运行结果如图 3-20 所示。

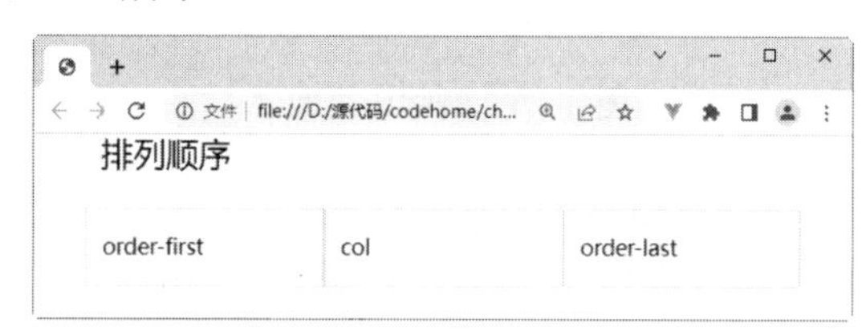

图 3-20 order-first 和 order-last 类效果

2. 列偏移

列偏移通过.offset-*-*类来设置。第一个星号(*)可以是 sm、md、lg、xl 和 xxl，表示屏幕设备的类型，第二个星号(*)可以是 1～11 的数字。例如，.offset-md-4 是把.col-md-4 往右移了四列。

实例 15：列偏移(案例文件：ch03\3.15.html)

```
<h3 class="mb-4">偏移类</h3>
<div class="row">
    <div class="col-md-6 offset-md-3 py-3 border bg-light">.col-md-6.offset-
        md-3</div>
</div>
<div class="row">
    <div class="col-md-4 offset-md-1 py-3 border bg-light">.col-md-3.offset-
        md-3</div>
    <div class="col-md-4 offset-md-2 py-3 border bg-light">.col-md-3.offset-
        md-3</div>
</div>
<div class="row">
    <div class="col-md-4 py-3 border bg-light">.col-md-4</div>
    <div class="col-md-4 offset-md-4 py-3 border bg-light">.col-md-4.offset-
        md-4</div>
</div>
```

程序运行结果如图 3-21 所示。

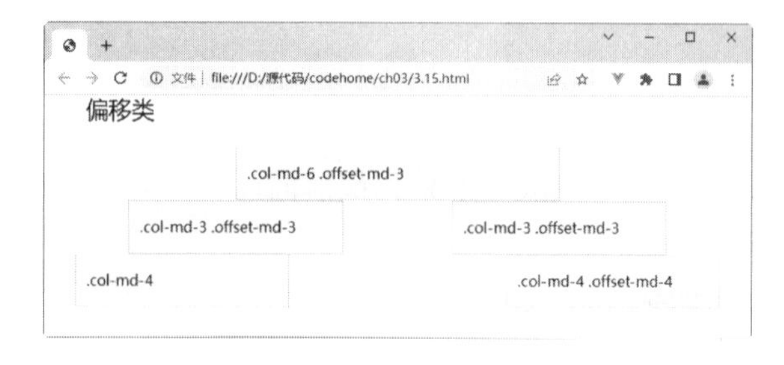

图 3-21 偏移类效果

3.2.5　列嵌套

如果想在网格系统中将内容再次嵌套，可以将一个新的.row 元素和一系列.col-*元素添加到已经存在的.col-*元素内。被嵌套的行(row)所包含的列(column)数量建议不要超过 12 个。

以下案例创建两列布局，其中左侧列内又嵌套着另外两列。

实例 16：列嵌套(案例文件：ch03\3.16.html)

```
<div class="container-fluid mt-3">
  <h2 align="center">嵌套列</h2>
</div>
<div class="container-fluid">
  <div class="row">
    <div class="col-8 bg-warning p-4">
      <h2 align="center">古诗两首</h2>
      <div class="row">
        <div class="col-6 bg-light p-2">
             <img src="images/b.jpg">
             <p>秋风清，秋月明，</p>
             <p>落叶聚还散，寒鸦栖复惊，</p>
             <p>相思相见知何日，此时此夜难为情。</p>
        </div>
        <div class="col-6 bg-light p-2"><img src="images/c.jpg">
             <p>风急天高猿啸哀，渚清沙白鸟飞回。</p>
             <p>无边落木萧萧下，不尽长江滚滚来。</p>
             <p>万里悲秋常作客，百年多病独登台。</p>
             <p>艰难苦恨繁霜鬓，潦倒新停浊酒杯。</p>
      </div>
      </div>
    </div>
    <div class="col-4 bg-success p-4">
             <h3>好雨知时节，当春乃发生。</h3>
             <h3>随风潜入夜，润物细无声。</h3>
             <h3>野径云俱黑，江船火独明。</h3>
             <h3>晓看红湿处，花重锦官城。</h3>
   </div>
  </div>
</div>
```

程序运行结果如图 3-22 所示。

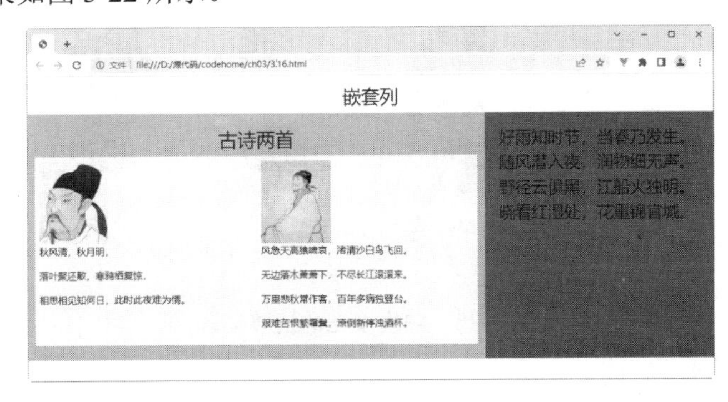

图 3-22　列嵌套效果

3.3　案例实训——开发电商网站特效

本案例使用 Bootstrap 的网格系统进行布局，其中设置了一些电商网站经常出现的动画效果，最终效果如图 3-23 所示。

图 3-23　页面效果

当鼠标指针悬浮在内容包含框(product-grid)上时，触发产品图片的过渡动画和 2D 转换效果，如图 3-24 所示。

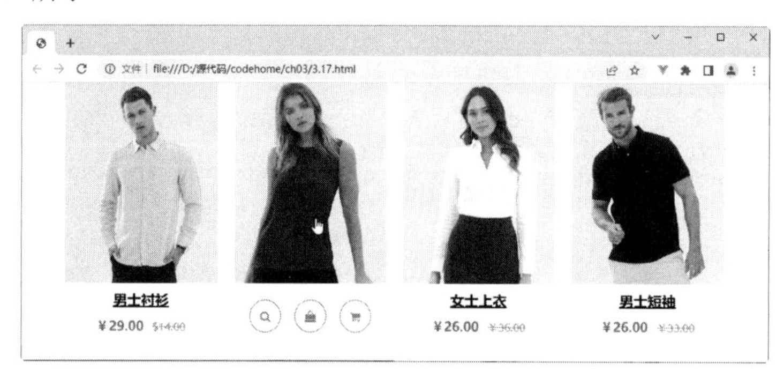

图 3-24　触发过渡动画和 2D 转换效果

当鼠标指针悬浮在功能按钮上时，触发按钮的过渡动画，效果如图 3-25 所示。

图 3-25　触发按钮的过渡动画

下面来看一下具体的操作步骤。

(1)　使用 Bootstrap 设计结构，并添加响应式布局，在中屏设备上显示为 1 行 4 列，在小屏设备上显示为 1 行 2 列。

```
<div class="row">
    <div class="col-md-3 col-sm-6"></div>
    <div class="col-md-3 col-sm-6"></div>
    <div class="col-md-3 col-sm-6"></div>
    <div class="col-md-3 col-sm-6"></div>
</div>
```

(2) 设计内容。内容部分包括产品图片、产品说明及价格和 3 个功能按钮。下面是其中一列的代码，其他三列类似，不同的是产品图片、产品说明及价格。

```
<div class="product-grid">
    <!--产品图片-->
    <div class="product-image">
        <a href="#">
            <img class="pic-1" src="images/img-1.jpg">
        </a>
    </div>
    <!--产品说明及价格-->
    <div class="product-content">
         <h3 class="title"><a href="#">男士衬衫</a></h3>
         <div class="price">¥29.00
             <span>$14.00</span>
         </div>
    </div>
    <!--功能按钮-->
    <ul class="social">
        <li><a href=""><i class="fa fa-search"></i></a></li>
        <li><a href=""><i class="fa fa-shopping-bag"></i></a></li>
        <li><a href=""><i class="fa fa-shopping-cart"></i></a></li>
    </ul>
</div>
```

(3) 设计样式。样式主要使用 CSS3 的动画来设计，为产品图片添加过渡动画(transition)以及 2D 转换(transform)；为产品说明及价格包含框(product-content)、按钮包含框(social)和按钮添加过渡动画。具体样式代码如下：

```
.product-grid{
            text-align: center;             /*定义水平居中*/
            overflow: hidden;               /*超出隐藏*/
            position: relative;             /*定位*/
            transition: all 0.5s ease 0s;   /*定义过渡动画*/
        }
        .product-grid .product-image{
            overflow: hidden;               /*超出隐藏*/
        }
        .product-grid .product-image img{
            width: 100%;                    /*定义宽度*/
            height: auto;                   /*高度自动*/
            transition: all 0.5s ease 0s;   /*定义过渡动画*/
        }
        .product-grid:hover .product-image img{
            transform: scale(1.5);          /*定义 2D 转换，放大 1.5 倍*/
        }
        .product-grid .product-content{
            padding: 12px 12px 15px 12px;   /*定义内边距*/
            transition: all 0.5s ease 0s;   /*定义过渡动画*/
```

```
}
.product-grid:hover .product-content{
    opacity: 0;                          /*定义透明度*/
}
.product-grid .title{
    font-size: 20px;                     /*定义字体大小*/
    font-weight: 600;                    /*定义字体加粗*/
    margin: 0 0 10px;                    /*定义外边距*/
}
.product-grid .title a{
    color: #000;                         /*定义字体颜色*/
}
.product-grid .title a:hover{
    color: #2e86de;                      /*定义字体颜色*/
}
.product-grid .price {
    font-size: 18px;                     /*定义字体大小*/
    font-weight: 600;                    /*定义字体加粗*/
    color:#2e86de;                       /*定义字体颜色*/
}
.product-grid .price span {
    color: #999;                         /*定义字体颜色*/
    font-size: 15px;                     /*定义字体大小*/
    font-weight: 400;                    /*定义字体粗细*/
    text-decoration: line-through;       /*定义穿过文本下的一条线*/
    margin-left: 7px;                    /*定义左边外边距*/
    display: inline-block;               /*定义行内块级元素*/
}
.product-grid .social{
    background-color: #fff;              /*定义背景颜色*/
    width: 100%;                         /*定义宽度*/
    padding: 0;                          /*定义内边距*/
    margin: 0;                           /*定义外边距*/
    list-style: none;                    /*去掉项目符号*/
    opacity: 0;                          /*定义透明度*/
    position: absolute;                  /*绝对定位*/
    bottom: -50%;                        /*距离底边的距离*/
    transition: all 0.5s ease 0s;        /*定义过渡动画*/
}
.product-grid:hover .social{
    opacity: 1;                          /*定义透明度*/
    bottom: 20px;                        /*定义距离底边的距离*/
}
.product-grid .social li{
    display: inline-block;               /*定义行内块级元素*/
}
.product-grid .social li a{
    color: #909090;                      /*定义字体颜色*/
    font-size: 16px;                     /*定义字体大小*/
    line-height: 45px;                   /*定义行高*/
    text-align: center;                  /*定义水平居中*/
    height: 45px;                        /*定义高度*/
    width: 45px;                         /*定义宽度*/
    margin: 0 7px;                       /*定义外边距*/
    border: 1px solid #909090;           /*定义边框*/
    border-radius: 50px;                 /*定义圆角*/
    display: block;                      /*定义块级元素*/
```

```
    position: relative;                    /*相对定位*/
    transition: all 0.3s ease-in-out;      /*定义过渡动画*/
}
.product-grid .social li a:hover {
    color: #fff;                           /*定义字体颜色*/
    background-color: #2e86de;             /*定义背景颜色*/
}
```

3.4　疑难问题解惑

疑问 1：使用网格系统时应该注意什么问题？

使用网格系统时，需要注意以下问题。

(1) 网格的每一行都需要放在设置了.container(固定宽度)或.container-fluid(全屏宽度)类的容器中，这样才能自动设置一些外边距与内边距。

(2) 使用行来创建水平的列组。

(3) 内容需要放置在列中，并且只有列可以是行的直接子节点。

(4) 预定义的类如.row 和.col-sm-4 可用于快速制作网格布局。

(5) 列内容之间的间隙是通过 .rows 类来设置的。

(6) 网格列通过占有 12 个列中的个数来实现。要设置三个相等的列，需要使用三个.col-sm-4。

(7) Bootstrap 5.X 使用 Flexbox(弹性盒子)布局页面。Flexbox 的一大优势——没有指定宽度的网格列将自动设置为等宽与等高列。

疑问 2：如何给所有设备创建等宽的列？

在 Bootstrap 5.X 中，有一种简单的方法可以为所有设备创建等宽的列，即只需从.col-size-*中删除数字，并仅在 col 元素上使用.col-size。这样 Bootstrap 将自动识别有多少列，并且每列将获得相同的宽度。

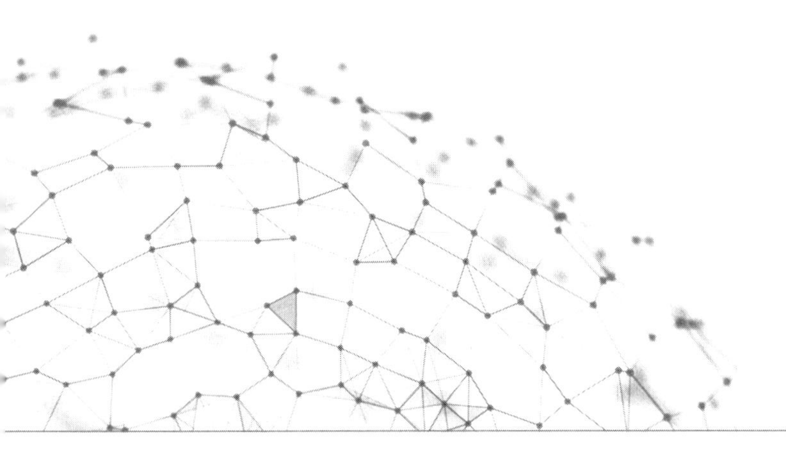

第4章

Bootstrap中的弹性盒子布局

Bootstrap 5.X 支持新的布局方式——弹性盒子。弹性盒子是 CSS3 的一种新的布局模式，更适合响应式的设计。通过Bootstrap中的弹性盒子布局，可以快速地管理网格的列、导航、组件等的布局、对齐方式和大小，通过进一步定义 CSS 样式表，还可以实现更复杂的网页布局样式。本章重点学习定义弹性盒子、排列方向、内容排列布局、项目对齐布局、自动对齐布局、自动相等布局、等宽变换布局、自动浮动布局、弹性布局、排列顺序布局和对齐内容布局等内容。

4.1 定义弹性盒子

Flex 是 Flexible Box 的缩写，意为“弹性布局”，可用来为盒状模型提供最大的灵活性。任何一个容器都可以指定为Flex布局。

采用 Flex 布局的元素，被称为 Flex 容器，简称“容器”。其所有子元素自动成为容器成员，称为Flex项目(Flex item)，简称“项目”。

在Bootstrap中用两个类来创建弹性盒子，分别为.d-flex和.d-inline-flex。.d-flex类设置对象为弹性伸缩盒子；.d-inline-flex类设置对象为内联块级弹性伸缩盒子。

Bootstrap中定义了.d-flex和.d-inline-flex样式类：

```
.d-flex {
    display: -ms-flexbox !important;
    display: flex !important;
}
.d-inline-flex {
    display: -ms-inline-flexbox !important;
    display: inline-flex !important;
}
```

下面使用这两个类分别创建弹性盒子容器，并设置三个弹性项目。

实例1： 定义弹性盒子(案例文件：ch04\4.1.html)

```
<h3 align="center" >定义弹性盒子</h3>
<h4>使用 d-flex 类创建弹性盒子</h4>
```

```
<!--使用 d-flex 类创建弹性盒子-->
<div class="d-flex p-3 bg-warning text-white">
   <div class="p-2 bg-primary">首页</div>
   <div class="p-2 bg-success">在线课程</div>
   <div class="p-2 bg-danger">加入会员</div>
</div><br/>
<h4>使用 d-inline-flex 类创建弹性盒子</h4>
<!--使用 d-inline-flex 类创建弹性盒子-->
<div class="d-inline-flex p-3 bg-warning text-white">
   <div class="p-2 bg-primary">首页</div>
   <div class="p-2 bg-success">在线课程</div>
   <div class="p-2 bg-danger">加入会员</div>
</div>
```

程序运行结果如图 4-1 所示。

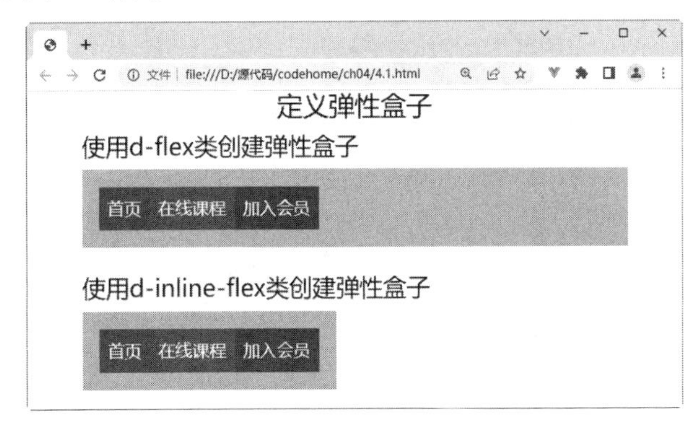

图 4-1　弹性盒子容器效果

提示

.d-flex 和.d-inline-flex 也存在响应式变化，可根据不同的断点来设置：

```
.d-{sm|md|lg|xl}-flex
.d-{sm|md|lg|xl}-inline-flex
```

4.2　排 列 方 向

弹性盒子中项目的排列方式包括水平排列和垂直排列，Bootstrap 中定义了相应的类来进行设置。

4.2.1　水平方向排列

对于水平方向，使用.flex-row 设置项目从左到右进行排列，是默认值；使用.flex-row-reverse 设置项目从右侧开始排列。

实例 2： 设计水平方向排列效果(案例文件：ch04\4.2.html)

```
<h3 align="center">水平方向排列</h3>
<h4>使用 flex-row(从左侧开始)</h4>
<div class="d-flex flex-row p-3 bg-warning text-white">
   <div class="p-2 bg-primary">家用电器</div>
```

```
    <div class="p-2 bg-success">办公电脑</div>
    <div class="p-2 bg-danger">男装女装</div>
</div><br/>
<h4>使用 flex-row-reverse(从右侧开始)</h4>
<div class="d-flex flex-row-reverse bg-warning p-3 text-white">
    <div class="p-2 bg-primary">家用电器</div>
    <div class="p-2 bg-success">办公电脑</div>
    <div class="p-2 bg-danger">男装女装</div>
</div>
```

程序运行结果如图 4-2 所示。

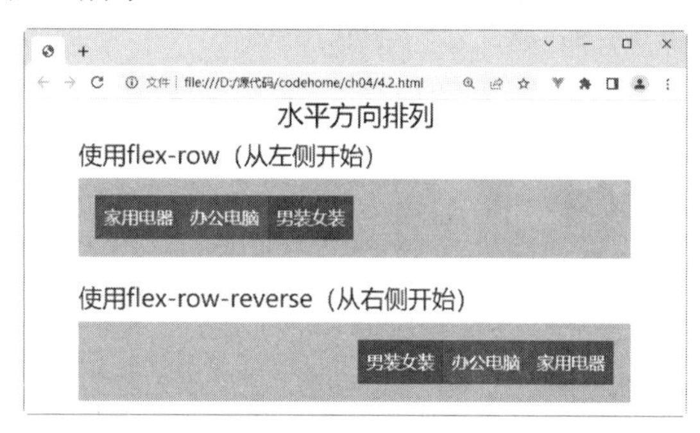

图 4-2　水平方向排列效果

水平方向布局还可以添加响应式的设置，响应式类如下：

```
.flex-{sm|md|lg|xl}-row
.flex-{sm|md|lg|xl}-row-reverse
```

4.2.2　垂直方向排列

使用.flex-column 设置垂直方向布局，或使用.flex-column-reverse 实现垂直方向的反转布局(从底向上铺开)。

实例 3: 设计垂直方向排列效果(案例文件：ch04\4.3.html)

```
<h3  align="center">垂直方向排列</h3>
<h4>1. flex-column(从上往下)</h4>
<div class="d-flex flex-column p-3 bg-warning text-white">
    <div class="p-2 bg-primary">家用电器</div>
    <div class="p-2 bg-success">办公电脑</div>
    <div class="p-2 bg-danger">男装女装</div>
</div><br/>
<h4>2. flex-column-reverse(从下往上)</h4>
<div class="d-flex flex-column-reverse bg-warning p-3 text-white">
    <div class="p-2 bg-primary">家用电器</div>
    <div class="p-2 bg-success">办公电脑</div>
    <div class="p-2 bg-danger">男装女装</div>
</div>
```

程序运行结果如图 4-3 所示。

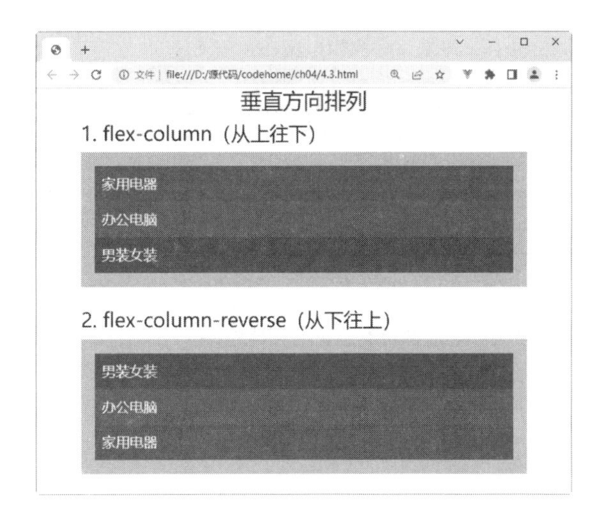

图 4-3　垂直方向排列效果

垂直方向布局也可以添加响应式的设置，响应式类如下：

```
.flex-{sm|md|lg|xl}-column
.flex-{sm|md|lg|xl}-column-reverse
```

4.3　内容排列布局

使用 Flexbox 弹性布局容器上的 justify-content-*通用样式可以改变 flex 项目在主轴上的对齐布局(以 x 轴开始，如果是 flex-direction: column，则以 y 轴开始)，可选方向值包括 start(浏览器默认值)、end、center、between 和 around，说明如下。

(1) .justify-content-start：项目位于容器的开头。

(2) .justify-content-center：项目位于容器的中心。

(3) .justify-content-end：项目位于容器的结尾。

(4) .justify-content-between：项目位于各行之间留有空白的容器内。

(5) .justify-content-around：项目位于各行之前、之间、之后都留有空白的容器内。

实例 4： 设计内容排列效果(案例文件：ch04\4.4.html)

```
<h3 align="center">内容排列</h3>
<!--内容位于容器的开头-->
<div class="d-flex justify-content-start mb-3 bg-warning text-white">
    <div class="p-2 bg-primary">家用电器</div>
    <div class="p-2 bg-success">办公电脑</div>
    <div class="p-2 bg-danger">男装女装</div>
</div>
<!--内容位于容器的中心-->
<div class="d-flex justify-content-center mb-3 bg-warning text-white">
    <div class="p-2 bg-primary">家用电器</div>
    <div class="p-2 bg-success">办公电脑</div>
    <div class="p-2 bg-danger">男装女装</div>
</div>
<!--内容位于容器的结尾-->
<div class="d-flex justify-content-end mb-3 bg-warning text-white">
```

```
    <div class="p-2 bg-primary">家用电器</div>
    <div class="p-2 bg-success">办公电脑</div>
    <div class="p-2 bg-danger">男装女装</div>
</div>
<!--内容位于各行之间留有空白的容器内-->
<div class="d-flex justify-content-between mb-3 bg-warning text-white">
    <div class="p-2 bg-primary">家用电器</div>
    <div class="p-2 bg-success">办公电脑</div>
    <div class="p-2 bg-danger">男装女装</div>
</div>
<!--内容位于各行之前、之间、之后都留有空白的容器内-->
<div class="d-flex justify-content-around bg-warning text-white">
    <div class="p-2 bg-primary">家用电器</div>
    <div class="p-2 bg-success">办公电脑</div>
    <div class="p-2 bg-danger">男装女装</div>
</div>
```

程序运行结果如图 4-4 所示。

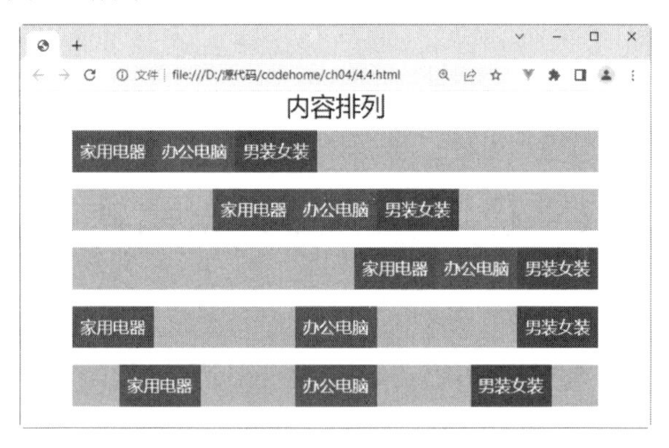

图 4-4　内容排列效果

4.4　项目对齐布局

使用 align-items-*通用样式可以在 Flexbox 容器上实现 flex 项目的对齐布局(以 y 轴开始，如果选择 flex-direction: column，则从 x 轴开始)，可选值有 start、end、center、baseline 和 stretch (浏览器默认值)。

实例 5：设计项目对齐效果(案例文件：ch04\4.5.html)

```
<style>
    .box{
        width: 100%;        /*设置宽度*/
        height: 70px;       /*设置高度*/
    }
</style>
<body class="container">
<h3 align="center">项目对齐布局</h3>
<div class="d-flex align-items-start bg-warning text-white mb-3 box">
    <div class="p-2 bg-primary">家用电器</div>
    <div class="p-2 bg-success">办公电脑</div>
    <div class="p-2 bg-danger">男装女装</div>
```

```
</div>
<div class="d-flex align-items-end bg-warning text-white mb-3 box">
    <div class="p-2 bg-primary">家用电器</div>
    <div class="p-2 bg-success">办公电脑</div>
    <div class="p-2 bg-danger">男装女装</div>
</div>
<div class="d-flex align-items-center bg-warning text-white mb-3 box">
    <div class="p-2 bg-primary">家用电器</div>
    <div class="p-2 bg-success">办公电脑</div>
    <div class="p-2 bg-danger">男装女装</div>
</div>
<div class="d-flex align-items-baseline bg-warning text-white mb-3 box">
    <div class="p-2 bg-primary">家用电器</div>
    <div class="p-2 bg-success">办公电脑</div>
    <div class="p-2 bg-danger">男装女装</div>
</div>
<div class="d-flex align-items-stretch bg-warning text-white mb-3 box">
    <div class="p-2 bg-primary">家用电器</div>
    <div class="p-2 bg-success">办公电脑</div>
    <div class="p-2 bg-danger">男装女装</div>
</div>
</body>
```

程序运行结果如图 4-5 所示。

图 4-5　项目对齐效果

项目对齐布局也可以添加响应式的设置，响应式类如下：

```
.align-items-{sm|md|lg|xl}-start
.align-items-{sm|md|lg|xl}-end
.align-items-{sm|md|lg|xl}-center
.align-items-{sm|md|lg|xl}-baseline
.align-items-{sm|md|lg|xl}-stretch
```

4.5　自动对齐布局

使用 align-self-*通用样式，可以使 Flexbox 上的项目单独改变在横轴上的对齐方式(以 y 轴开始，如果是 flex-direction: column，则以 x 轴开始)，其拥有与 align-items 相同的可选值：start、end、center、baseline 和 stretch(浏览器默认值)。

实例 6： 设计自动对齐效果(案例文件：ch04\4.6.html)

```
<style>
    .box{
        width: 100%;          /*设置宽度*/
        height: 70px;         /*设置高度*/
    }
</style>
<body class="container">
<h3 align="center">自动对齐布局</h3>
<div class="d-flex bg-warning text-white mb-3 box">
    <div class="px-2 bg-primary">家用电器</div>
    <div class="px-2 bg-success align-self-start">办公电脑</div>
    <div class="px-2 bg-danger">男装女装</div>
</div>
<div class="d-flex bg-warning text-white mb-3 box">
    <div class="px-2 bg-primary">家用电器</div>
    <div class="px-2 bg-success align-self-center">办公电脑</div>
    <div class="px-2 bg-danger">男装女装</div>
</div>
<div class="d-flex bg-warning text-white mb-3 box">
    <div class="px-2 bg-primary">家用电器</div>
    <div class="px-2 bg-success align-self-end">办公电脑</div>
    <div class="px-2 bg-danger">男装女装</div>
</div>
<div class="d-flex bg-warning text-white mb-3 box">
    <div class="px-2 bg-primary">家用电器</div>
    <div class="px-2 bg-success align-self-baseline">办公电脑</div>
    <div class="px-2 bg-danger">男装女装</div>
</div>
<div class="d-flex bg-warning text-white mb-3 box">
    <div class="px-2 bg-primary">家用电器</div>
    <div class="px-2 bg-success align-self-stretch">办公电脑</div>
    <div class="px-2 bg-danger">男装女装</div>
</div>
</body>
```

程序运行结果如图 4-6 所示。

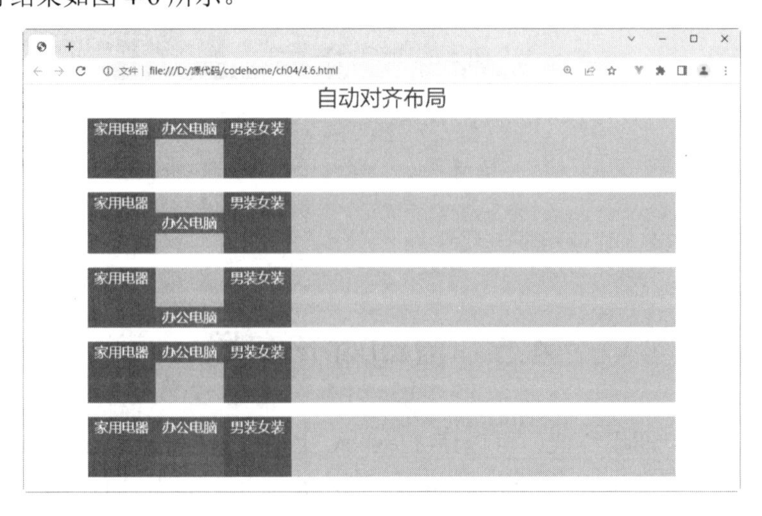

图 4-6　自动对齐效果

自动对齐布局也可以添加响应式的设置，响应式类如下：

```
.align-self-{sm|md|lg|xl}-start
.align-self-{sm|md|lg|xl}-end
.align-self-{sm|md|lg|xl}-center
.align-self-{sm|md|lg|xl}-baseline
.align-self-{sm|md|lg|xl}-stretch
```

4.6　自动相等布局

在一系列子元素上使用.flex-fill 类，可以强制它们平分剩下的空间。

实例 7： 设计自动相等效果(案例文件：ch04\4.7.html)

```
<h3 align="center">平均分配剩下的空间</h3>
<div class="d-flex bg-warning text-white">
    <div class="flex-fill p-2 bg-primary ">首页</div>
    <div class="flex-fill p-2 bg-success">经典的在线课程</div>
    <div class="flex-fill p-2 bg-danger">会员中心</div>
</div>
```

程序运行结果如图 4-7 所示。

图 4-7　自动相等效果

自动相等布局也可以添加响应式的设置，响应式类如下：

```
.flex-{sm|md|lg|xl}-fill
```

4.7　等宽变换布局

使用.flex-grow-*属性可以定义弹性项目的扩大系数，用于分配容器的剩余空间。在下面的实例中，.flex-grow-1 元素可以使用所有的空间，同时允许剩余的两个 Flex 项目具有必要的空间。

实例 8： 设计等宽变换效果(案例文件：ch04\4.8.html)

```
<h5 align="center">增长变换布局</h5>
<div class="d-flex bg-warning text-white mb-4">
    <div class="p-2 flex-grow-1 bg-primary">家用电器</div>
    <div class="p-2 bg-success">电脑办公</div>
    <div class="p-2 bg-danger">男装女装</div>
</div>
<h5 align="center">收缩变换布局</h5>
<div class="d-flex bg-warning text-white">
    <div class="p-2 w-100 bg-primary">家用电器</div>
    <div class="p-2 bg-success">电脑办公</div>
```

```
    <div class="p-2 w-100 bg-danger">男装女装</div>
</div>
```

程序运行结果如图 4-8 所示。

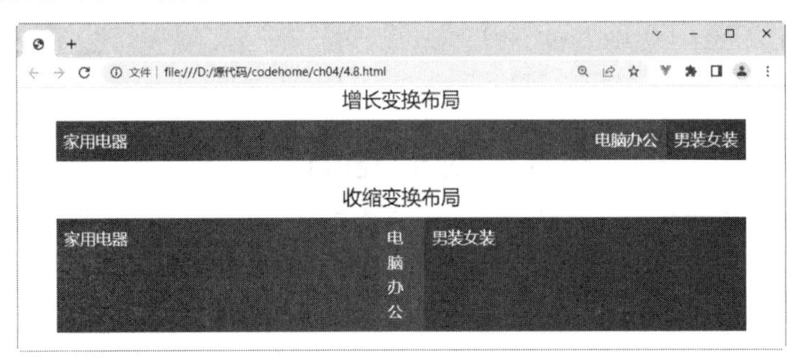

图 4-8　等宽变换效果

等宽变换布局也可以添加响应式的设置，响应式类如下：

```
.flex-{sm|md|lg|xl}-grow-0
.flex-{sm|md|lg|xl}-grow-1
.flex-{sm|md|lg|xl}-shrink-0
.flex-{sm|md|lg|xl}-shrink-1
```

4.8　自动浮动布局

将 flex 对齐和自动浮动配合使用时，Flexbox 也能正常运行，从而实现自动浮动布局效果。

4.8.1　水平方向浮动布局

通过 margin 来控制弹性盒子有三种布局方式，包括预设(无 margin)、向右推两个项目(.me-auto)、向左推两个项目 (.ms-auto)。

实例 9： 设计水平方向浮动效果(案例文件：ch04\4.9.html)

```
<h3 align="center">水平方向浮动布局</h3>
<div class="d-flex bg-warning text-white mb-3">
    <div class="p-2 bg-primary">家用电器</div>
    <div class="p-2 bg-success">电脑办公</div>
    <div class="p-2 bg-danger">男装女装</div>
</div>
<div class="d-flex bg-warning text-white mb-3">
    <div class="me-auto p-2 bg-primary">家用电器</div>
    <div class="p-2 bg-success">电脑办公</div>
    <div class="p-2 bg-danger">男装女装</div>
</div>
<div class="d-flex bg-warning text-white mb-3">
    <div class="p-2 bg-primary">家用电器</div>
    <div class="p-2 bg-success">电脑办公</div>
    <div class="ms-auto p-2 bg-danger">男装女装</div>
</div>
```

程序运行结果如图 4-9 所示。

图 4-9 水平方向浮动效果

4.8.2 垂直方向浮动布局

结合 align-items、flex-direction: column、margin-top: auto 或 margin-bottom: auto，可以垂直移动一个 Flex 子容器到顶部或底部。

实例 10：设计垂直方向浮动效果(案例文件：ch04\4.10.html)

```
<h3  align="center">垂直方向浮动布局</h3>
<div class="d-flex align-items-start flex-column bg-warning text-white mb-4"
style="height: 200px;">
    <div class="mb-auto p-2 bg-primary">家用电器</div>
    <div class="p-2 bg-success">电脑办公</div>
    <div class="p-2 bg-danger">男装女装</div>
</div>
<div class="d-flex align-items-end flex-column bg-warning text-white"
style="height: 200px;">
    <div class="p-2 bg-primary">家用电器</div>
    <div class="p-2 bg-success">电脑办公</div>
    <div class="mt-auto p-2 bg-danger">男装女装</div>
</div>
```

程序运行结果如图 4-10 所示。

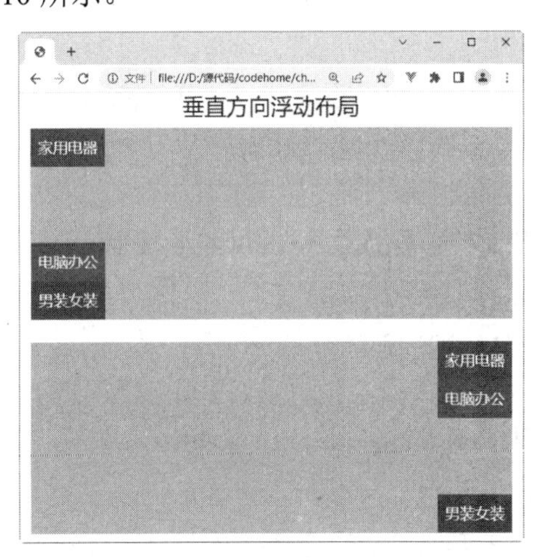

图 4-10 垂直方向浮动布局效果

4.9　弹性布局——包裹

改变 flex 项目在 Flex 容器中的包裹方式(可以实现弹性布局)，其中包括无包裹.flex-nowrap(浏览器默认)、包裹.flex-wrap，或者反向包裹.flex-wrap-reverse。

实例 11：设计包裹效果(案例文件：ch04\4.11.html)

```
<h3 align="center">包裹的弹性布局</h3>
<div class="d-flex bg-warning text-white mb-4 flex-wrap " >
    <div class="p-2 bg-primary">首页</div>
    <div class="p-2 bg-success">家用电器</div>
    <div class="p-2 bg-danger">电脑办公</div>
    <div class="p-2 bg-primary">男装女装</div>
    <div class="p-2 bg-success">生鲜酒品</div>
    <div class="p-2 bg-danger">箱包钟表</div>
</div>
<div class="d-flex bg-warning text-white mb-4 flex-wrap-reverse">
    <div class="p-2 bg-primary">首页</div>
    <div class="p-2 bg-success">家用电器</div>
    <div class="p-2 bg-danger">电脑办公</div>
    <div class="p-2 bg-primary">男装女装</div>
    <div class="p-2 bg-success">生鲜酒品</div>
    <div class="p-2 bg-danger">箱包钟表</div>
</div>
```

程序运行结果如图 4-11 所示。

图 4-11　包裹效果

包裹布局也可以添加响应式的设置，响应式类如下：

```
.flex-{sm|md|lg|xl}-nowrap
.flex-{sm|md|lg|xl}-wrap
.flex-{sm|md|lg|xl}-wrap-reverse
```

4.10　排列顺序布局

使用 order 可以实现弹性项目的可视化排序。Bootstrap 仅提供将一个项目排在第一或最后，以及重置 DOM 顺序，由于 order 只能使用从 0～5 的整数值，因此对于任何额外值都需要自定义 CSS 样式。

实例 12：设计排列顺序效果(案例文件：ch04\4.12.html)

```
<h3 align="center">设置排列顺序</h3>
<div class="d-flex bg-warning text-white">
    <div class="order-3 p-2 bg-primary">首页</div>
    <div class="order-2 p-2 bg-success">在线课程</div>
    <div class="order-1 p-2 bg-danger">会员中心</div>
</div>
<div class="d-flex bg-warning text-white">
    <div class="order-1 p-2 bg-primary">首页</div>
    <div class="order-2 p-2 bg-success">在线课程</div>
    <div class="order-3 p-2 bg-danger">会员中心</div>
```

```
</div>
```

程序运行结果如图 4-12 所示。

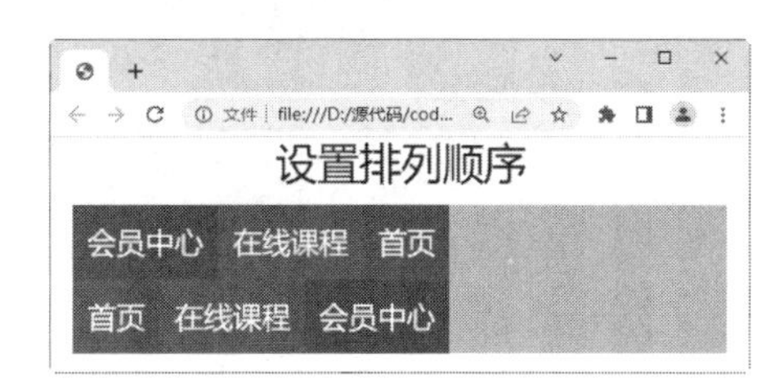

图 4-12　排列顺序效果

排列顺序也可以添加响应式的设置，响应式类如下：

```
.order-{sm|md|lg|xl}-0
.order-{sm|md|lg|xl}-1
.order-{sm|md|lg|xl}-2
.order-{sm|md|lg|xl}-3
.order-{sm|md|lg|xl}-4
.order-{sm|md|lg|xl}-5
.order-{sm|md|lg|xl}-6
.order-{sm|md|lg|xl}-7
.order-{sm|md|lg|xl}-8
.order-{sm|md|lg|xl}-9
.order-{sm|md|lg|xl}-10
.order-{sm|md|lg|xl}-11
.order-{sm|md|lg|xl}-12
```

4.11　案例实训——对齐内容布局

使用 Flexbox 容器上的 align-content 通用样式定义，可以将弹性项对齐到横轴上，可选方向有 start(浏览器默认值)、end、center、between、around 和 stretch。

实例 13：设计对齐内容效果(案例文件：ch04\4.13.html)

```
<h3  align="center">align-content-start</h3>
<div class="d-flex align-content-start bg-warning text-white flex-wrap mb-4"
   style="height: 150px;">
   <div class="p-2 bg-primary">首页</div>
   <div class="p-2 bg-success">家用电器</div>
   <div class="p-2 bg-danger">电脑办公</div>
   <div class="p-2 bg-primary">男装女装</div>
   <div class="p-2 bg-success">生鲜酒品</div>
   <div class="p-2 bg-danger">箱包钟表</div>
   <div class="p-2 bg-primary">玩具乐器</div>
   <div class="p-2 bg-success">汽车用品</div>
   <div class="p-2 bg-danger">特产食品</div>
   <div class="p-2 bg-primary">图书文具</div>
   <div class="p-2 bg-success">童装内衣</div>
   <div class="p-2 bg-danger">鲜花礼品</div>
</div>
<h3  align="center">align-content-center</h3>
<div class="d-flex align-content-center bg-warning text-white flex-wrap mb-4"
   style="height: 150px;">
   <div class="p-2 bg-primary">首页</div>
   <div class="p-2 bg-success">家用电器</div>
   <div class="p-2 bg-danger">电脑办公</div>
   <div class="p-2 bg-primary">男装女装</div>
   <div class="p-2 bg-success">生鲜酒品</div>
   <div class="p-2 bg-danger">箱包钟表</div>
   <div class="p-2 bg-primary">玩具乐器</div>
   <div class="p-2 bg-success">汽车用品</div>
   <div class="p-2 bg-danger">特产食品</div>
```

```
    <div class="p-2 bg-primary">图书文具</div>
    <div class="p-2 bg-success">童装内衣</div>
    <div class="p-2 bg-danger">鲜花礼品</div>
</div>
<h3  align="center">align-content-end</h3>
<div class="d-flex align-content-end bg-warning text-white flex-wrap"
    style="height: 150px;">
    <div class="p-2 bg-primary">首页</div>
    <div class="p-2 bg-success">家用电器</div>
    <div class="p-2 bg-danger">电脑办公</div>
    <div class="p-2 bg-primary">男装女装</div>
    <div class="p-2 bg-success">生鲜酒品</div>
    <div class="p-2 bg-danger">箱包钟表</div>
    <div class="p-2 bg-primary">玩具乐器</div>
    <div class="p-2 bg-success">汽车用品</div>
    <div class="p-2 bg-danger">特产食品</div>
    <div class="p-2 bg-primary">图书文具</div>
    <div class="p-2 bg-success">童装内衣</div>
    <div class="p-2 bg-danger">鲜花礼品</div>
</div>
```

程序运行结果如图 4-13 所示。

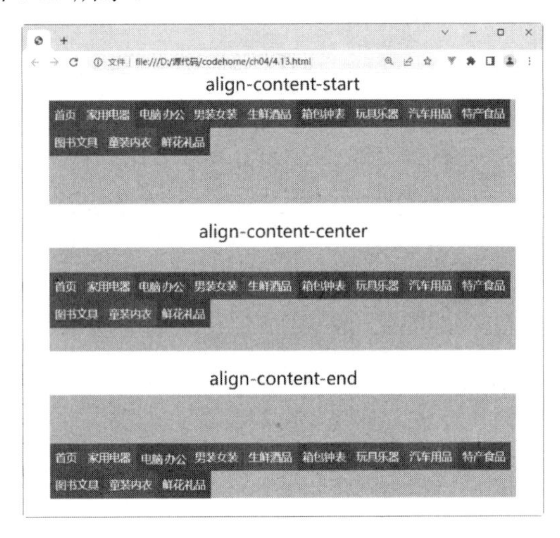

图 4-13　对齐内容效果

4.12　疑难问题解惑

疑问 1：如何根据不同的设备添加弹性盒子容器？

Bootstrap 5.X 可以根据不同的设备添加弹性盒子容器，从而实现页面响应式布局。具体设置如下。

(1)　.d-*-flex：根据不同的屏幕设备创建弹性盒子容器。

(2)　.d-*-inline-flex：根据不同的屏幕设备创建行内弹性盒子容器。

以上*号可以设置的值为：sm(小型屏幕设备)、md(中型屏幕设备)、lg(大型屏幕设备)和 xl(特大型屏幕设备)。

疑问 2：如何根据不同设备的不同方向设置弹性项目？

Bootstrap 5.X 可以根据不同设备的不同方向设置弹性项目，从而实现页面响应式布局。具体设置如下。

(1) .flex-*-row：根据不同的屏幕设备在水平方向显示弹性项目。

(2) .flex-*-row-reverse：根据不同的屏幕设备在水平方向显示弹性项目，且右对齐。

(3) .flex-*-column：根据不同的屏幕设备在垂直方向显示弹性项目。

(4) .flex-*-column-reverse：根据不同的屏幕设备在垂直方向显示弹性项目，且方向相反。

以上*号可以设置的值为：sm(小型屏幕设备)、md(中型屏幕设备)、lg(大型屏幕设备)和 xl(特大型屏幕设备)。

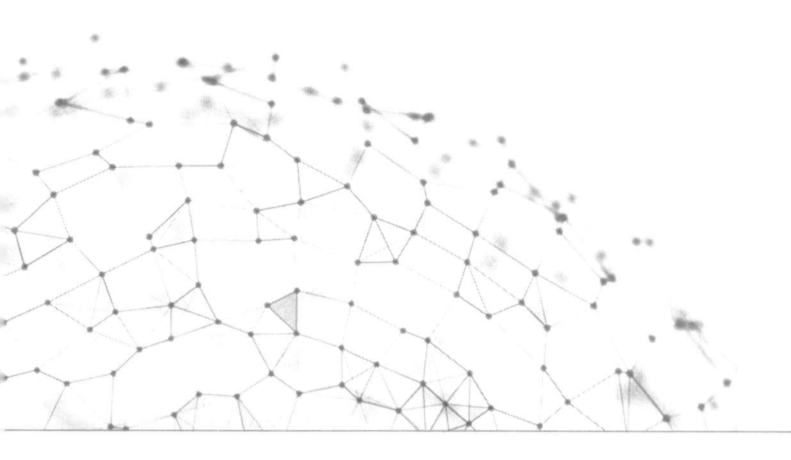

第 5 章

精通页面排版

网页作为一种特殊的版面，包括文字、图片、视频或者流动窗口等，内容繁多、复杂，设计时必须根据内容的需要，将图片和文字按照一定的次序进行合理的编排和布局，使它们组成一个有序的整体。在 Bootstrap 中，页面排版都是从全局角度出发，来定制网页中元素的风格。本章将重点学习有关主体文本、段落文本、强调文本、标题、图片和表格等格式。

5.1 页面排版的初始化

Bootstrap 致力于提供一个简洁、优雅的版式，下面是页面排版的初始化内容。

1. 指导方针

系统重置建立新的规范，只允许元素选择器向 HTML 元素提供自有的风格，额外的样式则通过明确的.class 类来规范。例如，重置了一系列<table>样式，然后提供了.table、.table-bordered 等样式类。

以下是 Bootstrap 的指导方针。

(1) 重置浏览器默认值，使用 rem 作为尺寸规格单位，代替 em，用于指定可缩放的组件的间隔与缝隙。

(2) 尽量避免使用 margin-top，以防止使用它造成的垂直排版混乱。更重要的是，一个单一方向的 margin 是一个简单的构思模型。

(3) 为了易于跨设备缩放，block 块元素必须使用 rem 作为 margin 的单位。

(4) 保持 font 相关属性最小的声明，为了防止容器溢出应尽可能地使用 inherit 属性。

2. 页面默认值

为提供更好的页面展示效果，Bootstrap 更新了<html>和<body>元素的一些属性：

(1) 盒模型尺寸 box-sizing 的设置是全局有效的，可以确保元素声明的宽度不会因为填充或边框而超出。在<html>上没有声明基本的字体大小，使用浏览器默认值 16 px。然后在此基础上采用字体大小为 1 rem 的比例应用于<body>上，使媒体查询能够轻松地实现缩放，从而最大程度地保障用户的偏好并易于访问。

(2) <body>元素被赋予一个全局性的 font-family 和 line-height 类，其下的表单元素也继承此属性，以防止字体大小错位冲突。

(3) 为了安全起见，<body>的 background-color 属性的默认值设置为#fff。

3. 本地字体属性

Bootstrap 删除了默认的 Web 字体(Helvetica Neue，Helvetica 和 Arial)，并替换为“本地 OS 字体引用机制”，以便在每个设备和操作系统上实现最佳文本呈现。具体代码如下：

```
$font-family-sans-serif:
  // Safari for OS X and iOS (San Francisco)
  -apple-system,
  // Chrome < 56 for OS X (San Francisco)
  BlinkMacSystemFont,
  // Windows
  "Segoe UI",
  // Android
  "Roboto",
  // Basic web fallback
  "Helvetica Neue", Arial, sans-serif,
  // Emoji fonts
  "Apple Color Emoji", "Segoe UI Emoji", "Segoe UI Symbol" !default;
```

这样，font-family 适用于<body>，并被全局自动继承。切换全局 font-family，只要更新$font-family-base 即可。

5.2　优化页面排版

Bootstrap 重写 HTML 默认样式，实现对页面版式的优化，以满足当前网页内容呈现的需要。

5.2.1　标题

所有标题和段落元素(如<h1>以及<p>)都被重置，系统设置上外边距 margin-top 为 0。在 Bootstrap 5.X 中，默认的 font-size 为 16px，line-height 为 1.5 倍。标题添加外边距为 margin-bottom: 0.5 rem，段落元素<p>添加外边距 margin-bottom: 1 rem 以形成简洁行距。

HTML 中的标题标签<h1>～<h6>，在 Bootstrap 中均可以使用。在 Bootstrap 中，标题元素都被设置为以下样式：

```
h6, .h6, h5, .h5, h4, .h4, h3, .h3, h2, .h2, h1, .h1 {
  margin-top: 0;
  margin-bottom: 0.5rem;
  font-weight: 500;
  line-height: 1.2;
}
```

注意 Bootstrap 5.X 将上外边距的 margin-top 设置为 0、下外边距 margin-bottom 设置为 0.5 rem；font-weight(字体加粗)设置为 500；line-height(标题行高)固定为 1.2 倍，可避免行高因标题字体大小的变化而变化，同时也可避免不同级别的标题行高不一致，影响版式风格统一。

每级标题的字体大小设置如下：

```
h1, .h1{font-size: 2.5rem;}
h2, .h2{font-size: 2rem;}
h3, .h3{font-size: 1.75rem;}
h4, .h4 {font-size: 1.5rem;}
h5, .h5 {font-size: 1.25rem;}
h6, .h6 {font-size: 1rem;}
```

实例 1： 设计 Bootstrap 中的标题效果(案例文件：ch05\5.1.html)

```
<h1>一级标题——晓看红湿处</h1>
<h2>二级标题——晓看红湿处</h2>
<h3>三级标题——晓看红湿处</h3>
<h4>四级标题——晓看红湿处</h4>
<h5>五级标题——晓看红湿处</h5>
<h6>六级标题——晓看红湿处</h6>
```

运行结果如图 5-1 所示。

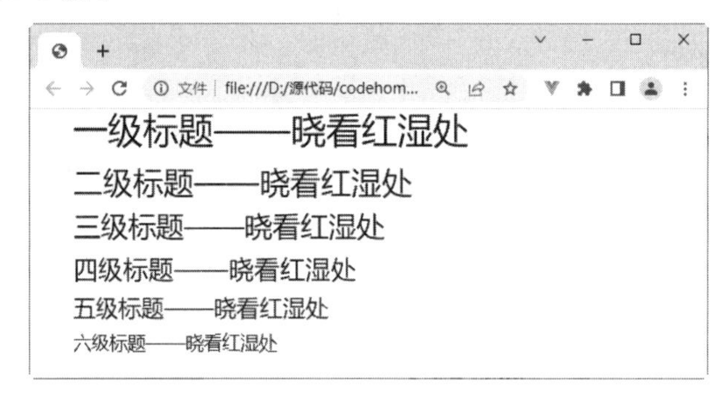

图 5-1 Bootstrap 样式的标题效果

另外，还可以在 HTML 标签元素上使用标题类(.h1～.h6)，得到的字体样式和相应的标题字体样式完全相同。

实例 2： 使用标题类(.h1～.h6)(案例文件：ch05\5.2.html)

```
<p class="h1">一级标题——花重锦官城</p>
<p class="h2">二级标题——花重锦官城</p>
<p class="h3">三级标题——花重锦官城</p>
<p class="h4">四级标题——花重锦官城</p>
<p class="h5">五级标题——花重锦官城</p>
<p class="h6">六级标题——花重锦官城</p>
```

程序运行结果如图 5-2 所示。

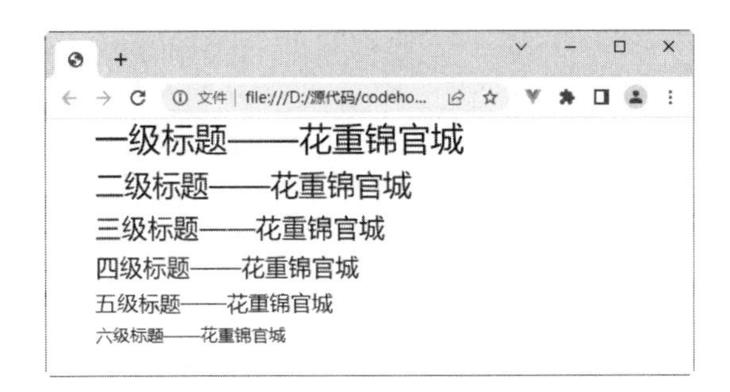

图 5-2　.h1～.h6 标题类效果

在标题内可以包含<small>标签或赋予.small 类的元素，用来设置小型辅助标题文本。

实例 3：使用.small 类设置辅助标题(案例文件：ch05\5.3.html)

```
<h1>春夜喜雨<small>杜甫</small></h1>
<h2>春夜喜雨<small>杜甫</small></h2>
<h3>春夜喜雨<small>杜甫</small></h3>
<h4>春夜喜雨<small>杜甫</small></h4>
<h5>春夜喜雨<small>杜甫</small></h5>
<h6>春夜喜雨<small>杜甫</small></h6>
```

程序运行结果如图 5-3 所示。

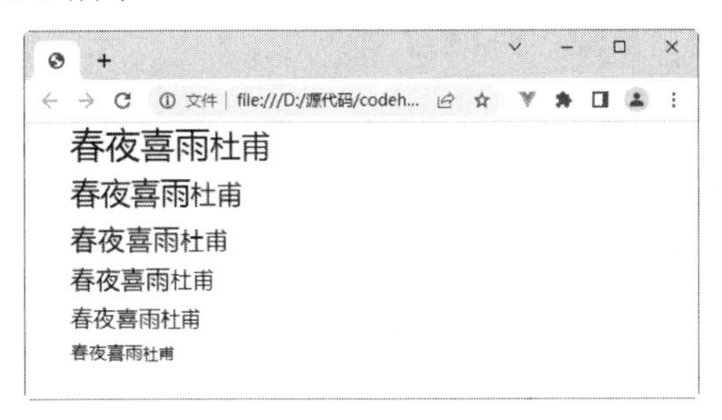

图 5-3　使用 small 类设置辅助标题

注意

当<small>标签或赋予.small 类的元素 font-weight 设置为 400 时，font-size 变为父元素的 80%。

当需要一个标题突出显示时，可以使用.display 类，使文字显示得更大。Bootstrap 中提供了 6 个.display 类，分别为.display-1、.display-2、.display-3、.display-4、.display-5 和.display-6。

实例 4：使用.display 类使标题更突出(案例文件：ch05\5.4.html)

```
<h1 class="display-1">半烟半雨溪桥畔(display-1)</h1>
<h1 class="display-2">渔翁醉着无人唤(display-2)</h2>
<h1 class="display-3">疏懒意何长(display-3)</h3>
<h1 class="display-4">春风花草香(display-4)</h4>
<h1 class="display-5">江山如有待(display-5)</h5>
```

```
<h1 class="display-6">此意陶潜解(display-6)</h6>
```

程序运行结果如图 5-4 所示。

图 5-4　标题突出显示

提示

使用.display 类以后，原有标题的 font-size、font-weight 样式会发生改变。

5.2.2　段落

Bootstrap 5.X 定义页面主体的默认样式如下：

```
body {
  margin: 0;
  font-family: var(--bs-body-font-family);
  font-size: var(--bs-body-font-size);
  font-weight: var(--bs-body-font-weight);
  line-height: var(--bs-body-line-height);
  color: var(--bs-body-color);
  text-align: var(--bs-body-text-align);
  background-color: var(--bs-body-bg);
  -webkit-text-size-adjust: 100%;
  -webkit-tap-highlight-color: rgba(0, 0, 0, 0);
}
```

在 Bootstrap 5.X 中，段落标签<p>设置上外边距为 0，下外边距为 1rem，CSS 样式代码如下：

```
p {margin-top: 0;margin-bottom: 1 rem;}
```

实例 5：设置分段效果(案例文件：ch05\5.5.html)

```
<h1>《秋月》</h1>
<h3 align="center"><small>朱熹 〔宋代〕</small></h3>
<p>清溪流过碧山头，空水澄鲜一色秋。</p>
<p>隔断红尘三十里，白云红叶两悠悠。</p>
```

程序运行结果如图 5-5 所示。

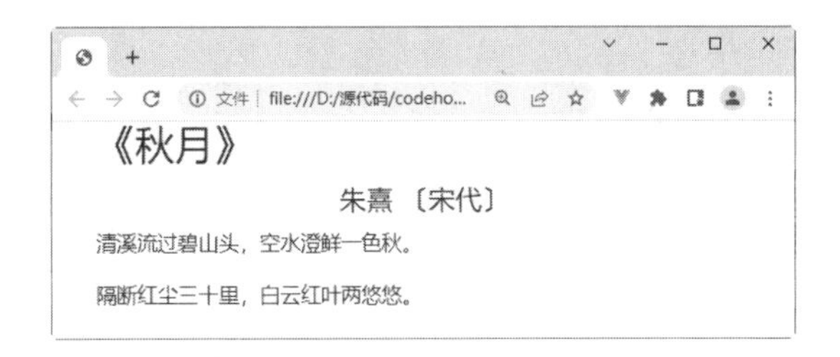

图 5-5　段落效果

添加.lead 类样式可以定义段落的突出显示，被突出的段落文本 font-size 变为 1.25rem，font-weight 变为 300，CSS 样式代码如下：

```
.lead {font-size: 1.25rem;font-weight: 300;}
```

实例 6： 使用.lead 类样式(案例文件：ch05\5.6.html)

```
<h1>《白头吟》</h1>
<h3 align="center"><small>李白 〔唐代〕</small></h3>
<p>锦水东北流，波荡双鸳鸯。</p>
<p>雄巢汉宫树，雌弄秦草芳。</p>
<p class="lead">宁同万死碎绮翼，不忍云间两分张。</p>
<p>此时阿娇正娇妒，独坐长门愁日暮。</p>
```

程序运行结果如图 5-6 所示。

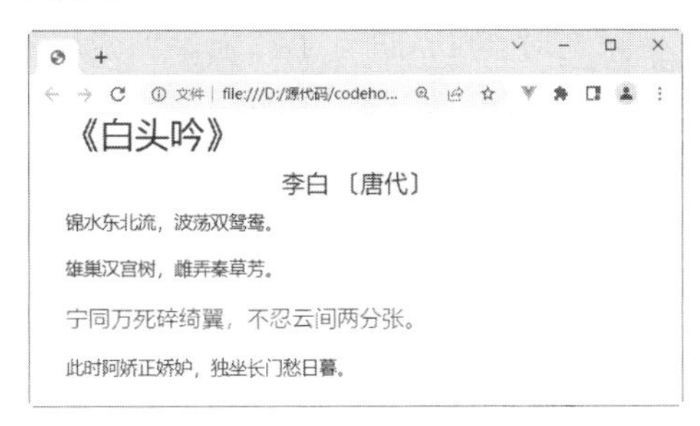

图 5-6　.lead 类样式效果

5.2.3　强调

HTML5 文本元素常用的内联表现方法也适用于 Bootstrap，可以使用<mark>、<del>、<s>、<ins>、<u>、<strong>、<em>等标签为常见的内联 HTML 5 元素添加强调样式。

实例 7： 添加强调样式(案例文件：ch05\5.7.html)

```
<h2>强调文本</h2>
<p>< mark >标签：<mark>标记的重点内容</mark></p>
<p>< del >标签：<del>删除的文本</del></p>
<p>< s >标签：<s>不再准确的文本</s></p>
<p>< ins >标签：<ins>对文档的补充文本</ins></p>
<p>< u >标签：<u>添加下划线的文本</u></p>
<p>< strong >标签：<strong>粗体文本</strong></p>
<p>< em >标签：<em>斜体文本</em></p>
```

程序运行结果如图 5-7 所示。

图 5-7　强调文本效果

.mark 类也可以实现<mark>的效果，并且避免了标签带来的任何不必要的语义影响。

提示

HTML 5 支持使用<b>和<i>标签定义强调文本。<b>标签会加粗文本，<i>标签使文本显示为斜体。<b>标签用于突出强调单词或短语，而不赋予额外的重要含义，<i>标签主要用于技术名称、技术术语等。

5.2.4　缩略语

当鼠标指针悬停在缩略语上时会显示完整的内容。HTML 5 中通过使用<abbr>标签来实现缩略语，在 Bootstrap 中只是对<abbr>进行了加强。加强后缩略语具有默认下划虚线，鼠标指针悬停时显示帮助文本。CSS 样式代码如下：

```
abbr[title],
abbr[data-bs-original-title] {
  -webkit-text-decoration: underline dotted;
  text-decoration: underline dotted;
  cursor: help;
  -webkit-text-decoration-skip-ink: none;
  text-decoration-skip-ink: none;
}
```

实例 8：添加缩略语(案例文件：ch05\5.8.html)

```
<h2 align="center">乌衣巷</h2>
<p>朱雀桥边野草花，<abbr title="乌衣巷位于南京市秦淮区秦淮河上文德桥旁的南岸。">乌衣巷
</abbr>口夕阳斜。</p>
<p>旧时王谢堂前燕，飞入寻常百姓家。</p>
```

程序运行结果如图 5-8 所示。

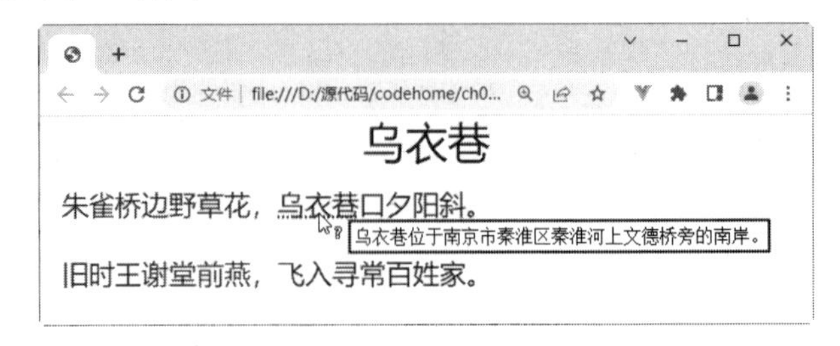

图 5-8　缩略语效果

5.2.5　引用

如果要添加引用文本，可以在正文中插入引用块，引用块使用带.blockquote 类的<blockquote>标签。在引用块中，有以下 3 个标签可以使用。

(1) <blockquote>：引用块。

(2) <cite>：引用块内容的来源。

(3) <footer>：包含引用来源和作者的元素。

Bootstrap 5.X 为<blockquote>标签定义了.blockquote 类，设置<blockquote>标签的底外边距为 1 rem，字体大小为 1.25 rem；为<footer>标签定义了.blockquote-footer 类，设置元素为块级元素，字体大小为 0.875 em，字体颜色为#6c757d。CSS 样式代码如下：

```
.blockquote {
    margin-bottom: 1rem;
    font-size: 1.25rem;
}
.blockquote-footer {
  margin-top: -1 rem;
  margin-bottom: 1 rem;
  font-size: 0.875em;
  color: #6c757d;
}
```

提示

通过使用 text-end 类，可以实现引用文本右对齐的效果。

实例 9： 添加引用文本内容(案例文件：ch05\5.9.html)

```
<blockquote class="blockquote">
    <p>客心千里倦，春事一朝归。</p>
    <p>还伤北园里，重见落花飞。</p>
    <footer class="blockquote-footer text-
end">选自王勃的<cite>《羁春》</cite></footer>
</blockquote>
```

程序运行结果如图 5-9 所示。

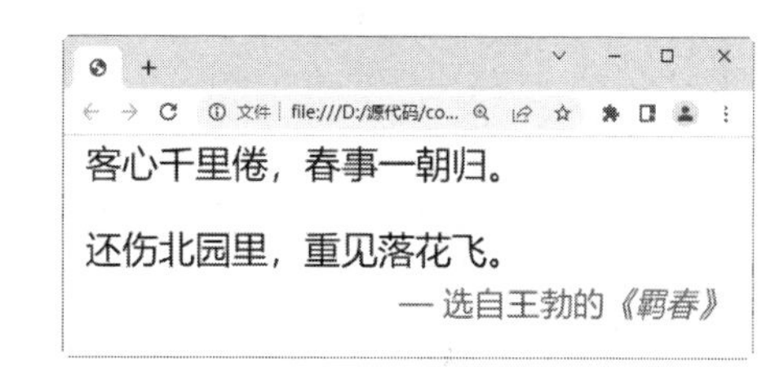

图 5-9　引用效果

5.3　显 示 代 码

Bootstrap 支持在网页中显示代码，主要是通过<code> 标签和<pre>标签来分别实现嵌入的行内代码和多行代码块。

5.3.1　行内代码

<code>标签用于表示计算机源代码或者其他机器可以阅读的文本内容。Bootstrap 5.X 优化了<code>标签默认的样式效果，样式代码如下：

```
code {
  font-size: 0.875em;
  color: #d63384;
  word-wrap: break-word;
}
```

实例 10： 显示行内代码(案例文件：ch05\5.10.html)

```
<h4>行内代码</h4>
<code>&lt;!DOCTYPE html&gt;</code>HTML 5 文档声明。<br/>
<code>&lt;head&gt;&lt;/head&gt;</code>包含元信息和标题。<br/>
<code>&lt;body&gt;&lt;/body&gt;</code>网页的主体内容。
```

程序运行结果如图 5-10 所示。

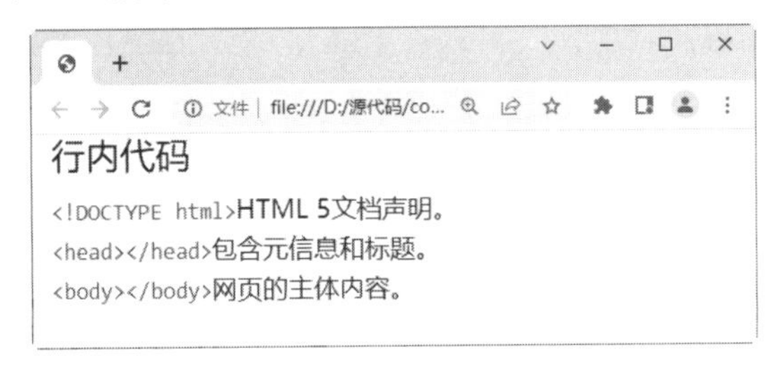

图 5-10　行内代码效果

5.3.2　多行代码块

使用<pre>标签可以包裹代码块，可以对 HTML 的尖括号进行转义。

实例 11： 使用<pre>标签显示多行代码块(案例文件：ch05\5.11.html)

```
<pre>
&lt;article&gt;
    &lt;h1&gt;多行代码块效果&lt;/h1&gt;
&lt;/article&gt;
</pre>
```

程序运行结果如图 5-11 所示。

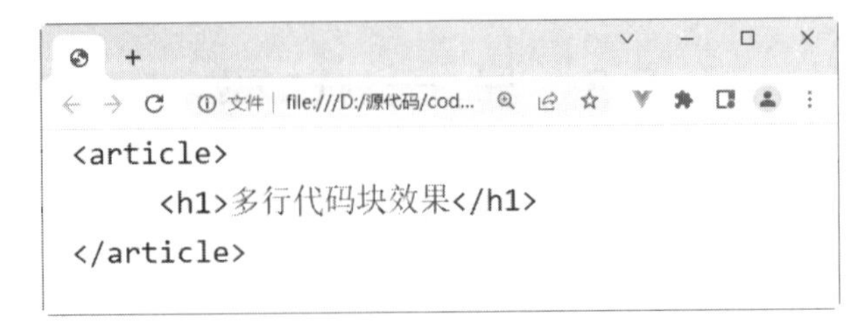

图 5-11　代码块效果

5.4　响应式图片

Bootstrap 5.X 为图片添加了轻量级的样式和响应式行为，因此在设计中引用图片可以更加方便且不会轻易破坏页面布局。

5.4.1　图像的同步缩放

在 Bootstrap 5.X 中，给图片添加.img-fluid 样式或定义 max-width: 100%、height:auto 样式，即设置响应式特性，图片大小会随着父元素的大小同步缩放。

实例 12：图像的同步缩放(案例文件：ch05\5.12.html)

```
<h2>图像的同步缩放</h2>
<img src="1.png" class="img-fluid">
```

程序运行结果如图 5-12 所示。如果改变浏览器窗口的大小，图像也会跟着同步缩放。

图 5-12　图像同步缩放效果

5.4.2　图像缩略图

可以使用.img-thumbnail 类为图片加上一个带圆角且边框为 1px 的外框样式。

实例 13：设计图像缩略图效果 (案例文件：ch05\5.13.html)

```
<h2>图像缩略图</h2>
<img src="1.jpg" class="img-thumbnail">
<img src="2.jpg" class="img-thumbnail">
```

程序运行结果如图 5-13 所示。

图 5-13　图像缩略图效果

5.4.3　图像对齐方式

设置图像对齐方式的方法如下。

(1)　使用浮动类来实现图像的左浮动或右浮动效果。

(2) 使用类.text-start、.text-center 和.text-end 来分别实现水平居左、居中和居右对齐。

(3) 使用外边距类.mx-auto 来实现水平居中，注意要把<img>标签转换为块级元素，添加.d-block 类。

实例 14：设置图片的对齐方式(案例文件：ch05\5.14.html)

```
<div class="clearfix">
    <img src="1.jpg" class="float-start" width="200">
    <img src="1.jpg" class="float-end" width="200">
</div>
<p class="text-center">浮动类实现左右对齐</p>
<div  class="text-center">
    <img src="1.jpg"  width="200">
    <p class="text-center">文本类实现水平居中</p>
</div>
<div>
    <img src="1.jpg"  class="mx-auto d-block" width="200">
    <p class="text-center">外边距类实现水平居中</p>
</div>
```

程序运行结果如图 5-14 所示。

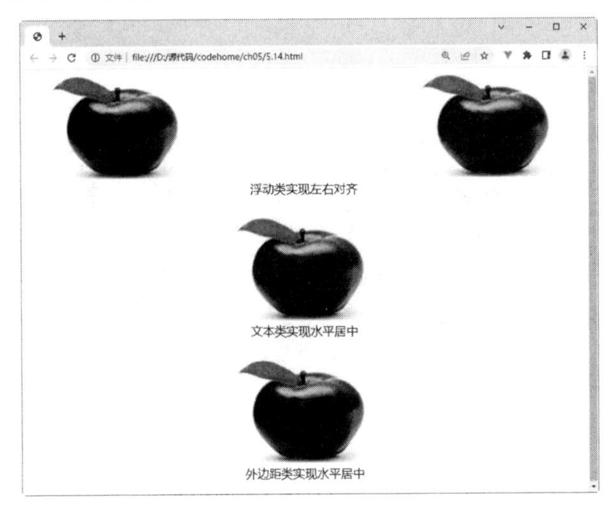

图 5-14　图像的对齐效果

5.5　优化表格的样式

Bootstrap 5.X 优化了表格的结构标签，并定义了很多表格的专用样式类。优化的结构标签如下。

(1) <table>：表格容器。

(2) <thead>：表格表头容器。

(3) <tbody>：表格主体容器。

(4) <tr>：表格行结构。

(5) <td>：表格单元格(在<tbody>内使用)。

(6) <th>：表格表头容器中的单元格(在<thead>内使用)。

(7) <caption>：表格标题容器。

提示

只有为<table>标签添加.table 类样式，才可为其赋予 Bootstrap 表格优化效果。

5.5.1　表格默认风格

Bootstrap 通过.table 类来设置表格的默认样式。

实例 15： 设置表格的默认样式(案例文件：ch05\5.15.html)

```
<h2>求职者信息表</h2>
<table class="table">
    <thead>
        <tr>
            <th>姓名</th><th>性别</th><th>年龄</th><th>学历</th><th>专业</th>
        </tr>
    </thead>
    <tbody>
        <tr>
            <td>刘语熙</td><td>男</td><td>22</td><td>本科</td><td>现代通信技术</td>
        </tr>
        <tr>
            <td>周欣</td><td>女</td><td>21</td><td>本科</td><td>电子工程</td>
        </tr>
        <tr>
            <td>方兴旺</td><td>男</td><td>23</td><td>本科</td><td>土木工程</td>
        </tr>
        <tr>
            <td>林欢欢</td><td>女</td><td>22</td><td>研究生</td><td>国际经济贸易</td>
        </tr>
    </tbody>
</table>
```

程序运行结果如图 5-15 所示。

求职者信息表

姓名	性别	年龄	学历	专业
刘语熙	男	22	本科	现代通信技术
周欣	女	21	本科	电子工程
方兴旺	男	23	本科	土木工程
林欢欢	女	22	研究生	国际经济贸易

图 5-15　表格默认风格效果

5.5.2　为表格设计个性化风格

除了可以为表格设置默认的风格以外，还可以设置多种多样的个性化风格。

1. 无边界风格

为<table>标签添加.table-borderless 类，即可设计没有边框的表格。

实例 16： 设计没有边框的表格(案例文件：ch05\5.16.html)

```
<h2 align="center">学生成绩表</h2>
<table class="table table-borderless">
    <thead>
    <tr>
        <th>姓名</th><th>班级</th><th>语文</th><th>数学</th><th>英语</th></tr>
    </thead>
    <tbody>
    <tr>
        <td>张宝</td><td>一班</td><td>89</td><td>96</td><td>69</td></tr>
    <tr>
        <td>李丰</td><td>一班</td><td>93</td><td>94</td><td>98</td></tr>
</table>
```

程序运行结果如图 5-16 所示。

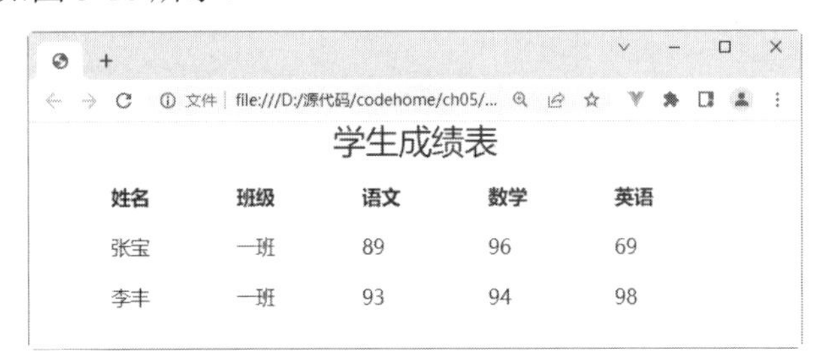

图 5-16　无边界表格效果

2. 条纹状风格

为<table>标签添加.table-striped 类，可以设计条纹状的表格。

实例 17： 设计条纹状的表格(案例文件：ch05\5.17.html)

```
<h2  align="center">1 月份工资表</h2>
<table class="table table-striped">
    <thead>
    <tr>
        <th>姓名</th><th>部门</th><th>工资</th><th>奖金</th></tr>
    </thead>
    <tbody>
    <tr>
        <td>刘梦</td><td>销售部</td><td>8600 元</td><td>800 元</td></tr>
    <tr>
        <td>李丽</td><td>销售部</td><td>4500 元</td><td>900 元</td></tr>
    <tr>
        <td>张龙</td><td>财务部</td><td>6800 元</td><td>1200 元</td> </tr>
    <tr>
        <td>林笑天</td><td>设计部</td><td>7800 元</td><td>600 元</td>
    </tr>
    </tbody>
</table>
```

程序运行结果如图 5-17 所示。

1月份工资表

姓名	部门	工资	奖金
刘梦	销售部	8600元	800元
李丽	销售部	4500元	900元
张龙	财务部	6800元	1200元
林笑天	设计部	7800元	600元

图 5-17　条纹状表格效果

3. 表格边框风格

为<table>标签添加.table-bordered 类，可以设计表格的边框风格。

实例 18： 设计表格边框风格(案例文件：ch05\5.18.html)

```
<h2  align="center">商品入库表</h2>
<table class="table table-bordered">
    <thead>
    <tr>
        <th>名称</th><th>入库时间</th><th>产地</th><th>数量</th></tr>
    </thead>
    <tbody>
    <tr>
        <td>洗衣机</td><td>3 月 18 日</td><td>上海</td><td>800 台</td></tr>
    <tr>
        <td>冰箱</td><td>2 月 21 日</td><td>北京</td><td>900 台</td></tr>
    <tr>
        <td>电视机</td><td>2 月 11 日</td><td>广州</td><td>1200 台</td> </tr>
     </tbody>
</table>
```

程序运行结果如图 5-18 所示。

商品入库表

名称	入库时间	产地	数量
洗衣机	3月18日	上海	800台
冰箱	2月21日	北京	900台
电视机	2月11日	广州	1200台

图 5-18　表格边框风格

4. 鼠标指针悬停风格

为<table>标签添加.table-hover 类，可以产生行悬停效果，也就是当鼠标指针移到行上时底纹颜色会发生变化。

实例 19： 设计鼠标指针悬停风格(案例文件：ch05\5.19.html)

```
<h2  align="center">商品入库表</h2>
```

```
<table class="table table-hover">
    <thead>
    <tr>
        <th>名称</th><th>入库时间</th><th>产地</th><th>数量</th></tr>
    </thead>
    <tbody>
    <tr>
        <td>洗衣机</td><td>3 月 18 日</td><td>上海</td><td>800 台</td></tr>
    <tr>
        <td>冰箱</td><td>2 月 21 日</td><td>北京</td><td>900 台</td></tr>
    <tr>
        <td>电视机</td><td>2 月 11 日</td><td>广州</td><td>1200 台</td> </tr>
     </tbody>
</table>
```

程序运行结果如图 5-19 所示。将鼠标指针放在任意一行，即可发现该行的颜色发生了变化。

图 5-19　鼠标指针悬停风格

5. 颜色风格

(1) .table-primary：蓝色，重要的操作。
(2) .table-success：绿色，允许执行的操作。
(3) .table-danger：红色，危险的操作。
(4) .table-info：浅蓝色，表示内容已变更。
(5) .table-warning：橘色，表示需要注意的操作。
(6) .table-active：灰色，用于鼠标悬停效果。
(7) .table-secondary：灰色，表示内容不怎么重要。
(8) .table-light：浅灰色。
(9) .table-dark：深灰色。

上述这些颜色类可用于设置表格的背景颜色，也可用于设置表格行和单元格的背景颜色，还可用于设置表头容器<thead>和表格主体容器<tbody>的背景颜色。

实例 20：设置表格的背景颜色(案例文件：ch05\5.20.html)

```
<h2 align="center">商品销售报表</h2>
<table class="table">
    <thead class="table-primary">
    <tr>
        <th>编码</th><th>名称</th><th>销售时间</th><th>销售数量</th><th>单价
</th><th>金额</th>
    </tr>
    </thead>
    <tbody>
    <tr class="table-warning">
        <td>1001</td><td>洗衣机</td><td>2 月 1 日</td><td>6</td><td>2300 元
</td><td>13800 元</td>
    </tr>
    <tr class="table-danger">
        <td>1002</td><td>冰箱</td><td>2 月 1 日</td><td>10</td><td>6800 元
</td><td>68000 元</td>
    </tr>
    <tr class="table-light">
        <td>1003</td><td>空调</td><td>2 月 2 日</td><td>8</td><td>1800 元
</td><td>14400 元</td>
```

```
    </tr>
    <tr class="table-info">
        <td>1004</td><td>电视机</td><td>2 月 3 日</td><td>5</td><td>3800 元
</td><td>19000 元</td>
    </tr>
    </tbody>
</table>
```

程序运行结果如图 5-20 所示。

商品销售报表

编码	名称	销售时间	销售数量	单价	金额
1001	洗衣机	2月1日	6	2300元	13800元
1002	冰箱	2月1日	10	6800元	68000元
1003	空调	2月2日	8	1800元	14400元
1004	电视机	2月3日	5	3800元	19000元

图 5-20　表格背景颜色效果

5.6　案例实训——设计网站后台人员管理系统页面

本案例设计一个网站后台人员管理系统页面，主要使用 Bootstrap 表格来罗列内容，具体实现步骤如下。

(1) 设计顶部的功能区域。功能区域包括右侧的新增、删除、编辑以及角色授权按钮，可以使用 Bootstrap 的按钮组组件进行设计，使用浮动方式进行布局，并添加响应式的浮动类(.float-md-*)。具体的代码如下：

```
<div class="clearfix my-4" >
    <div class="ms-auto btn-group float-md-start">
    <button type="button" class="btn btn-primary"><i class="fa fa-plus me-1">
        </i>网站后台人员管理系统</button>
    </div>
    <div class="ms-auto btn-group float-md-end">
        <button type="button" class="btn btn-primary"><i class="fa fa-plus me-
            1"></i>新增</button>
        <button type="button" class="btn btn-warning"><i class="fa fa-times
            me-1"></i>删除</button>
        <button type="button" class="btn btn-info"><i class="fa fa-pencil me-
            1"></i>编辑</button>
        <button type="button" class="btn btn-success"><i class="fa fa-star me-
            1"></i>角色授权</button>
    </div>
</div>
```

程序运行结果如图 5-21 所示。

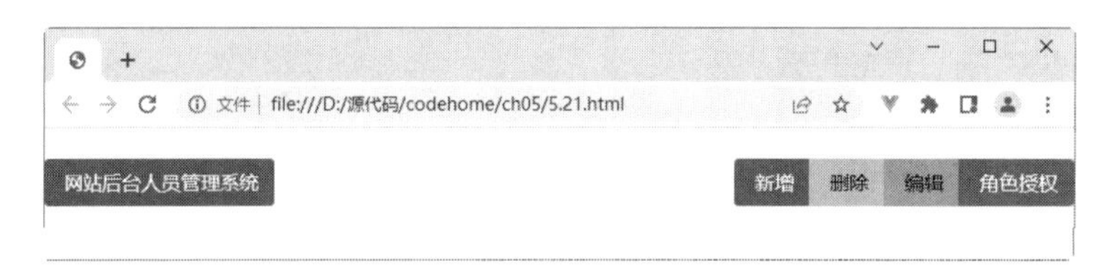

图 5-21　系统顶部的功能区域

(2)　设计表格。为<table>标签添加.table-bordered 类设计表格边框风格，为<thead>标签添加.table-success 类来设计背景色。添加代码如下：

```
<table class="table table-bordered">
    <thead class="table-success">
    <tr>
        <th><input type="checkbox"></th><th>角色编号</th><th>角色名称</th><th>创
            建时间</th><th>角色描述</th>
    </tr>
    </thead>
    <tbody>
    <tr>
        <td><input type="checkbox"></td><td>10001</td><td>系统管理员
            </td><td>2020-10-20</td><td>周欣</td>
    </tr>
    <tr>
        <td><input type="checkbox"></td><td>10002</td><td>超级会员
            </td><td>2020-10-20</td><td>刘语熙</td>
    </tr>
    <tr>
        <td><input type="checkbox"></td><td>10003</td><td>超级会员
            </td><td>2020-10-20</td><td>方兴旺</td>
    </tr>
    <tr>
        <td><input type="checkbox"></td><td>10004</td><td>普通会员
            </td><td>2020-10-20</td><td>林欢欢</td>
    </tr>
    </tbody>
</table>
```

程序运行结果如图 5-22 所示。

文件 | file:///D:/源代码/codehome/ch05/5.21.html

网站后台人员管理系统　新增　删除　编辑　角色授权

☐	角色编号	角色名称	创建时间	角色描述
☐	10001	系统管理员	2020-10-20	周欣
☐	10002	超级会员	2020-10-20	刘语熙
☐	10003	超级会员	2020-10-20	方兴旺
☐	10004	普通会员	2020-10-20	林欢欢

图 5-22　网站后台人员管理系统页面

5.7　疑难问题解惑

疑问 1：如何创建响应式表格？

在 Bootstrap 5.X 中，可以使用.table-responsive 类创建响应式表格。

```
<div class="table-responsive"> </div>
```

当屏幕宽度小于 992px 时，会创建水平滚动条。如果可视区域宽度大于等于 992px 时则显示不同效果(没有滚动条)。

疑问 2：如何为图片添加圆角和椭圆效果？

在 Bootstrap 5.X 中，使用.rounded 类可以让图片显示圆角效果；使用.rounded-circle 类可以设置图片显示椭圆效果。

例如以下代码：

```
<div class="container mt-3">
  <img src="2.png" class="rounded" >
  <img src="2.png" class="rounded-circle">
</div>
```

程序运行结果如图 5-23 所示。

图 5-23　为图片添加圆角和椭圆效果

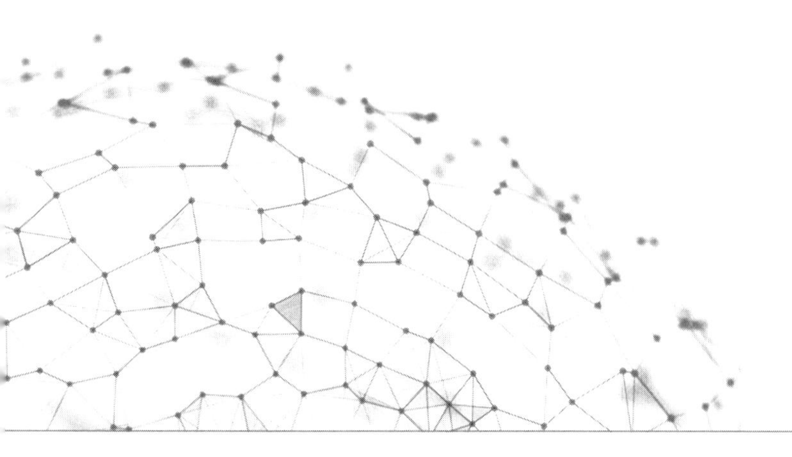

第6章 CSS 通用样式

Bootstrap 核心是一个 CSS 框架，它定义了大量的通用样式类，包括边距、边框、颜色、对齐方式、阴影、浮动、显示与隐藏等，很容易上手，无须再编写大量的 CSS 样式，可以使用这些通用样式快速地开发出精美的网页。

6.1 文本处理

Bootstrap 定义了一些关于文本的样式类，来控制文本的对齐、换行、转换等。

6.1.1 文本对齐

在 Bootstrap 中定义了以下 4 个类，来设置文本的水平对齐方式。

(1) .text-start：设置左对齐。

(2) .text-center：设置居中对齐。

(3) .text-end：设置右对齐。

(4) .text-justify：段落中超出屏幕部分文字自动换行。

实例 1：设置文本对齐方式(案例文件：ch06\6.1.html)

这里定义 4 个 div，然后每个 div 分别设置.text-start、.text-center、.text-end 和.text-justify 类，实现不同的对齐方式。.border 类用来设置 div 的边框。

```
<h3 align="center">文本对齐方式</h3>
<div class="text-start border">白马金鞍从武皇</div>
<div class="text-center border">旌旗十万宿长杨</div>
<div class="text-end border">楼头少妇鸣筝坐</div>
<div class="text-justify border">段落中超出屏幕部分文字自动换行：驰道杨花满御沟，红妆缦绾上青楼。金章紫绶千馀骑，夫婿朝回初拜侯。</div>
```

程序运行结果如图 6-1 所示。

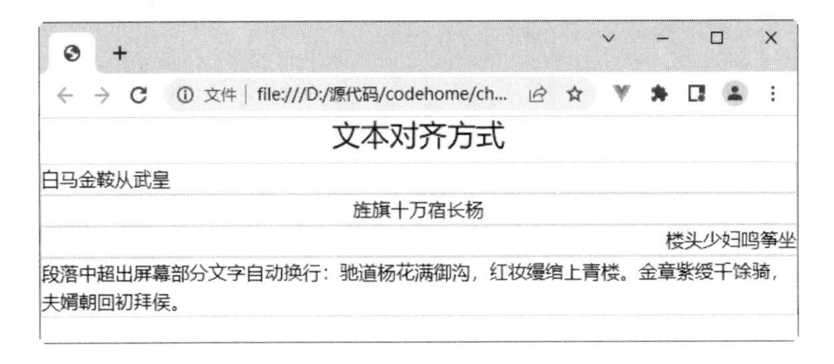

图 6-1　文本对齐效果

可以结合网格系统的响应断点来定义响应式的对齐方式。具体设置方法如下：

(1)　.text-(sm|md|lg|xl)-start：表示在 sm|md|lg|xl 型设备上左对齐。

(2)　.text-(sm|md|lg|xl)-center：表示在 sm|md|lg|xl 型设备上居中对齐。

(3)　.text-(sm|md|lg|xl)-end：表示在 sm|md|lg|xl 型设备上右对齐。

实例 2：响应式对齐方式(案例文件：ch06\6.2.html)

这里定义 1 个 div，并添加.text-sm-center 类，该类表示在 sm(576px≤sm<768px)型宽度的设备上为水平居中显示；添加的.text-md-end 类，表示在 md(768px≤md<992px)型宽度的设备上为右对齐显示。

```
<h3 align="center">响应式对齐方式</h3>
<div class="text-sm-center text-md-end border">旌旗十万宿长杨</div>
```

程序运行在 sm 型设备上的显示效果如图 6-2 所示。

图 6-2　sm 型设备上显示效果

程序运行在 md 型设备上的显示效果如图 6-3 所示。

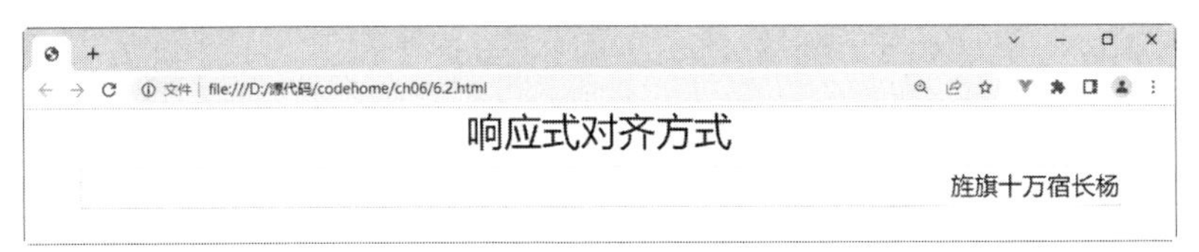

图 6-3　md 型设备上显示效果

6.1.2　文本换行

如果元素中的文本超出了元素本身的宽度，默认情况下会自行换行。在 Bootstrap 中可以使用.text-nowrap 类来阻止文本换行。

实例 3：文本换行(案例文件：ch06\6.3.html)

这里定义了 2 个宽度为 15 rem 的 div，第 1 个没有添加.text-nowrap 类来阻止文本换行，第 2 个添加了.text-nowrap 类来阻止文本换行。

```
<h3 align="center">文本换行效果</h3>
<div class="border border-primary mb-5" style="width: 15rem;">
    宝马雕车香满路，凤箫声动，玉壶光转，一夜鱼龙舞。
</div>
<h4 align="center">阻止文本换行</h4>
<div class="text-nowrap border border-primary" style="width: 15rem;">
   雨打梨花深闭门。忘了青春，误了青春。赏心乐事共谁论。
</div>
```

程序运行结果如图 6-4 所示。

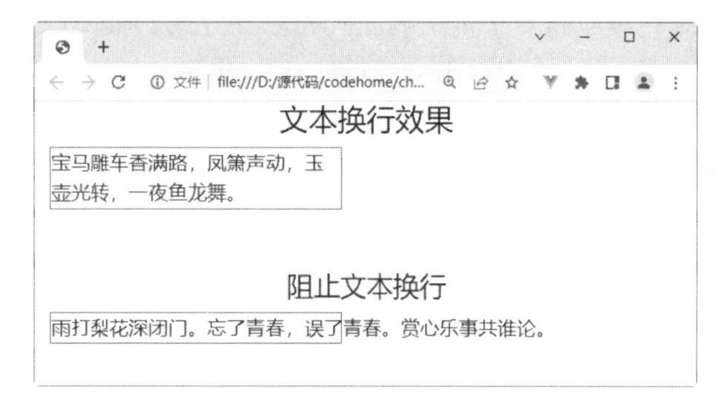

图 6-4　文本换行效果

在 Bootstrap 中，对于较长的文本内容，如果超出了元素盒子的宽度，可以添加.text-truncate 类，以省略号的形式表示超出的文本内容。

注意

添加.text-truncate 类的元素，只有包含 display: inline-block 或 display:block 样式，才能实现效果。

实例 4：省略溢出的文本内容(案例文件：ch06\6.4.html)

这里给定 div 的宽度，然后添加.text-truncate 类。当文本内容溢出时，将以省略号显示。

```
<h3 align="center">省略溢出的文本内容</h3>
<div class="border border-primary mb-5 text-truncate" style="width: 15rem;">
    少年听雨歌楼上，红烛昏罗帐。壮年听雨客舟中，江阔云低断雁叫西风。
</div>
```

程序运行结果如图 6-5 所示。

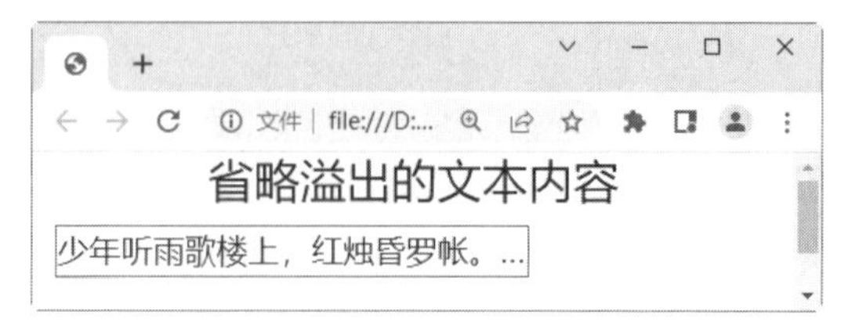

图 6-5　省略溢出文本效果

6.1.3　转换大小写

如果在文本中包含字母，可以通过 Bootstrap 中定义的三个类来转换字母的大小写形式。具体类的含义如下：

(1) .text-lowercase：将字母转换为小写形式。

(2) .text-uppercase：将字母转换为大写形式。

(3) .text-capitalize：将每个单词的第一个字母转换为大写形式。

注意

.text-capitalize 类只更改每个单词的第一个字母，不影响其他字母。

实例 5：转换大小写(案例文件：ch06\6.5.html)

```
<h3 align="center" >字母转换大小写</h3>
<p class="text-uppercase">转换成大写: in a calm sea every man is a pilot </p>
<p class="text-lowercase">转换成小写: IN A CALM SEA EVERY MAN IS A PILOT </p>
<p class="text-capitalize">转换每个单词的首字母为大写: in a calm sea every man is
a pilot </p>
```

程序运行结果如图 6-6 所示。

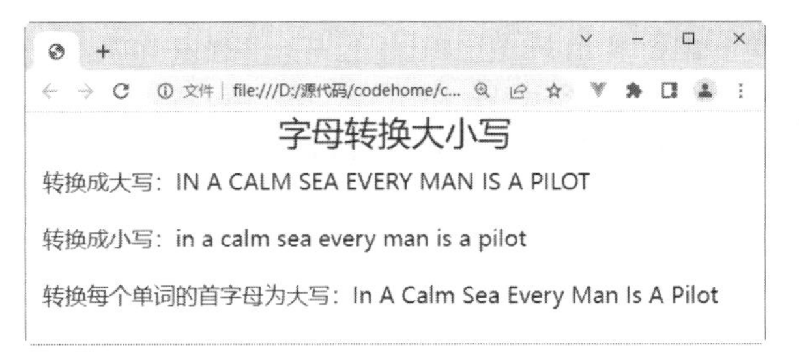

图 6-6　字母转换大小写形式

6.1.4　粗细和斜体

Bootstrap 5.X 中将字体的粗细程度分为了 5 类，具体类如下：

.fw-bolder(bolder)

.fw-bold(700)

.fw-normal(400)

.fw-light(300)

.fw-lighter(lighter)

斜体通过.fst-italic 类来控制，通过.fst-normal 类可以取消斜体。

实例 6：设置文本的粗细程度和斜体效果(案例文件：ch06\6.6.html)

```
<h3 align="center" >字体的粗细和斜体效果</h3>
<p class="fw-bolder">双双新燕飞春岸，片片轻鸥落晚沙。(fw-bolder)</p>
```

```
<p class="fw-bold">惜霜蟾照夜云天。朦胧影、画勾阑(fw-bold)</p>
<p class="fw-normal">惜霜蟾照夜云天。朦胧影、画勾阑(fw-normal)</p>
<p class="fw-light">惜霜蟾照夜云天。朦胧影、画勾阑(fw-light)</p>
<p class="fw-lighter">惜霜蟾照夜云天。朦胧影、画勾阑(fw-lighter)</p>
<p class="fst-italic">惜霜蟾照夜云天。朦胧影、画勾阑(fst-italic)</p>
```

程序运行结果如图 6-7 所示。

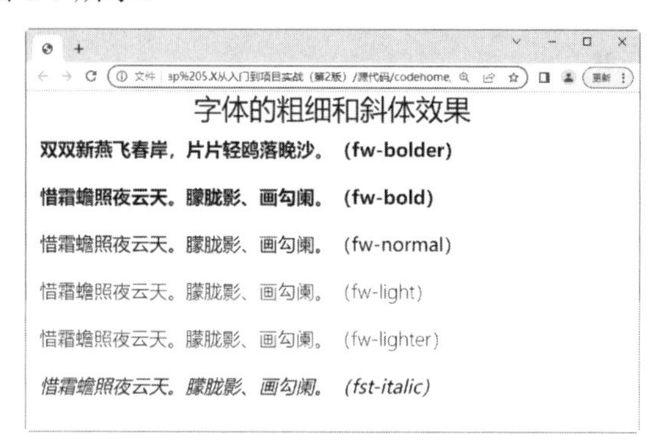

图 6-7　文本的粗细和斜体效果

6.1.5　其他文本样式类

以下两个样式类，在使用 Bootstrap 进行项目开发时可能会用到，具体含义如下：

(1)　.text-reset：颜色复位。重新设置文本或链接的颜色，继承父元素的颜色。

(2)　.text-decoration-none：删除修饰线。

实例 7：设置其他文本样式类(案例文件：ch06\6.7.html)

```
<h4 align="center">复位颜色和删除修饰</h4>
<div class="text-muted">
    <p><a href="#" class="text-reset">懒向青门学种瓜，只将渔钓送年华。</a></p>
    <p><a href="#" class="text-decoration-none">懒向青门学种瓜，只将渔钓送年华。
</a></p>
</div>
```

程序运行结果如图 6-8 所示。

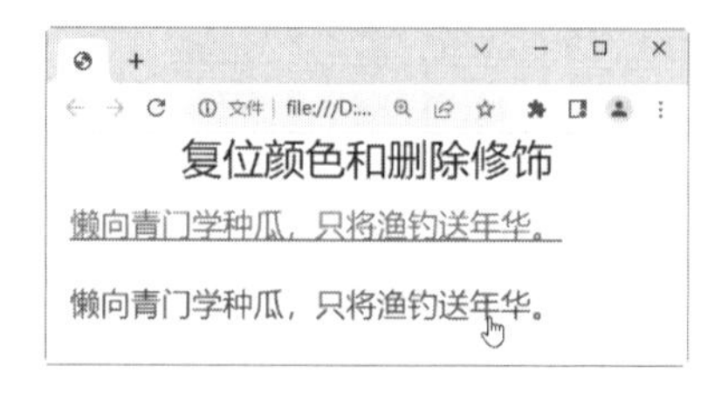

图 6-8　其他样式类效果

6.2　颜 色 样 式

在网页开发中，可以通过颜色来传达不同的意义和表达不同的模块。在 Bootstrap 中有一系列的颜色样式，包括文本颜色、链接文本颜色、背景颜色等与状态相关的样式。

6.2.1　文本颜色

Bootstrap 提供了一些有代表意义的文本颜色类，说明如下：

(1) .text-primary：蓝色。

(2) .text-secondary：灰色。

(3) .text-success：浅绿色。

(4) .text-danger：浅红色。

(5) .text-warning：浅黄色。

(6) .text-info：浅蓝色。

(7) .text-light：浅灰色(白色背景上看不清楚)。

(8) .text-dark：深灰色。

(9) .text-muted：灰色。

(10) .text-white：白色(白色背景上看不清楚)。

实例 8：设置文本颜色(案例文件：ch06\6.8.html)

这里设置.text-light 类和.text-white 类，同时还需要添加相应的背景色，否则是看不见的。这里添加了.bg-dark 类，背景显示为深灰色。

```
<h3 align="center">设置文本颜色</h3>
<p class="text-primary">.text-primary——蓝色</p>
<p class="text-secondary">.text-secondary——灰色</p>
<p class="text-success">.text-success——浅绿色</p>
<p class="text-danger">.text-danger——浅红色</p>
<p class="text-warning">.text-warning——浅黄色</p>
<p class="text-info">.text-info——浅蓝色</p>
<p class="text-light bg-dark">.text-light——浅灰色(白色背景上看不清楚)</p>
<p class="text-dark">.text-dark——深灰色</p>
<p class="text-muted">.text-muted——灰色</p>
<p class="text-white bg-dark">.text-white——白色(白色背景上看不清楚)</p>
```

程序运行结果如图 6-9 所示。

图 6-9　文本颜色类

Bootstrap 中还有两个特别的颜色类 text-black-50 和 text-white-50，CSS 样式代码如下：

```
.text-black-50 {
  --bs-text-opacity: 1;
  color: rgba(0, 0, 0, 0.5) !important;
}
.text-white-50 {
  --bs-text-opacity: 1;
  color: rgba(255, 255, 255,
0.5) !important;
}
```

这两个类分别设置文本为黑色和白色，并设置透明度为 0.5。

6.2.2 链接文本颜色

对于前面介绍的文本颜色类，在链接上也能正常使用。再配合 Bootstrap 提供的悬浮和焦点样式(悬浮时颜色变暗)，使链接文本与网页整体的颜色更匹配。

注意

和设置文本颜色一样，不建议使用.text-white 和.text-light 这两个类，因为其不显示样式，需要相应的背景色来辅助。

实例 9： 设置链接颜色(案例文件：ch06\6.9.html)

```
<h3 align="center">链接的文本颜色</h3>
<p><a href="#" class="text-primary">.text-primary——蓝色链接</a></p>
<p><a href="#" class="text-secondary">.text-secondary——灰色链接</a></p>
<p><a href="#" class="text-success">.text-success——浅绿色链接</a></p>
<p><a href="#" class="text-danger">.text-danger——浅红色链接</a></p>
<p><a href="#" class="text-warning">.text-warning——浅黄色链接</a></p>
<p><a href="#" class="text-info">.text-info——浅蓝色链接</a></p>
<p><a href="#" class="text-light bg-dark">.text-light——浅灰色链接(添加了深灰色
背景)</a></p>
<p><a href="#" class="text-dark">.text-dark——深灰色链接</a></p>
<p><a  href="#" class="text-muted">.text-muted——灰色链接</a></p>
<p><a href="#" class="text-white bg-dark">.text-white——白色链接(添加了深灰色背
景)</a></p>
```

程序运行结果如图 6-10 所示。

图 6-10 链接文本颜色效果

6.2.3 背景颜色

Bootstrap 提供的背景颜色类有.bg-primary、.bg-success、.bg-info、.bg-warning、.bg-danger、.bg-secondary、.bg-dark 和.bg-light。背景颜色与文本颜色一样，只是这里设置的是背景颜色。

注意

设置背景颜色不会影响文本的颜色，在开发中需要与文本颜色样式结合使用，常使用.text-white(设置为白色文本)类设置文本颜色。

实例 10： 设置背景颜色(案例文件：ch06\6.10.html)

```
<h3 align="center">设置背景颜色</h3>
<p class="bg-primary text-white">.bg-primary——蓝色背景</p>
<p class="bg-secondary text-white">.bg-secondary——灰色背景</p>
<p class="bg-success text-white">.bg-success——浅绿色背景</p>
<p class="bg-danger text-white">.bg-danger——浅红色背景</p>
```

```
<p class="bg-warning text-white">.bg-warning——浅黄色背景</p>
<p class="bg-info text-white">.bg-info——浅蓝色背景</p>
<p class="bg-light">.bg-light——浅灰色背景</p>
<p class="bg-dark text-white">.bg-dark——深灰色背景</p>
<p class="bg-white">.bg-white——白色背景</p>
```

程序运行结果如图 6-11 所示。

图 6-11　背景颜色效果

6.3　边 框 样 式

使用 Bootstrap 提供的边框样式类，可以快速地添加和删除元素的边框，也可以指定添加或删除元素某一边的边框。

6.3.1　添加边框

通过给元素添加.border 类来添加边框。如果想指定添加某一边框，可以从以下 4 个类中选择。

(1) .border-top：添加元素上边框。

(2) .border-end：添加元素右边框。

(3) .border-bottom：添加元素下边框。

(4) .border-start：添加元素左边框。

实例 11：添加不同的边框样式(案例文件：ch06\6.11.html)

在下面的示例中，定义 5 个 div，第一个 div 添加.border 设置四个边的边框，另外 4 个 div 各设置一边的边框。

```
<style>
    div{
        width: 100px;
        height: 100px;
        float: left;
        margin-left: 30px;
    }
</style>
<body class="container">
```

```
<h3 align="center">添加边框样式</h3>
<div class="border border-primary bg-light">border</div>
<div class="border-top border-primary bg-light">border-top</div>
<div class="border-end border-primary bg-light">border-end</div>
<div class="border-bottom border-primary bg-light">border-bottom</div>
<div class="border-start border-primary bg-light">border-start</div>
</body>
```

程序运行结果如图 6-12 所示。

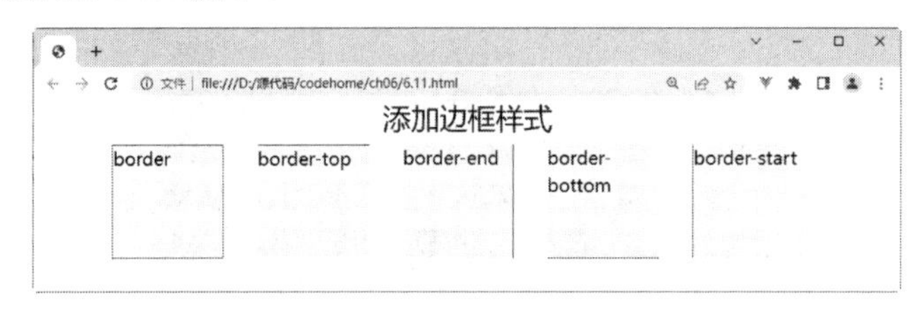

图 6-12　添加边框效果

在元素有边框的情况下，若需要删除边框或删除某一边的边框，只需要在边框样式类后面添加“-0”，就可以删除对应的边框。例如，.border-0 类表示删除元素四边的边框。

实例 12：删除边框效果(案例文件：ch06\6.12.html)

```
<style>
    div{
        width: 100px;
        height: 100px;
        float: left;
        margin-left: 30px;
    }
</style>
<body class="container">
<h3 align="center">删除指定边框</h3>
<div class="border border-0 border-primary bg-light">border-0</div>
<div class="border border-top-0 border-primary bg-light">border-top-0</div>
<div class="border border-end-0 border-primary bg-light">border-end-0</div>
<div class="border border-bottom-0 border-primary bg-light">border-bottom-
0</div>
<div class="border border-start-0 border-primary bg-light">border-start-
0</div>
</body>
```

程序运行结果如图 6-13 所示。

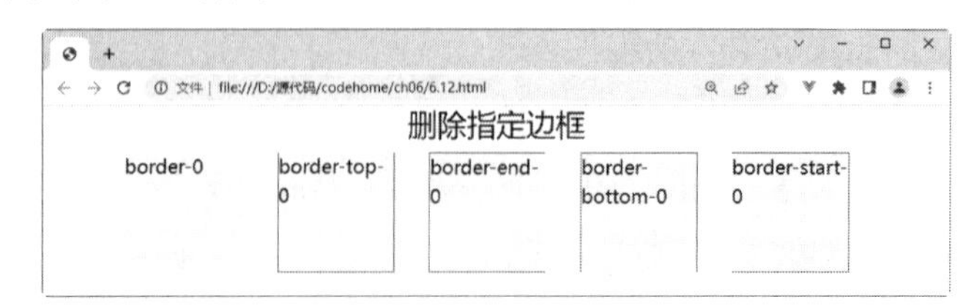

图 6-13　删除边框效果

6.3.2　边框颜色

边框的颜色类由.border 加上主题组成，包括.border-primary、.border-secondary、.border-success、.border-danger、.border-warning、.border-info、.border-light、.border-dark 和.border-white。

实例 13：设置边框颜色(案例文件：ch06\6.13.html)

```
<style>
    div{
        width: 100px;
        height: 100px;
         float: left;
        margin: 15px;
    }
</style>
<body class="container">
<h3 align="center">设置边框颜色</h3>
<div class="border border-primary">border-primary</div>
<div class="border border-secondary">border-secondary</div>
<div class="border border-success">border-success</div>
<div class="border border-danger">border-danger</div>
<div class="border border-warning">border-warning</div>
<div class="border border-info">border-info</div>
<div class="border border-light">border-light</div>
<div class="border border-dark">border-dark</div>
<div class="border border-white">border-white</div>
</body>
```

程序运行结果如图 6-14 所示。

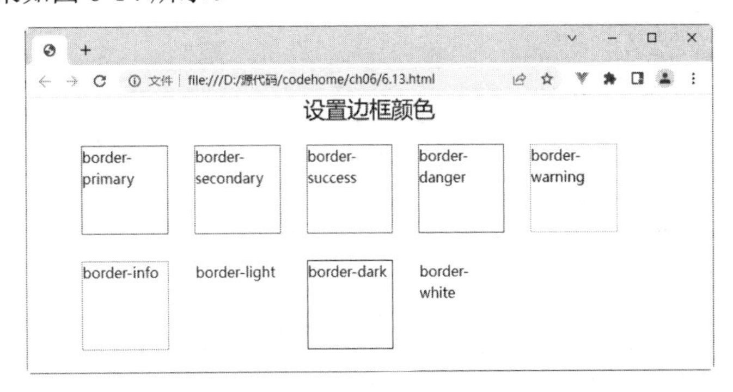

图 6-14　设置边框颜色

6.3.3　圆角边框

在 Bootstrap 中通过给元素添加.rounded 类来实现圆角边框效果，也可以指定某一边为圆角边框。圆角边框样式的代码如下：

```
.rounded {
    border-radius: 0.25rem !important;
}
.rounded-top {
    border-top-left-radius: 0.25rem !important;
    border-top-right-radius: 0.25rem !important;
}
.rounded-end {
    border-top-right-radius: 0.25rem !important;
    border-bottom-right-radius: 0.25rem !important;
}
```

```
.rounded-bottom {
   border-bottom-right-radius: 0.25rem !important;
   border-bottom-left-radius: 0.25rem !important;
}
.rounded-start {
   border-top-left-radius: 0.25rem !important;
   border-bottom-left-radius: 0.25rem !important;
}
.rounded-circle {
   border-radius: 50% !important;
}
.rounded-pill {
   border-radius: 50rem !important;
}
```

具体含义如下：

(1) .rounded-top：设置元素左上方和右上方的圆角边框。

(2) .rounded-bottom：设置元素左下方和右下方的圆角边框。

(3) .rounded-start：设置元素左上方和左下方的圆角边框。

(4) .rounded-end：设置元素右上方和右下方的圆角边框。

实例 14：设置圆角边框(案例文件：ch06\6.14.html)

```
<style>
   div{
      width: 100px;
      height: 100px;
      float: left;
      margin: 15px;
      padding-top: 20px;
   }
</style>
<body class="container">
<h3 align="center">圆角边框</h3>
<div class="border border-primary rounded">rounded</div>
<div class="border border-primary rounded-0">rounded-0</div>
<div class="border border-primary rounded-top">rounded-top</div>
<div class="border border-primary rounded-end">rounded-end</div>
<div class="border border-primary rounded-bottom">rounded-bottom</div>
<div class="border border-primary rounded-start">rounded-start</div>
<div class="border border-primary rounded-circle">rounded-circle</div>
<div class="border border-primary rounded-pill">rounded-pill</div>
</body>
```

程序运行结果如图 6-15 所示。

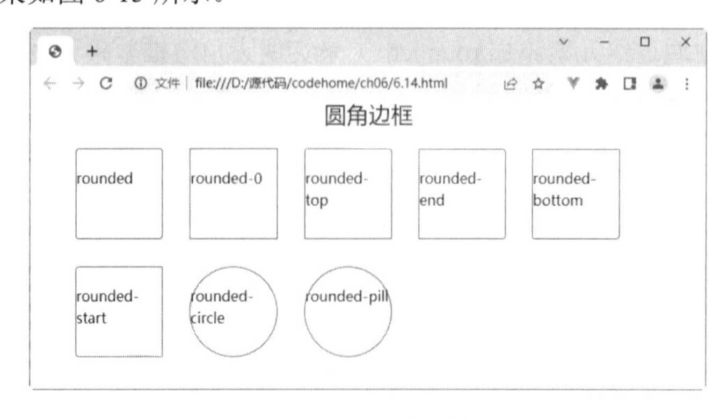

图 6-15　圆角边框效果

6.4　宽度和高度

在 Bootstrap 5.X 中，宽度和高度的设置分两种情况，一种是相对于父元素的宽度和高度来设置，以百分比来表示；另一种是相对于视口的宽度和高度来设置，单位为 vw(视口宽度)和 vh(视口高度)。在 Bootstrap 5.X 中，宽度用 w 表示，高度用 h 来表示。

6.4.1　相对于父元素

相对于父元素的宽度和高度样式类是由_variables.scss 文件中的$sizes 变量来控制的，默认值包括 25%、50%、75%、100%和 auto。用户可以调整这些值，定制不同的规格。

具体的样式代码如下：

```
.w-25 {width: 25% !important;}
.w-50 {width: 50% !important;}
.w-75 {width: 75% !important;}
.w-100 {width: 100% !important;}
.w-auto {width: auto !important;}
.h-25 {height: 25% !important;}
.h-50 {height: 50% !important;}
.h-75 {height: 75% !important;}
.h-100 {height: 100% !important;}
.h-auto {height: auto !important;}
```

提示

.w-auto 为宽度自适应类，.h-auto 为高度自适应类。

实例 15：相对于父元素的宽度和高度设置(案例文件：ch06\6.15.html)

```
<h3 align="center">相对于父元素的宽度</h3>
<div class="bg-secondary text-white mb-4">
   <div class="w-25 p-3 bg-success">w-25</div>
   <div class="w-50 p-3 bg-success">w-50</div>
   <div class="w-75 p-3 bg-success">w-75</div>
   <div class="w-100 p-3 bg-success">w-100</div>
   <div class="w-auto p-3 bg-success border-top">w-auto</div>
</div>
<h3 class="mb-2">相对于父元素的高度</h3>
<div class="bg-secondary text-white" style="height: 100px;">
   <div class="h-25 d-inline-block bg-success text-center" style="width:
120px;">h-25</div>
   <div class="h-50 d-inline-block bg-success text-center" style="width:
120px;">h-50</div>
   <div class="h-75 d-inline-block bg-success text-center" style="width:
120px;">h-75</div>
   <div class="h-100 d-inline-block bg-success text-center" style="width:
120px;">h-100</div>
   <div class="h-auto d-inline-block bg-success text-center" style="width:
120px;">h-auto</div>
</div>
```

程序运行结果如图 6-16 所示。

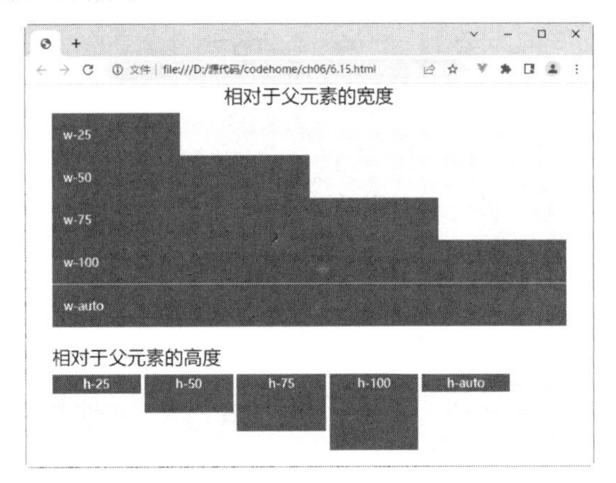

图 6-16　相对于父元素设置

除了上面这些类以外，还可以使用以下两个类：

```
.mw-100 {max-width: 100% !important;}
.mh-100 {max-height: 100% !important;}
```

其中，.mw-100 类设置最大宽度，.mh-100 类设置最大高度。这两个类多用来设置图片。例如，一个元素盒子的尺寸是固定的，而包含的图片的尺寸不确定的情况下，便可以设置.mw-100 和.mh-100 类，使图片不会因为尺寸过大而撑破元素盒子，影响页面布局。

实例 16：设置最大高度和宽度(案例文件：ch06\6.16.html)

```
<h3 align="center">最大宽度和高度</h3>
<div style="width: 400px;height: 300px;" class="border border-primary">
    <img src="1.jpg" class="mw-100 mh-100">
</div>
```

程序运行结果如图 6-17 所示。

图 6-17　最大宽度和高度

6.4.2　相对于视口

vw 和 vh 是 CSS3 中的新知识，是相对于视口(viewport)宽度和高度的单位。不论怎么调整视口的大小，视口的宽度都等于 100vw，高度都等于 100vh。也就是把视口平均分成 100 份，1vw 等于视口宽度的 1%，1vh 等于视口高度的 1%。

在 Bootstrap 5.X 中定义了以下 4 个相对于视口的类：

```
.min-vw-100 {min-width: 100vw !important;}
.min-vh-100 {min-height: 100vh !important;}
.vw-100 {width: 100vw !important;}
.vh-100 {height: 100vh !important;}
```

说明如下：

(1)　.min-vw-100：最小宽度等于视口的宽度。

(2)　.min-vh-100：最小高度等于视口的高度。

(3)　.vw-100：宽度等于视口的宽度。

(4)　.vh-100：高度等于视口的高度。

使用.min-vw-100 类的元素，当元素的宽度大于视口的宽度时，按照该元素本身宽度来显示，出现水平滚动条；当宽度小于视口的宽度时，元素自动调整，元素的宽度等于视口的宽度。

使用.min-vh-100 类的元素，当元素的高度大于视口的高度时，按照该元素本身高度来显示，出现竖向滚动条；当高度小于视口的高度时，元素自动调整，元素的高度等于视口的高度。

使用.vw-100 类的元素，元素的宽度等于视口的宽度。

使用.vh-100 类的元素，元素的高度等于视口的高度。

实例 17：设置相对于视口的宽度(案例文件：ch06\6.17.html)

该案例主要是比较.min-vw-100 类和.vw-100 类的作用效果。这里定义了 2 个<h2>标签，都设置为 1200px 宽，分别添加.min-vw-100 类和.vw-100 类。

```
<body class="text-white">
<h3 class="text-right text-dark mb-4">.min-vw-100 类和.vw-100 类的对比效果</h3>
<h2 style="width: 1200px;" class="min-vw-100 bg-primary text-center">.min-
vw-100</h2>
<h2 style="width: 1200px;" class="vw-100 bg-success text-center">vw-100</h2>
</body>
```

程序运行结果如图 6-18 所示。

图 6-18　相对于视口的宽度

从结果可以看出，设置了 vw-100 类的盒子宽度始终等于视口的宽度，会随着视口宽度的改变而改变；设置.min-vw-100 类的盒子宽度大于视口宽度时，盒子宽度是固定的，不会随着视口的改变而改变，当盒子宽度小于视口宽度时，宽度会自动调整到视口的宽度。

6.5　边　　距

Bootstrap 5.X 定义了许多关于边距的类，使用这些类可以快速地处理网页的外观，使页面的布局更加协调，还可以根据需要添加响应式的操作。

6.5.1　边距的定义

在 CSS 中，通过 margin(外边距)和 padding(内边距)来设置元素的边距。在 Bootstrap

5.X 中，用 m 来表示 margin，用 p 来表示 padding。

关于设置哪一边的边距也做了定义，具体含义如下：

(1) t：用于设置 margin-top 或 padding-top。

(2) b：用于设置 margin-bottom 或 padding-bottom。

(3) s：用于设置 margin-start 或 padding-start。

(4) e：用于设置 margin-end 或 padding-end。

(5) x：用于设置左右两边的类*-start 和*-end(*代表 margin 或 padding)。

(6) y：用于设置上下两边的类*-top 和*-bottom(*代表 margin 或 padding)。

在 Bootstrap 中，margin 和 padding 定义了 6 个值，具体含义如下：

(1) *-0：设置 margin 或 padding 为 0。

(2) *-1：设置 margin 或 padding 为 0.25rem。

(3) *-2：设置 margin 或 padding 为 0.5rem。

(4) *-3：设置 margin 或 padding 为 1rem。

(5) *-4：设置 margin 或 padding 为 1.5rem。

(6) *-5：设置 margin 或 padding 为 3rem。

此外，Bootstrap 还包括一个.mx-auto 类，多用于设置固定宽度的块级元素水平居中。

实例 18：为 div 元素设置不同的边距(案例文件：ch06\6.18.html)

```
<style>
   div{width: 200px;height: 50px;}
</style>
<body class="container">
   <!--mx-auto 设置<h3>水平居中，mb-4 设置<h3>底外边距为 1.5rem-->
   <h3 class="mb-4 mx-auto border border-primary" style="width:150px">mx-
auto</h3>
   <!--ms-4 设置左外边距为 0.5rem-->
   <div class="ms-2 border border-primary">ms-2</div>
   <div class="border border-primary">正常的盒子</div>
    <!--ms-4 设置左外边距为 1.5rem-->
    <div class="ms-4 border border-primary">ms-4</div>
</body>
```

程序运行结果如图 6-19 所示。

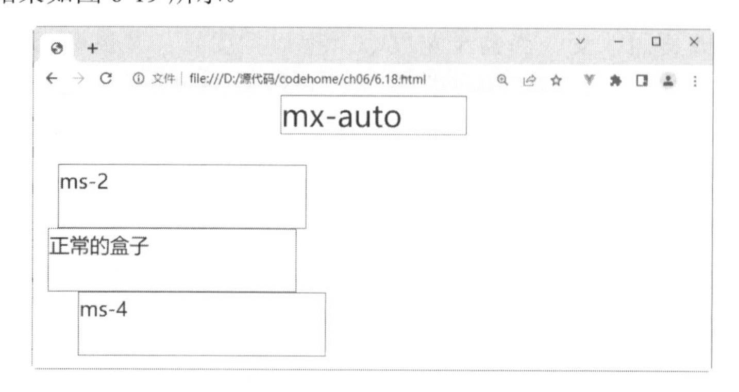

图 6-19　设置不同的边距效果

6.5.2　响应式边距

可以利用边距样式结合网格断点来设置响应式的边距，在不同的断点范围显示不同的边距值。格式如下所示：

```
{m|p}{t|b|s|e|x|y}-{sm|md|lg|xl}-{0|1|2|3|4|5}
```

实例 19： 设置响应式边距(案例文件：ch06\6.19.html)

这里设置 div 的边距样式使用.mx-auto 和.me-sm-2 类，mx-auto 设置水平居中，mr-sm-2 设置右侧 margin-right 为 0.5 rem。

```
<h3 class="mb-4">响应式的边距</h3>
<div class="mx-auto mr-sm-2 border border-primary" style="width:150px">mx-auto me-sm-2</div>
```

程序运行在 xs 型设备上，显示 mx-auto 类效果，如图 6-20 所示。

程序运行在 sm 型设备上，显示 me-sm-2 类效果，如图 6-21 所示。

图 6-20　mx-auto 类效果

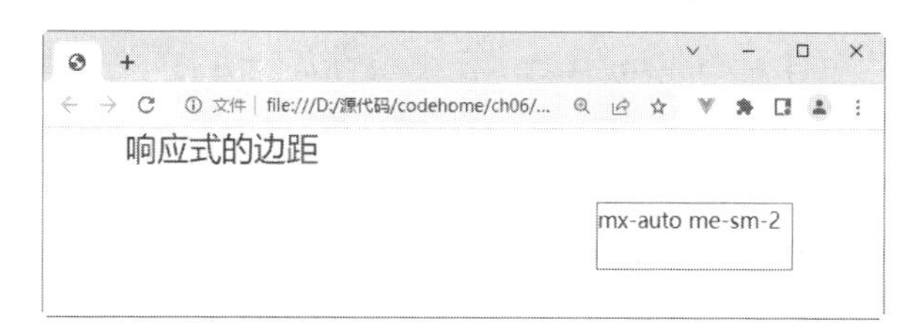

图 6-21　me-sm-2 类效果

6.6　浮 动 样 式

使用 Bootstrap 中提供的 float 浮动通用样式，除了可以快速地实现浮动样式外，还可在任何网格断点上切换浮动样式。

6.6.1　实现浮动样式

在 Bootstrap 5.X 中，可以使用以下两个类来实现左浮动和右浮动。

(1) .float-left：元素向左浮动。

(2) .float-right：元素向右浮动。

设置浮动样式后，为了不影响网页的整体布局，需要清除浮动样式。Bootstrap 5.X 中使用.clearfix 类来清除浮动样式，只需把.clearfix 添加到父元素中即可。

实例 20： 实现浮动样式(案例文件：ch06\6.20.html)

```
<h3 class="mb-4">浮动效果</h3>
<div class="clearfix text-white border border-primary p-3">
    <div class="float-start bg-primary">左边浮动</div>
    <div class="float-end bg-primary">右边浮动</div>
</div>
```

程序运行结果如图 6-22 所示。

图 6-22　浮动效果

6.6.2　响应式浮动样式

在网格不相同的视口断点上可以为元素设置不同的浮动样式。例如，在小型设备(sm)上设置右浮动，可添加.float-sm-end 类来实现；在中型设备(md)上设置左浮动，可添加.float-md-start 类来实现。

.float-sm-end 和.float-md-start 称为响应式的浮动类。Bootstrap 5.X 支持的响应式的浮动类如下所示：

(1) .float-sm-start：在小型设备(sm)上向左浮动。

(2) .float-sm-end：在小型设备(sm)上向右浮动。

(3) .float-md-start：在中型设备(md)上向左浮动。

(4) .float-md-end：在中型设备(md)上向右浮动。

(5) .float-lg-start：在大型设备(lg)上向左浮动。

(6) .float-lg-end：在大型设备(lg)上向右浮动。

(7) .float-xl-start：在特大型设备(xl)上向左浮动。

(8) .float-xl-end：在特大型设备(xl)上向右浮动。

(9) .float-xxl-start：在超大型设备(xxl)上向左浮动。

(10) .float-xxl-end：在超大型设备(xxl)上向右浮动。

实例 21： 响应式浮动样式(案例文件：ch06\6.21.html)

这里使用响应式的浮动类实现了一个简单布局。

```
<h2 class="mb-4">响应式浮动样式</h2>
<div class="clearfix text-white">
   <div class="bg-success w-50">水光潋滟晴方好</div>
   <div class="float-md-start bg-danger w-50">山色空蒙雨亦奇</div>
   <div class="float-md-end bg-primary w-50">欲把西湖比西子</div>
</div>
```

程序运行在中屏以下设备上，显示效果如图 6-23 所示。

程序运行在中屏及以上设备上，显示效果如图 6-24 所示。

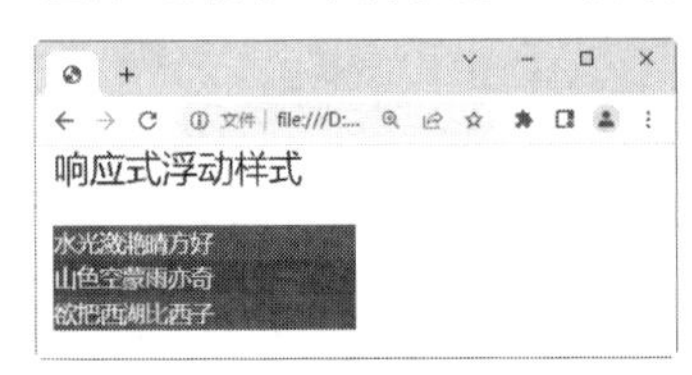

图 6-23　在中屏以下设备上显示效果

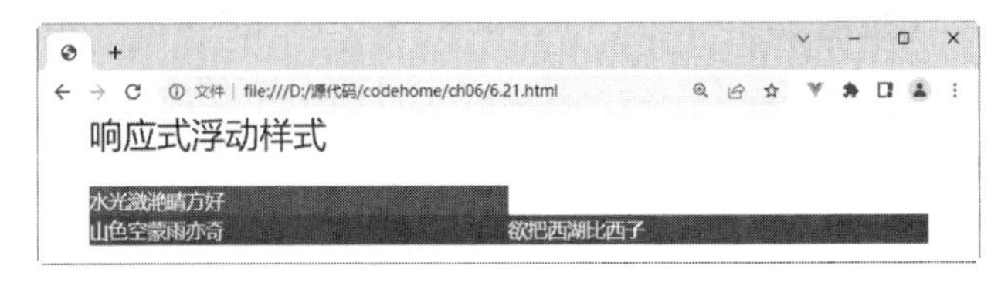

图 6-24　在中屏及以上设备上显示效果

6.7　display 属性

通过使用的 display 属性类，可以快速、有效地切换组件的显示和隐藏。

6.7.1　隐藏或显示元素

在 CSS 中隐藏和显示元素通常使用 display 属性来实现，在 Bootstrap 5.X 中也是通过它来实现的。只是在 Bootstrap 5.X 中用 d 来表示，具体代码格式如下：

```
.d-{sm、md、lg 或 xl}-{value}
```

value 的取值如下所示：

(1)　none：隐藏元素。

(2)　inline：显示为内联元素，元素前后没有换行符。

(3)　inline-block：行内块元素。

(4)　block：显示为块级元素，此元素前后带有换行符。

(5)　table：此元素会作为块级表格来显示，表格前后带有换行符。

(6)　table-cell：此元素会作为一个表格单元格显示(类似<td>和<th>)。

(7)　table-row：此元素会作为一个表格行显示(类似<tr>)。

(8)　flex：将元素作为弹性伸缩盒显示。

(9)　inline-flex：将元素作为内联块级弹性伸缩盒显示。

实例 22：隐藏或显示元素(案例文件：ch06\6.22.html)

这里使用 display 属性设置 div 为行内元素，设置 span 为块级元素。

```
<h2>内联元素和块级元素的转换</h2>
<p>div 显示为内联元素(一行排列)</p>
<div class="d-inline bg-primary text-white">div——d-inline</div>
<div class="d-inline m-5 bg-danger text-white">div——d-inline</div>
<p>span 显示为块级元素(独占一行)</p>
<span class="d-block bg-success text-white">span——d-block</span>
<span class="d-block bg-dark text-white">span——d-block</span>
```

程序运行结果如图 6-25 所示。

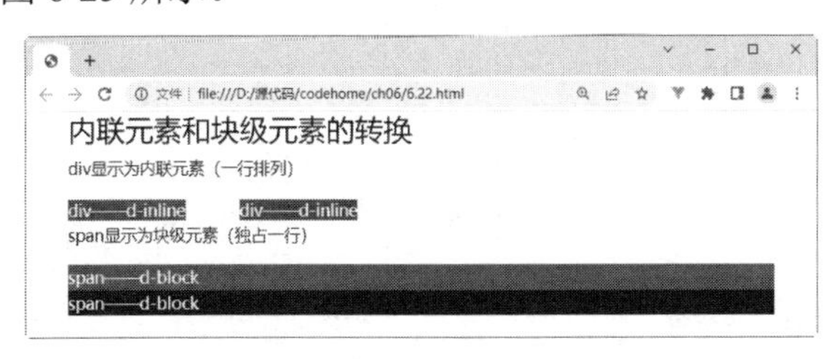

图 6-25　display 属性作用效果

6.7.2　响应式地隐藏或显示元素

为了更友好地进行移动开发，可以按不同的设备来响应式地显示和隐藏元素。为同一个网站创建不同的版本，应针对每个屏幕大小来隐藏和显示元素。

若要隐藏元素，只需使用.d-none 类或.d-{sm、md、lg 或 xl}-none 响应屏幕变化的类。若要在给定的屏幕大小间隔上显示元素，可以组合使用.d-*-none 类和.d-*-*类，例如.d-none .d-md-block .d-xl-none 类，将隐藏除中型和大型设备外的所有屏幕大小的元素。在实际开发中，可以根据需要自由组合显示和隐藏的类，经常使用的类的含义如表 6-1 所示。

表 6-1　隐藏或显示的类

组合类	说　明
.d-none	在所有的设备上都隐藏
.d-none .d-sm-block	仅在超小型设备(xs)上隐藏
.d-sm-none .d-md-block	仅在小型设备(sm)上隐藏
.d-md-none .d-lg-block	仅在中型设备(md)上隐藏
.d-lg-none .d-xl-block	仅在大型设备(lg)上隐藏
.d-xl-none	仅在特大型屏幕(xl)上隐藏
.d-block	在所有的设备上都显示
.d-block .d-sm-none	仅在超小型设备(xs)上显示
.d-none .d-sm-block .d-md-none	仅在小型设备(sm)上显示
.d-none .d-md-block .d-lg-none	仅在中型设备(md)上显示
.d-none .d-lg-block .d-xl-none	仅在大型设备(lg)上显示
.d-none .d-xl-block	仅在特大型屏幕(xl)上显示

实例 23：响应式显示和隐藏元素(案例文件：ch06\6.23.html)

这里定义了两个 div，蓝色背景的 div 在小屏设备上显示，在中屏及以上设备上隐藏；红色背景的 div 刚好与之相反。

```
<h2>响应式地显示或隐藏</h2>
<div class="d-md-none bg-primary text-white">在 xs、sm 设备上显示(蓝色背景)</div>
<div class="d-none d-md-block bg-danger text-white">在 md、lg、xl 设备上显示(浅红色背景)</div>
```

程序运行在小屏设备上，显示效果如图 6-26 所示。

程序运行在中屏及以上设备上，显示效果如图 6-27 所示。

图 6-26　小屏设备上的显示效果

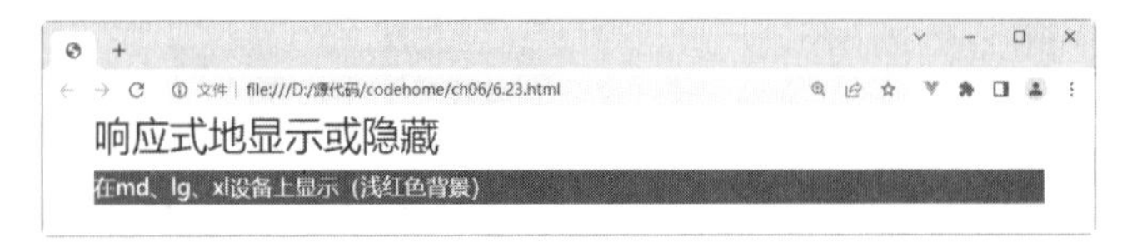

图 6-27　中屏及以上设备上的显示效果

6.8　嵌入网页元素

在页面中通常使用<iframe>、<embed>、<video>、<object>标签来嵌入视频、图像、

幻灯片等。在 Bootstrap 5.X 中不仅可以使用这些标签，还添加了一些相关的样式类，以便在任何设备上都能友好地扩展显示。

下面通过一个嵌入图片的示例来说明。

首先使用一个 div 包裹插入标签<iframe>，在 div 中添加.embed-responsive 类和.embed-responsive-16by9 类，然后直接使用<iframe>标签的 src 属性引用本地的一张图片。

(1) .embed-responsive：实现同比例的收缩。

(2) .embed-responsive-16by9：定义 16:9 的长宽比例。还有.embed-responsive-21by9、.embed-responsive-3by4、.embed-responsive-1by1 可以选择。

实例 24： 嵌入网页图像(案例文件：ch06\6.24.html)

```
<h3 align="center" >嵌入图像</h3>
<div class="embed-responsive embed-responsive-16by9">
   <iframe src="1.jpg"></iframe>
</div>
```

程序运行结果如图 6-28 所示。

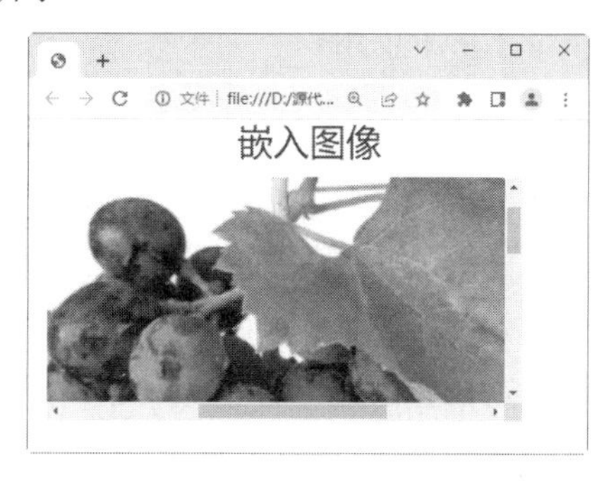

图 6-28　嵌入图像效果

6.9 内容溢出

在 Bootstrap 5.X 中定义了以下两个类来处理内容溢出的情况：

(1) .overflow-auto：在固定宽度和高度的元素上，如果内容溢出了元素，将生成一个垂直滚动条，通过拖动滚动条可以查看溢出的内容。

(2) .overflow-hidden：在固定宽度和高度的元素上，如果内容溢出了元素，溢出的部分将被隐藏。

实例 25： 处理内容溢出(案例文件：ch06\6.25.html)

```
<body class="container p-3">
<h4 align="center">处理内容溢出</h4>
<div class="overflow-auto border float-start" style="width: 200px;height:
100px;">
    对潇潇暮雨洒江天，一番洗清秋。渐霜风凄紧，关河冷落，残照当楼。是处红衰翠减，苒苒物华休。
唯有长江水，无语东流。
</div>
<div class="overflow-hidden border float-end" style="width: 200px;height:
100px;">
    对潇潇暮雨洒江天，一番洗清秋。渐霜风凄紧，关河冷落，残照当楼。是处红衰翠减，苒苒物华休。
```

```
唯有长江水，无语东流。
</div>
</body>
```

程序运行结果如图 6-29 所示。

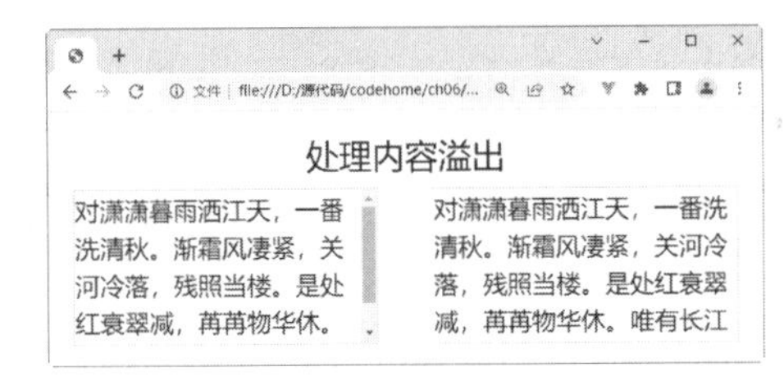

图 6-29 内容溢出效果

6.10 定位网页元素

在 Bootstrap 5.X 中，定位元素可以用以下类来实现：

(1) .position-static：无定位。

(2) .position-relative：相对定位。

(3) .position-absolute：绝对定位。

(4) .position-fixed：固定定位。

(5) .position-sticky：黏性定位。

无定位、相对定位、绝对定位和固定定位很好理解，只要在需要定位的元素中添加这些类，就可以实现定位。相比较而言，.position-sticky 类很少使用，主要原因是.position-sticky 类对浏览器的兼容性很差，只有部分浏览器支持(例如谷歌和火狐浏览器)。

.position-sticky 是结合.position-relative 和.position-fixed 两种定位功能于一体的特殊定位，元素定位表现为在跨越特定阈值前为相对定位，之后为固定定位。特定阈值指的是 top、right、bottom 或 left 中的一个。也就是说，必须指定 top、right、bottom 或 left 4 个阈值中的一个，才可使黏性定位生效，否则其行为与相对定位相同。

在 Bootstrap 5.X 中定义了关于黏性定位的 top 阈值类.sticky-top，CSS 样式代码如下：

```
.sticky-top {
  position: -webkit-sticky;
  position: sticky;
  top: 0;
  z-index: 1020;
}
```

当元素的 top 值为 0 时，表现为固定定位；当元素的 top 值大于 0 时，表现为相对定位。

注意

如果设置.sticky-top 类的元素，它的任意父节点定位是相对定位、绝对定位或固定定位时，该元素相对父元素进行定位，而不会相对 viewprot 定位。如果其父元素设置了 overflow:hidden 样式，元素将不能滚动，无法达到阈值，.sticky-top 类将不生效。

.sticky-top 类适用于一些特殊场景，例如头部导航栏固定。下面就来实现 “头部导航栏固定” 的效果。

实例 26： 头部导航栏固定效果(案例文件：ch06\6.26.html)

```
<div class="container text-white">
    <nav class="sticky-top bg-primary p-5 mb-5">信隆商城</nav>
    <div class=" bg-secondary p-3">
        <p>家用电器</p>
        <p>手机数码</p>
        <p>家具家电</p>
        <p>男装女装</p>
        <p>男鞋户外</p>
        <p>玩具乐器</p>
        <p>生鲜特产</p>
        <p>白酒红酒</p>
        <p>礼品鲜花</p>
    </div>
</div>
```

程序运行结果如图 6-30 所示；向下拖动滚动条，页面效果如图 6-31 所示。

图 6-30　初始化效果

图 6-31　拖动滚动条后的效果

注意

若内容栏的内容超出可视范围，则拖动滚动条时才能看出效果。

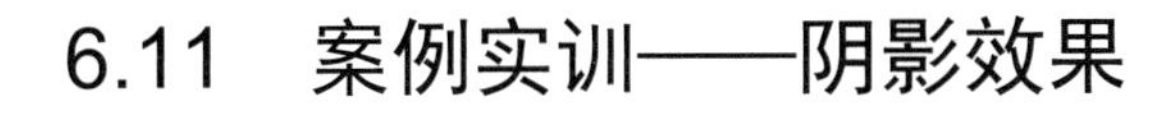

6.11　案例实训——阴影效果

在 Bootstrap 5.X 中定义了 4 个关于阴影的类，可以用来添加阴影或去除阴影，包括.shadow-none 和 3 个默认大小的类。CSS 样式代码如下所示：

```
.shadow-none {box-shadow: none !important;}
.shadow-sm {box-shadow: 0 0.125rem 0.25rem rgba(0, 0, 0, 0.075) !important;}
.shadow {box-shadow: 0 0.5rem 1rem rgba(0, 0, 0, 0.15) !important;}
.shadow-lg {box-shadow: 0 1rem 3rem rgba(0, 0, 0, 0.175) !important;}
```

说明如下：

(1)　.shadow-none：去除阴影。

(2)　.shadow-sm：设置很小的阴影。

(3)　.shadow：设置正常的阴影。

(4) .shadow-lg：设置更大的阴影。

实例 27：设置阴影效果(案例文件：ch06\6.27.html)

```
<h3 align="center">各种阴影效果</h3>
<div class="shadow-none p-3 mb-5">去除阴影效果</div>
<div class="shadow-sm p-3 mb-5">小的阴影</div>
<div class="shadow p-3 mb-5">正常的阴影</div>
<div class="shadow-lg p-3 mb-5">大的阴影</div>
```

程序运行结果如图 6-32 所示。

图 6-32　设置阴影效果

6.12　疑难问题解惑

疑问 1：如何设置边框的粗细？

在 Bootstrap 5.X 中，使用.border-1 到.border-5 类设置边框线条的宽度。例如以下代码：

```
<div class="container mt-3">
<span class="border border-1"></span>
<span class="border border-2"></span>
<span class="border border-3"></span>
<span class="border border-4"></span>
<span class="border border-5"></span>
</div>
```

程序运行结果如图 6-33 所示。

图 6-33　设置边框的粗细

疑问 2：如何将列表中的内容放在同一行？

在 Bootstrap 5.X 中，使用.list-inline 可以将所有列表项放在同一行。例如：

```
<div class="container mt-3">
  <ul class="list-inline">
    <li class="list-inline-item">苹果</li>
    <li class="list-inline-item">香蕉</li>
    <li class="list-inline-item">柚子</li>
  </ul>
</div>
```

程序运行结果如图 6-34 所示。

图 6-34　将列表中的内容放在同一行

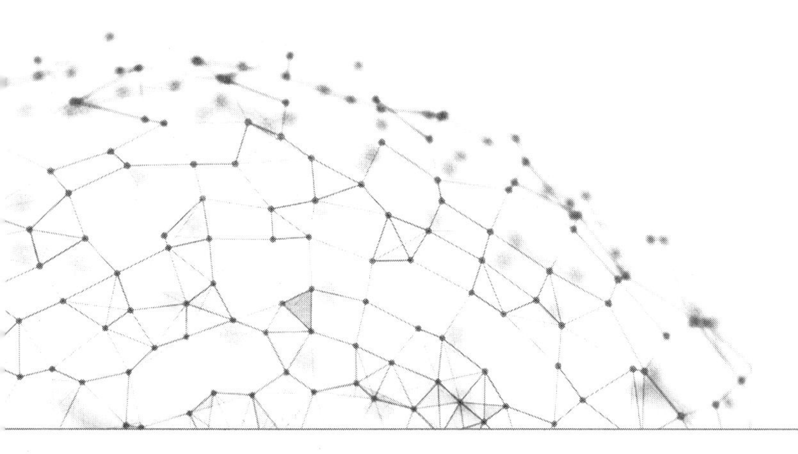

第 7 章

Bootstrap 在表单中的应用

在网页中，表单的作用比较重要，主要负责采集浏览者的相关数据，如常见的登录表、调查表和留言表等。表单包括表单域、输入框、下拉框、单选按钮、复选框和按钮等控件，每个表单控件在交互中所起的作用也不相同。本章将详细讲述如何使用这些表单控件。

7.1 Bootstrap 创建表单

在 Bootstrap 中通过一些简单的 HTML 标签和扩展的类即可创建出不同样式的表单。

7.1.1 定义表单控件

表单控件(例如<input>、<select>、<textarea>)统一采用.form-control 类样式进行处理优化，包括常规外观、focus 选中状态、尺寸大小等。并且表单一般都放在表单组(form-group)中，表单组也是 Bootstrap 为表单控件设置的类，默认设置 1rem 的底外边距。

实例 1：使用表单控件(案例文件：ch07\7.1.html)

```
<h2 align="center">使用表单控件</h2>
<form>
    <div class="form-group">
        <label for="formGroup1">账户名称</label>
        <input type="text" class="form-control" id="formGroup1"
placeholder="Name">
    </div>
    <div class="form-group">
        <label for="formGroup2">账户密码</label>
        <input type="password" class="form-control" id="formGroup2"
placeholder="Password">
    </div>
    <div class="mb-3 mt-3">
      <label for="comment">请输入评论：</label>
      <textarea class="form-control" rows="5" id="comment"
name="text"></textarea>
    </div>
```

```
    <button type="submit" class="btn btn-primary">提交</button>
</form>
```

程序运行结果如图 7-1 所示。

图 7-1　表单控件效果

7.1.2　设置表单控件的大小

Bootstrap 5.X 中定义了.form-control-lg(大号)和.form-control-sm(小号)类来设置表单控件的大小。

实例 2：设置表单控件的大小(案例文件：ch07\7.2.html)

```
<h2 align="center">设置表单控件的大小</h2>
<form>
    <input class="form-control form-control-lg" type="text" placeholder="大尺
寸(form-control-lg)"><br/>
    <input class="form-control" type="text" placeholder="默认大小"><br/>
    <input class="form-control form-control-sm" type="text" placeholder="小尺
寸(form-control-sm)">
</form>
```

程序运行结果如图 7-2 所示。

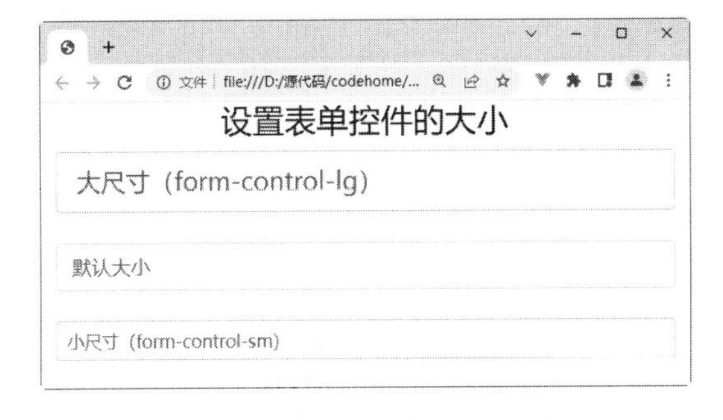

图 7-2　表单控件不同大小的效果

7.1.3　设置表单控件只读

在表单控件上添加 readonly 属性，可以使表单只能阅读，无法修改表单的值，但保留了鼠标效果。

实例 3： 设置表单控件只读(案例文件：ch07\7.3.html)

```
<h2 align="center">设置表单控件只读</h2>
<form>
    <input class="form-control" type="text" placeholder="只读表单" readonly>
</form>
```

程序运行结果如图 7-3 所示。

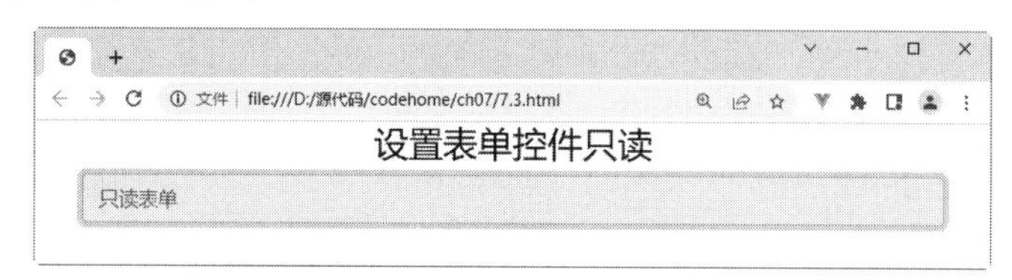

图 7-3　表单控件只读效果

7.1.4　设置只读纯文本

如果希望将表单中的<input readonly>元素样式化为纯文本，可以使用.form-control-plain-text 类删除默认的表单字段样式。

实例 4： 设置只读纯文本(案例文件：ch07\7.4.html)

```
<h2 align="center">设置只读纯文本</h2>
<form>
    <div class="form-group row">
        <label for="formGroup1">账户名称</label>
        <div class="col-sm-10">
            <input type="text" readonly class="form-control-plaintext" value="
张晓明">
        </div>
    </div>
    <div class="form-group row">
        <label for="password" class="col-sm-2 col-form-label">密码</label>
        <div class="col-sm-10">
            <input type="password" class="form-control" id="password"
placeholder="Password">
        </div>
    </div>
</form>
```

程序运行结果如图 7-4 所示。

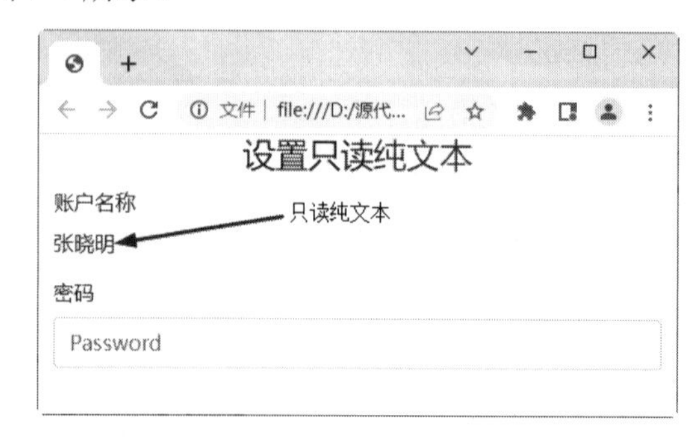

图 7-4　只读纯文本效果

7.1.5　范围输入

使用.form-range 类设置水平滚动范围输入。

实例 5： 范围输入(案例文件：ch07\7.5.html)

```
<h3 align="center">范围输入</h3>
<form>
   <input type="range" class="form-range">
</form>
```

程序运行结果如图 7-5 所示。

图 7-5　范围输入效果

提示

默认情况下，范围输入的步长为 1，可以通过 step 属性来设置。默认的最小值为 0，最大值为 100，可以通过 min(最小)或 max(最大)属性来设置。例如，设置步长为 2，最小值为 10，最大值为 80，代码如下：

```
<input type="range" class="form-range" step="2" min="10" max="80">
```

7.2　单选按钮和复选框的样式

使用.form-check 类可以格式化复选框和单选按钮，以改进它们的默认布局和动作呈现。复选框用于在列表中选择一个或多个选项，单选按钮用于在列表中选择一个选项。复选框和单选按钮也可以使用 disabled 类设置禁用状态。

7.2.1　默认堆叠方式

下面通过案例来学习单选按钮和复选框的默认堆叠方式。

实例 6： 默认堆叠方式(案例文件：ch07\7.6.html)

```
<h2 align="center">复选框和单选按钮——默认堆叠方式</h2>
<h5>请选择您要学习的技术：</h5>
<form>
   <p>只能选择一种技术：</p>
   <div class="form-check">
      <input class="form-check-input" type="radio" name="it" id="it1" >
      <label class="form-check-label" for="skill1">
         网站开发技术
      </label>
   </div>
   <div class="form-check">
```

```
            <input class="form-check-input" type="radio" name="it" id="it2">
            <label class="form-check-label" for="skill2">
                人工智能技术
            </label>
        </div>
        <div class="form-check">
            <input class="form-check-input" type="radio" name="it" id="it3"
disabled>
            <label class="form-check-label" for="skill3">
               网络安全技术(禁选)
            </label>
        </div>
    </form>
    <form>
        <p class="mt-4">可以选择多种技术：</p>
        <div class="form-check">
            <input class="form-check-input" type="checkbox" id="skill4">
            <label class="form-check-label" for="skill4">
                网站开发技术
            </label>
        </div>
        <div class="form-check">
            <input class="form-check-input" type="checkbox" value="" id="skill5">
            <label class="form-check-label" for="skill5">
                人工智能技术
            </label>
        </div>
        <div class="form-check">
            <input class="form-check-input" type="checkbox" id="skill6" disabled>
            <label class="form-check-label" for="skill6">
               网络安全技术(禁选)
            </label>
        </div>
    </form>
```

程序运行结果如图 7-6 所示。

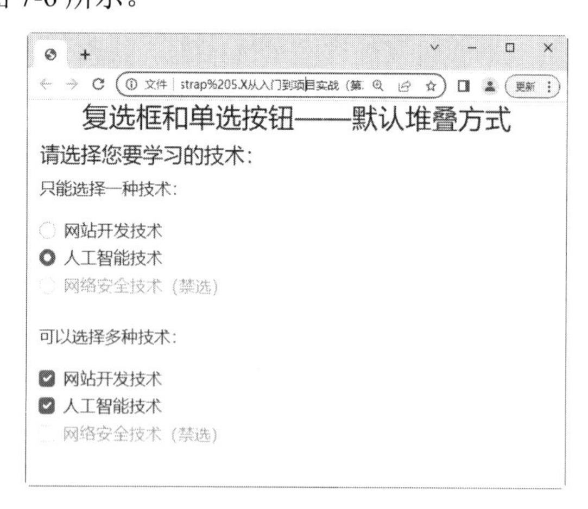

图 7-6　默认堆叠效果

7.2.2　水平排列方式

为每一个 form-check 类容器都添加 form-check-inline 类，可以设置其水平排列。

实例 7： 水平排列方式(案例文件：ch07\7.7.html)

```
<h3 align="center">水平排列方式</h3>
<h5>请选择您要学习的技术：</h5>
<form>
    <p>只能选择一种技术：</p>
    <div class="form-check form-check-inline">
        <input class="form-check-input" type="radio" name="skills" id="skill1" >
        <label class="form-check-label" for="skill1">
            网站开发技术
        </label>
    </div>
    <div class="form-check form-check-inline">
        <input class="form-check-input" type="radio" name="skills"
id="skill2">
        <label class="form-check-label" for="skill2">
            人工智能技术
        </label>
    </div>
    <div class="form-check form-check-inline">
        <input class="form-check-input" type="radio" name="skills" id="skill3"
disabled>
        <label class="form-check-label" for="skill3">
            网络安全技术(禁选)
        </label>
    </div>
</form>
<form>
    <p class="mt-4">可以选择多种技术：</p>
    <div class="form-check form-check-inline">
        <input class="form-check-input" type="checkbox" id="skill4">
        <label class="form-check-label" for="skill4">
            网站开发技术
        </label>
    </div>
    <div class="form-check form-check-inline">
        <input class="form-check-input" type="checkbox" value="" id="skill5">
        <label class="form-check-label" for="skill5">
            人工智能技术
        </label>
    </div>
    <div class="form-check form-check-inline">
        <input class="form-check-input" type="checkbox" id="skill6" disabled>
        <label class="form-check-label" for="skill6">
            网络安全技术(禁选)
        </label>
    </div>
</form>
```

程序运行结果如图 7-7 所示。

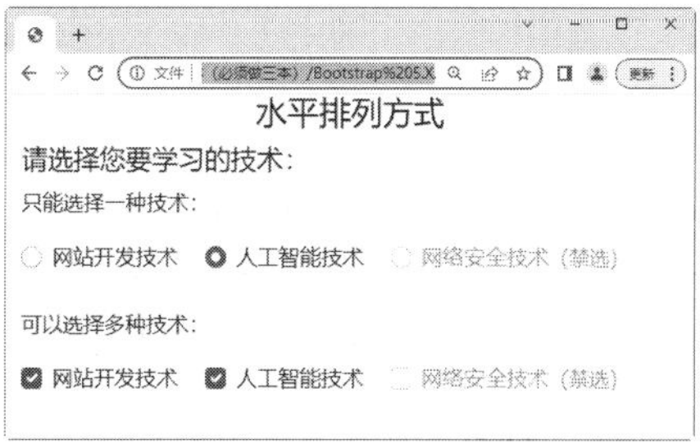

图 7-7　水平排列效果

7.2.3　无文本形式

添加 position-static 类到 form-check 选择器上，可以实现没有文本的形式。

实例 8： 无文本形式(案例文件：ch07\7.8.html)

```
<h3 align="center">无文本形式</h3>
```

```
<form>
    <div class="form-check">
        <input class="form-check-input position-static" type="checkbox"
value="option1">
    </div>
    <div class="form-check">
        <input class="form-check-input position-static" type="radio"
value="option1">
    </div>
</form>
```

程序运行结果如图 7-8 所示。

图 7-8　无文本形式效果

7.3　设计表单的布局

自从 Bootstrap 在 input 控件上使用 display: block 和 width: 100%后，表单默认都是垂直堆叠排列的，可以使用 Bootstrap 中的其他样式类来改变表单的布局。

7.3.1　使用网格系统布局表单

使用网格系统可以设置表单的布局。对于需要多个列、不同宽度和附加对齐选项的表单布局，可以使用网格系统。

实例 9： 用网格系统来设置表单的布局(案例文件：ch07\7.9.html)

```
<h2 align="center">表单网格</h2>
<form>
    <div class="row">
        <div class="col">
            <input type="text" class="form-control" placeholder="Name">
        </div>
        <div class="col">
            <input type="Password" class="form-control"
placeholder="Password">
        </div>
    </div>
</form>
```

程序运行结果如图 7-9 所示。

图 7-9　表单网格效果

可以使用网格系统建立更复杂的网页布局。

实例 10：建立更复杂的网页布局(案例文件：ch07\7.10.html)

```
<h2 align="center">员工注册表</h2>
<form>
    <div class="row">
        <div class="form-group col-md-6">
            <label for="name">账户名称</label>
            <input type="text" class="form-control" id="name" placeholder="Name">
        </div>
        <div class="form-group col-md-6">
            <label for="password">账户密码</label>
            <input type="password" class="form-control" id="password"
placeholder="Password">
        </div>
    </div>
    <div class="form-group">
        <label for="email">电子邮箱</label>
        <input type="email" class="form-control" id="email"
placeholder="example@qq.com">
    </div>
    <div class="form-group">
        <label for="address">学籍</label>
        <input type="text" class="form-control" id="address" placeholder="大学
名称和专业">
    </div>
    <div class="row">
        <div class="form-group col-md-4">
            <label for="inputCity">目前上班情况</label>
            <input type="text" class="form-control" id="inputCity" placeholder=
"现在所在的部门">
        </div>
        <div class="form-group col-md-4">
            <label for="inputState">职位</label>
            <select id="inputState" class="form-control">
                <option selected>经理</option>
                <option>业务员</option>
            </select>
        </div>
        <div class="form-group col-md-4">
            <label for="inputZip">待遇</label>
            <input type="text" class="form-control" id="inputZip" placeholder=
"例如：2800 元">
        </div>
    </div>
    <div class="form-group">
        <div class="form-check">
            <input class="form-check-input" type="checkbox" id="gridCheck">
            <label class="form-check-label" for="gridCheck">
                记住信息
            </label>
        </div>
    </div>
    <button type="submit" class="btn btn-primary">注册</button>
</form>
```

程序运行结果如图 7-10 所示。

图 7-10　更复杂的布局效果

7.3.2　设置列的宽度

网格系统允许在.row 中放置任意数量的.col-*类。可以选择一个特定的列类，例如.col-4 类，来占用或多或少的空间，而其余的.col-*类平分剩余的空间。

实例 11： 设置列的宽度(案例文件：ch07\7.11.html)

```
<h3 align="center">设置列的宽度</h3>
<form>
    <div class="row">
        <div class="col-4">
            <input type="text" class="form-control" placeholder="姓名">
        </div>
        <div class="col">
            <input type="text" class="form-control" placeholder="部门">
        </div>
        <div class="col">
            <input type="text" class="form-control" placeholder="职位">
        </div>
        <div class="col">
            <input type="text" class="form-control" placeholder="薪资">
        </div>
    </div>
</form>
```

程序运行结果如图 7-11 所示。

图 7-11　设置列的宽度效果

7.4　帮 助 文 本

可以使用.form-text 类创建表单中的帮助文本，也可以使用任何内联的 HTML 元素和通用样式(如.text-muted)来设计帮助提示文本。

实例 12： 创建表单中的帮助文本(案例文件：ch07\7.12.html)

```
<h3 align="center">帮助文本</h3>
<form>
    <div class="form-group row">
        <label for="password">密码</label>
        <input type="password" id="password" class="form-control">
        <small class="form-text text-muted">
            密码必须有 8-18 个字符，包含字母和数字，并且不能包含空格、特殊字符或表情符号。
        </small>
    </div>
</form>
```

程序运行结果如图 7-12 所示。

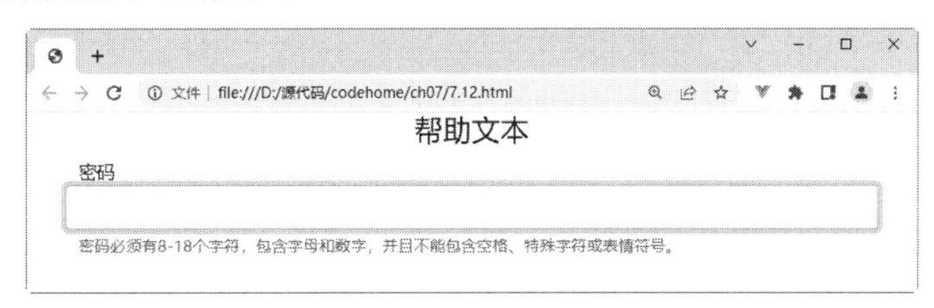

图 7-12　帮助文本效果

7.5　禁 用 表 单

通过在 input 中添加 disabled 属性，就能防止用户操作表单，此时表单呈现灰色背景颜色。

实例 13： 禁用表单控件(案例文件：ch07\7.13.html)

```
<h3 align="center">禁用表单控件</h3>
<form>
    <fieldset disabled>
        <div class="form-group">
            <label for="testInput">禁用表单</label>
            <input type="text" id="testInput" class="form-control"
placeholder="Disabled input">
        </div>
        <div class="form-group">
            <label for="testSelect">禁用选择菜单</label>
            <select id="testSelect" class="form-control">
                <option>Disabled select</option>
            </select>
        </div>
        <div class="form-group">
            <div class="form-check">
                <input class="form-check-input" type="checkbox" id="testCheck"
disabled>
                <label class="form-check-label" for="testCheck">
                    禁用复选框
                </label>
            </div>
        </div>
        <button type="submit" class="btn btn-primary">提交</button>
```

```
    </fieldset>
</form>
```

程序运行结果如图 7-13 所示。

图 7-13　禁用表单控件效果

7.6　按　　钮

按钮是网页中不可缺少的一个组件，广泛应用于表单、下拉菜单、对话框等场景中。例如网站登录页面中的“登录”和“注册”按钮等。Bootstrap 专门定制了按钮样式类，并支持自定义样式。

7.6.1　定义按钮

Bootstrap 5.X 中使用.btn 类来定义按钮。.btn 类不仅可以在<button>元素上使用，也可以在<a>、<input>元素上使用，都能生成按钮效果。

实例 14： 三种方式定义按钮效果(案例文件：ch07\7.14.html)

```
<h3 align="center">三种方式定义按钮效果</h3>
<!--使用<button>元素定义按钮-->
<button class="btn">热门课程</button>
<!--使用<a>元素定义按钮-->
<a class="btn" href="#">技术支持</a>
<!--使用<input>元素定义按钮-->
<input class="btn" type="button" value="联系我们">
```

程序运行结果如图 7-14 所示。

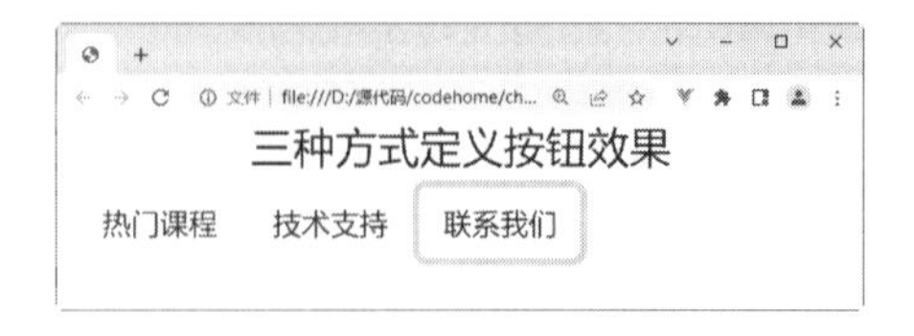

图 7-14　按钮默认效果

在 Bootstrap 中，仅仅添加.btn 类，按钮不会显示任何效果，只在单击时才会显示淡蓝色的边框。上面展示了 Bootstrap 中按钮组件的默认效果，在下一节中将介绍 Bootstrap 为按钮定制的其他样式。

7.6.2 设计按钮风格

在 Bootstrap 中，为按钮定义了多种样式，例如背景颜色、边框颜色、大小和状态。下面分别进行介绍。

1. 设计按钮的背景颜色

Bootstrap 为按钮定制了多种背景颜色类，包括.btn-primary、.btn-secondary、.btn-success、.btn-danger、.btn-warning、.btn-info、.btn-light 和.btn-dark。

每种颜色类都有自己的应用目标。

(1) .btn-primary：亮蓝色，主要的。

(2) .btn-secondary：灰色，次要的。

(3) .btn-success：亮绿色，表示成功或积极的动作。

(4) .btn-danger：红色，提醒存在危险。

(5) .btn-warning：黄色，表示警告，提醒应该谨慎。

(6) .btn-info：浅蓝色，表示信息。

(7) .btn-light：高亮。

(8) .btn-dark：黑色。

实例 15： 设置按钮背景颜色(案例文件：ch07\7.15.html)

```
<h3 align="center">按钮背景颜色</h3>
<button type="button" class="btn btn-primary">首页</button>
<button type="button" class="btn btn-secondary">电器</button>
<button type="button" class="btn btn-success">男装</button>
<button type="button" class="btn btn-danger">女装</button>
<button type="button" class="btn btn-warning">特产</button>
<button type="button" class="btn btn-info">水果</button>
<button type="button" class="btn btn-light">电脑</button>
<button type="button" class="btn btn-dark">手机</button>
```

程序运行结果如图 7-15 所示。

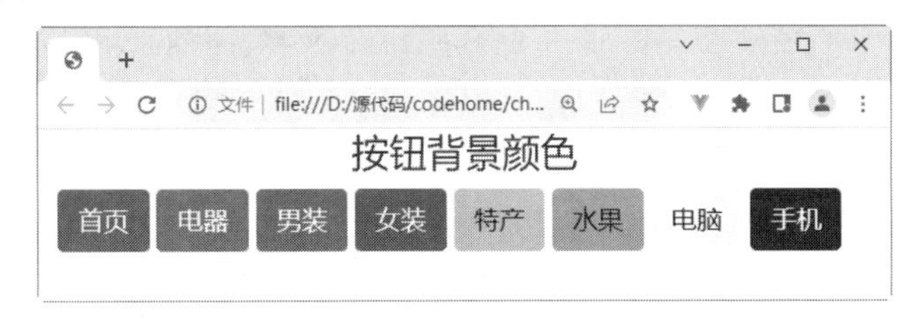

图 7-15 按钮背景颜色效果

2. 设计按钮的边框颜色

在.btn 类的引用中，如果不希望按钮有背景颜色，可以使用.btn-outline-*来设置按钮的边框。*可以从 primary、secondary、success、danger、warning、info、light 和 dark 中进行选择。

注意

添加.btn-outline-*的按钮，其文本颜色和边框颜色是相同的。

实例 16：设置边框颜色(案例文件：ch07\7.16.html)

```
<h3 align="center">按钮边框颜色</h3>
<button type="button" class="btn btn-outline-primary">首页</button>
<button type="button" class="btn btn-outline-secondary">电器</button>
<button type="button" class="btn btn-outline-success">男装</button>
<button type="button" class="btn btn-outline-danger">女装</button>
<button type="button" class="btn btn-outline-warning">特产</button>
<button type="button" class="btn btn-outline-info">手机</button>
<button type="button" class="btn btn-outline-light">电脑</button>
<button type="button" class="btn btn-outline-dark">水果</button>
```

程序运行结果如图 7-16 所示。

图 7-16　边框颜色效果

3. 设计按钮的大小

Bootstrap 定义了两个设置按钮大小的类，可以根据网页布局选择合适大小的按钮。

(1) .btn-lg：大号按钮。

(2) .btn-sm：小号按钮。

实例 17：设置按钮的大小(案例文件：ch07\7.17.html)

```
<h3 align="center">设置按钮的大小</h3>
<button type="button" class="btn btn-primary btn-lg">大号按钮效果</button>
<button type="button" class="btn btn-primary">默认按钮的大小</button>
<button type="button" class="btn btn-primary btn-sm">小号按钮效果</button>
```

程序运行结果如图 7-17 所示。

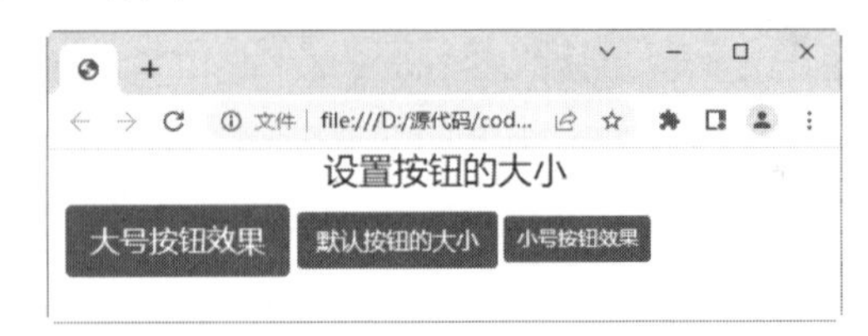

图 7-17　按钮不同大小效果

4. 按钮的激活和禁用状态

按钮的激活状态：为按钮添加.active 类可以实现激活状态。激活状态下，按钮的背景颜色更深、边框变暗、带内阴影。

按钮的禁用状态：将 disabled 属性添加到<button>标签中可实现禁用状态。禁用状态下，按钮颜色变暗，且不具有交互性，点击不会有任何响应。

注意　使用<a>标签设置的按钮，设置禁用状态有些不同。<a>不支持 disabled 属性，因此必须添加.disabled 类以使其在视觉上显示为禁用。

实例 18： 设置按钮的激活和禁用状态(案例文件：ch07\7.18.html)

```
<h3 align="center">设置按钮的各种状态</h3>
<button href="#" class="btn btn-primary">按钮的默认状态</button>
<button href="#" class="btn btn-primary active">按钮的激活状态</button>
<button type="button" class="btn btn-primary" disabled>按钮的禁用状态</button>
```

程序运行结果如图 7-18 所示。

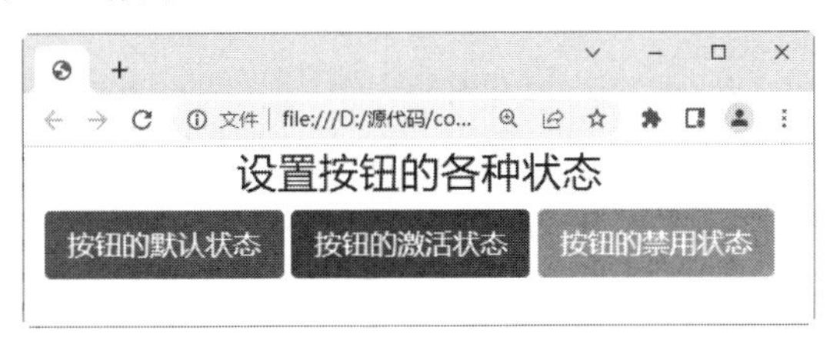

图 7-18　激活和禁用效果

5. 加载按钮

下面开始设置正在加载的按钮。

实例 19： 设置加载按钮的激活和禁用状态(案例文件：ch07\7.19.html)

```
<button class="btn btn-primary">
   <span class="spinner-border spinner-border-sm"></span>
</button>
<button class="btn btn-primary">
   <span class="spinner-border spinner-border-sm"></span>
   Loading..
</button>
<button class="btn btn-primary" disabled>
   <span class="spinner-border spinner-border-sm"></span>
   Loading..
</button>
<button class="btn btn-primary" disabled>
   <span class="spinner-grow spinner-grow-sm"></span>
   Loading..
</button>
```

程序运行结果如图 7-19 所示。

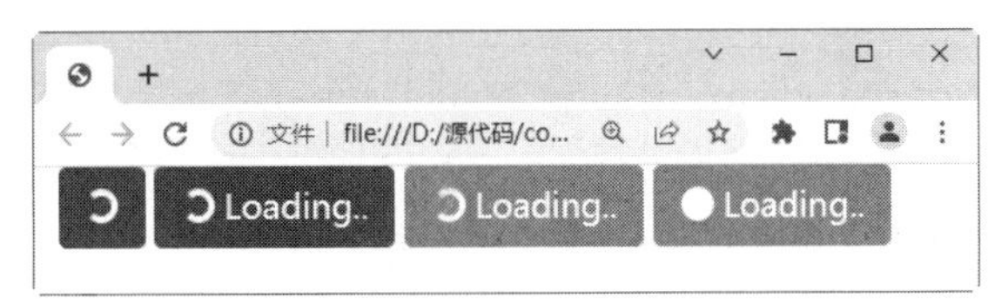

图 7-19　加载按钮效果

7.7 按 钮 组

如果想把一系列按钮结合在一起，可以使用按钮组来实现。按钮组与下拉菜单组件结合使用，可以设计出按钮组工具栏，类似于按钮式导航栏。

7.7.1 定义按钮组

使用含有.btn-group 类的容器包含一系列的<a>或<button>标签，可以生成一个按钮组。

实例 20： 定义按钮组(案例文件：ch07\7.20.html)

```
<h3 align="center">按钮组效果</h3>
<div class="btn-group">
   <button type="button" class="btn btn-primary">主页</button>
   <button type="button" class="btn btn-warning">热门课程</button>
   <button type="button" class="btn btn-info">技术支持</button>
   <button type="button" class="btn btn-secondary">联系我们</button>
</div>
```

程序运行结果如图 7-20 所示。

图 7-20　按钮组效果

7.7.2 定义按钮组工具栏

将多个按钮组(btn-group)包含在一个含有.btn-toolbar 类的容器中，可以将按钮组组合成更复杂的按钮工具栏。

实例 21： 设计按钮组工具栏(案例文件：ch07\7.21.html)

```
<h3 align="center">按钮组工具栏</h3>
<div class="btn-toolbar">
   <div class="btn-group mr-2">
      <button type="button" class="btn btn-primary">上一页</button>
   </div>
   <div class="btn-group mr-2">
      <button type="button" class="btn btn-warning">1</button>
      <button type="button" class="btn btn-warning">2</button>
      <button type="button" class="btn btn-warning">3</button>
      <button type="button" class="btn btn-warning">4</button>
      <button type="button" class="btn btn-warning">5</button>
      <button type="button" class="btn btn-warning">6</button>
      <button type="button" class="btn btn-warning">7</button>
```

```
        <button type="button" class="btn btn-warning">8</button>
    </div>
     <div class="btn-group">
        <button type="button" class="btn btn-info">下一页</button>
     </div>
</div>
```

程序运行结果如图 7-21 所示。

图 7-21　按钮组工具栏效果

还可以将输入框与工具栏中的按钮组混合使用，添加合适的通用样式类来设置间隔空间。

实例 22：设置按钮组和输入框结合的效果(案例文件：ch07\7.22.html)

```
<h3 align="center">设置按钮组和输入框结合的效果</h3>
<div class="btn-toolbar">
    <div class="btn-group mr-2">
        <button type="button" class="btn btn-warning">1</button>
        <button type="button" class="btn btn-warning">2</button>
        <button type="button" class="btn btn-warning">3</button>
        <button type="button" class="btn btn-warning">4</button>
        <button type="button" class="btn btn-warning">5</button>
        <button type="button" class="btn btn-warning">6</button>
    </div>
     <div class="input-group">
        <div class="input-group-prepend">
            <div class="input-group-text" id="btnGroupAddon">@</div>
        </div>
        <input type="text" class="form-control" placeholder="邮箱">
     </div>
</div>
```

程序运行结果如图 7-22 所示。

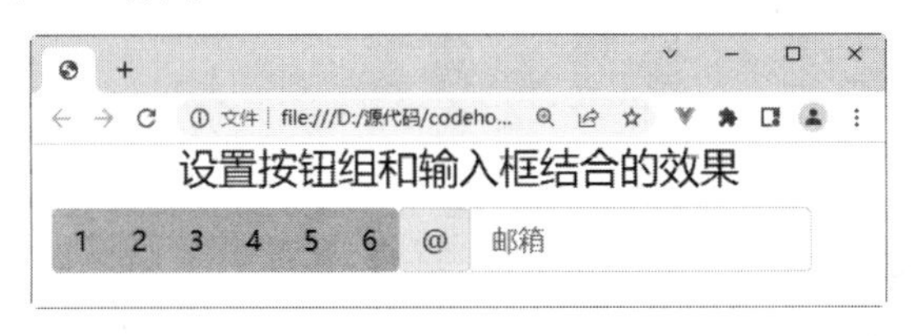

图 7-22　结合输入框效果

7.7.3　设计按钮的组布局和样式

Bootstrap 中定义了一些样式类，可以根据不同的场景选择使用。

1. 嵌套按钮组

将一个按钮组放在另一个按钮组中，可以实现按钮组与下拉菜单的组合。

实例 23： 设计嵌套按钮组(案例文件：ch07\7.23.html)

```
<h3 align="center">嵌套按钮组</h3>
<div class="btn-group">
    <button type="button" class="btn btn-secondary">首页</button>
    <div class="btn-group">
        <button type="button" class="btn btn-secondary dropdown-toggle" data-
bs-toggle="dropdown">
            热门课程
        </button>
        <div class="dropdown-menu">
            <a class="dropdown-item" href="#">网络安全训练营</a>
            <a class="dropdown-item" href="#">网站开发训练营</a>
            <a class="dropdown-item" href="#">Python 智能训练营</a>
            <a class="dropdown-item" href="#">PHP 开发训练营</a>
        </div>
    </div>
    <button type="button" class="btn btn-secondary">技术支持</button>
    <button type="button" class="btn btn-secondary">联系我们</button>
</div>
```

程序运行结果如图 7-23 所示。

图 7-23　嵌套按钮组效果

注意

在设置弹窗、提示、下拉菜单时，需要用到插件 popper.js。由于 bootstrap.bundle.js 中已经包含了 popper.js 框架，所以只需要将 bootstrap.js 更换为 bootstrap.bundle.js 即可。

```
<script src="bootstrap-5.1.3-dist/js/bootstrap.bundle.js"></script>
```

2. 垂直布局按钮组

把一系列按钮包含在含有.btn-group-vertical 类的容器中，可以设计垂直分布的按钮组。

实例 24： 设计垂直分布的按钮组(案例文件：ch07\7.24.html)

```
<h3 align="center">垂直布局按钮组</h3>
<div class="btn-group-vertical">
    <button type="button" class="btn btn-primary">家用电器</button>
    <button type="button" class="btn btn-primary">电脑数码</button>
    <button type="button" class="btn btn-warning">男装女装</button>
    <!--添加下拉菜单-->
```

```
    <div class="dropdown dropend">
        <button type="button" class="btn btn-info dropdown-toggle" data-bs-
toggle="dropdown">
            珠宝箱包
        </button>
        <div class="dropdown-menu">
            <a class="dropdown-item" href="#">黄金饰品</a>
            <a class="dropdown-item" href="#">珠宝饰品</a>
            <a class="dropdown-item" href="#">旅行箱包</a>
            <a class="dropdown-item" href="#">潮流女包</a>
        </div>
    </div>
    <button type="button" class="btn btn-warning">水果特产</button>
</div>
```

程序运行结果如图 7-24 所示。

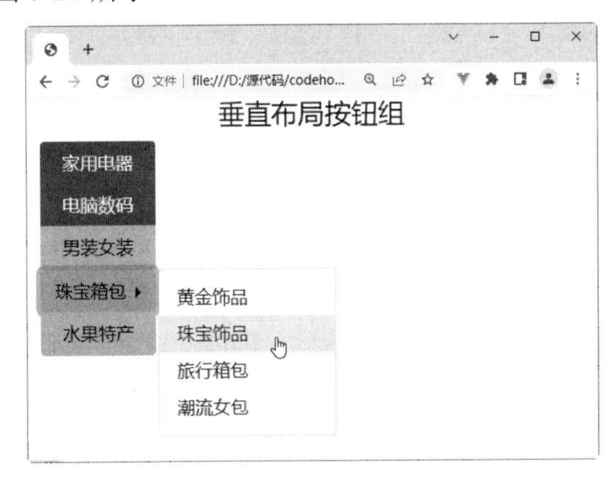

图 7-24　按钮组垂直布局效果

3. 控制按钮组大小

在含有.btn-group 类的容器中添加.btn-group-lg 或.btn-group-sm 类，可以设计按钮组的大小。

实例 25：设置控制按钮组大小(案例文件：ch07\7.25.html)

```
<h3 align="center">按钮组大小</h3>
<div class="btn-group btn-group-lg mr-2">
    <button type="button" class="btn btn-primary">箱包皮具</button>
    <button type="button" class="btn btn-primary">珠宝黄金</button>
</div><hr/>
<div class="btn-group mr-2">
    <button type="button" class="btn btn-warning">旅行箱包</button>
    <button type="button" class="btn btn-warning">潮流女包</button>
</div><hr/>
<div class="btn-group btn-group-sm">
    <button type="button" class="btn btn-info">单肩包</button>
<button type="button" class="btn btn-info">双肩包</button>
    <button type="button" class="btn btn-info">斜挎包</button>
</div>
```

程序运行结果如图 7-25 所示。

图 7-25　按钮组不同大小效果

7.8　下拉菜单

下拉菜单是网页中常见的组件之一，可以说一般的网页中都有它的影子。一个设计新颖、美观的下拉菜单，会为网页增色不少。

7.8.1　定义下拉菜单

下拉菜单组件用第三方插件 popper.js 实现，popper.js 插件提供了动态定位和浏览器窗口大小监测，所以在使用下拉菜单时应确保引入了 bootstrap.bundle.js，因为它已经包含了 popper.js 插件。

Bootstrap 中的下拉菜单组件有固定的基本结构。其中 dropdown 类容器包含 dropdown-menu 类容器包含下拉菜单。

基本结构如下：

```
<div class="dropdown">
    <button>触发按钮</button>
    <div class="dropdown-menu">下拉菜单内容</div>
</div>
```

如果在 dropdown 类容器中不包含下拉菜单组件，可以使用声明为 position: relative 的元素。

```
<div style="position:relative;">
    <button>触发按钮</button>
    <div class="dropdown-menu">下拉菜单内容</div>
</div>
```

一般情况下用<a>或<button>触发下拉菜单，以适应使用的需求。

在下拉菜单的基本结构中，通过为激活按钮添加 data-toggle="dropdown"属性，可激活下拉菜单的交互行为；添加.dropdown-toggle 类，来设置一个指示小三角。

```
<button type="button" class="btn btn-primary dropdown-toggle" data-bs-
toggle="dropdown">激活按钮</button>
```

激活按钮的效果如图 7-26 所示。

在 Bootstrap 5.X 中，不管是使用<a>还是<button>，每个菜单项上都需要添加.dropdown-item 类。

下拉菜单的标准结构如下：

```
<div class="dropdown">
    <button class="btn btn-secondary dropdown-toggle" data-bs-
toggle="dropdown" type="button">
        激活按钮
    </button>
    <div class="dropdown-menu">
        <a class="dropdown-item" href="#">菜单项 1</a>
        <button class="dropdown-item" type="button">菜单项 2</button>
    </div>
</div>
```

程序运行结果如图 7-27 所示。

图 7-26　激活按钮效果

图 7-27　下拉菜单效果

7.8.2　设计下拉按钮的样式

1. 分裂式按钮下拉菜单

首先在<div class="dropdown">容器中添加按钮组.btn-group 类，然后设置两个近似的按钮来创建分裂式按钮。在激活按钮中添加.dropdown-toggle-split 类，可减少水平方向的填充值，以使主按钮旁边拥有合适的空间。

实例 26： 分裂式按钮下拉菜单(案例文件：ch07\7.26.html)

```
<h3 align="center">分裂式按钮下拉菜单</h3>
<div class="dropdown btn-group">
    <button class="btn btn-secondary"  type="button">箱包皮具</button>
    <button class="btn btn-secondary dropdown-toggle dropdown-toggle-split"
data-bs-toggle="dropdown" type="button">
    </button>
    <div class="dropdown-menu">
        <a class="dropdown-item" href="#">旅行箱包</a>
        <button class="dropdown-item" type="button">精品男包</button>
        <a class="dropdown-item" href="#">潮流女包</a>
        <button class="dropdown-item" type="button">精品皮带</button>
    </div>
</div>
```

程序运行结果如图 7-28 所示。

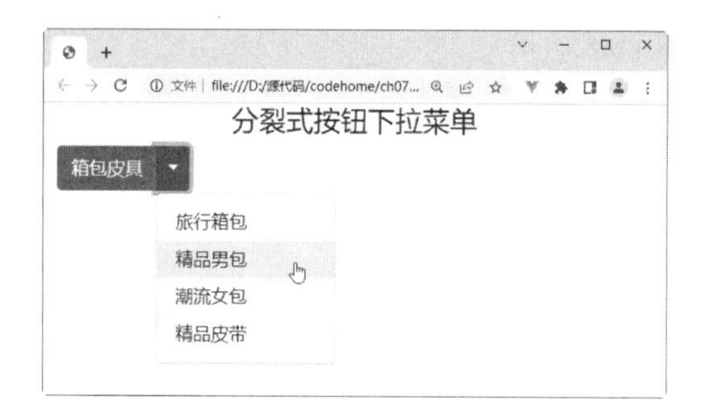

图 7-28　分裂式按钮下拉菜单效果

2. 设置菜单展开方向

默认情况下，菜单激活后是向下方展开，但也可以设置向左、向右和向上展开，只需要把<div class="dropdown">容器中的.dropdown 类换成.dropleft(向左)、.dropright(向右)或.dropup(向上)类便可以实现不同的展开方向。

实例 27：设置菜单向上展开(案例文件：ch07\7.27.html)

```
<h3 align="center">向上展开菜单</h3><br /><br /><br /><br /><br />
<div class="dropup">
   <button class="btn btn-secondary dropdown-toggle" data-bs-
toggle="dropdown" type="button">箱包皮具</button>
   <div class="dropdown-menu">
      <a class="dropdown-item" href="#">旅行箱包</a>
      <button class="dropdown-item" type="button">精品男包</button>
      <a class="dropdown-item" href="#">潮流女包</a>
      <button class="dropdown-item" type="button">精品皮带</button>
   </div>
</div>
```

程序运行结果如图 7-29 所示。

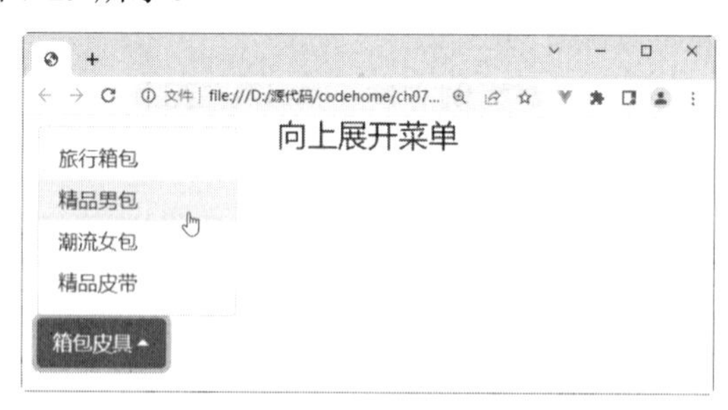

图 7-29　下拉菜单向上展开效果

7.8.3　设计下拉菜单的样式

1. 设计菜单分割线

使用.dropdown-divider 类，便可以实现分割线效果。

实例 28：设计菜单分割线(案例文件：ch07\7.28.html)

```
<h3 align="center">菜单项添加分割线</h3>
```

```
<div class="dropdown">
    <button class="btn btn-secondary dropdown-toggle" data-bs-
toggle="dropdown" type="button">
        惠丰商城</button>
    <div class="dropdown-menu">
        <button class="dropdown-item" type="button">家用电器</button>
        <button class="dropdown-item" type="button">电脑数码</button>
        <button class="dropdown-item" type="button">男装女装</button>
        <div class="dropdown-divider"></div>
        <button class="dropdown-item" type="button">珠宝箱包</button>
        <button class="dropdown-item" type="button">水果特产</button>
        <button class="dropdown-item" type="button">男鞋女鞋</button>
    </div>
</div>
```

程序运行结果如图 7-30 所示。

图 7-30　菜单分割线效果

2. 激活和禁用菜单项

通过添加.active 类可以设置激活状态，添加.disabled 类可以设置禁用状态。

实例 29： 激活和禁用菜单项(案例文件：ch07\7.29.html)

```
<h3 align="center">菜单项激活和禁用状态</h3>
<div class="dropdown">
    <button class="btn btn-secondary dropdown-toggle" data-bs-
toggle="dropdown" type="button">
        惠丰商城
    </button>
    <div class="dropdown-menu">
        <button class="dropdown-item active" type="button">家用电器</button>
        <button class="dropdown-item" type="button">电脑数码</button>
        <button class="dropdown-item" type="button">男装女装</button>
        <button class="dropdown-item disabled " type="button">珠宝箱包</button>
        <button class="dropdown-item disabled " type="button">水果特产</button>
    </div>
</div>
```

程序运行结果如图 7-31 所示。

图 7-31 激活和禁用菜单项效果

3. 设置菜单项对齐方式

默认情况下，下拉菜单自动从顶部和左侧进行定位，可以为<div class="dropdown-menu">容器添加.dropdown-menu-end 类设置右侧对齐。

实例 30：设置菜单项对齐方式(案例文件：ch07\7.30.html)

```
<h3 align="center">菜单项右对齐</h3>
<div class="dropdown dropend">
   <button class="btn btn-secondary dropdown-toggle" data-bs-
toggle="dropdown" type="button">
       惠丰商城
   </button>
   <div class="dropdown-menu">
       <button class="dropdown-item" type="button">家用电器</button>
       <button class="dropdown-item" type="button">电脑数码</button>
       <button class="dropdown-item" type="button">男装女装</button>
       <button class="dropdown-item " type="button">珠宝箱包</button>
       <button class="dropdown-item " type="button">水果特产</button>
   </div>
</div>
```

程序运行结果如图 7-32 所示。

图 7-32 菜单项对齐效果

4. 菜单的偏移

在下拉菜单中，还可以设置菜单的偏移量，通过为激活按钮添加 data-bs-offset 属性来实现。在下面的示例中，设置 data-bs-offset="200,60"。

实例 31： 设置菜单的偏移效果(案例文件：ch07\7.31.html)

```
<h3 align="center">设置菜单的偏移量</h3>
<div class="dropdown mr-1">
   <button type="button" class="btn btn-secondary dropdown-toggle" data-bs-
toggle="dropdown" data-bs-offset="200,60">激活按钮 </button>
   <div class="dropdown-menu dropdown-menu-right">
      <button class="dropdown-item" type="button">家用电器</button>
      <button class="dropdown-item" type="button">电脑数码</button>
      <button class="dropdown-item" type="button">男装女装</button>
      <button class="dropdown-item " type="button">珠宝箱包</button>
      <button class="dropdown-item " type="button">水果特产</button>
   </div>
</div>
```

程序运行结果如图 7-33 所示。

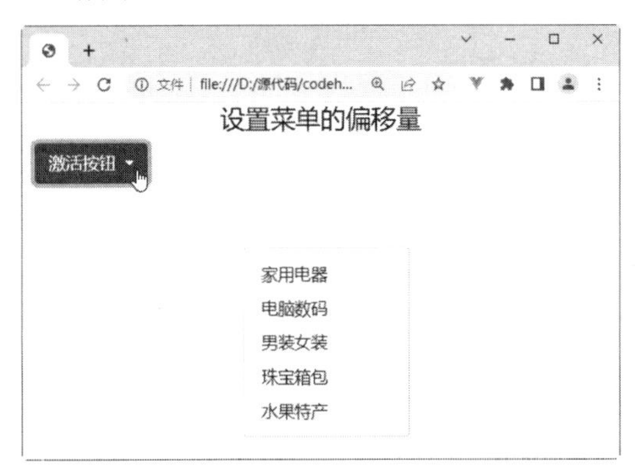

图 7-33　菜单的偏移效果

5. 设置丰富的菜单内容

在下拉菜单中不仅可以添加菜单项，还可以添加其他内容，例如，菜单项标题、文本、表单等。

实例 32： 设置丰富的菜单内容(案例文件：ch07\7.32.html)

```
<h3 align="center">丰富的菜单内容</h3>
<div class="dropdown">
   <button type="button" class="btn btn-primary dropdown-toggle position-
relative" data-bs-toggle="dropdown">老码识途课堂</button>
   <div class="dropdown-menu" style="max-width: 300px;">
      <h6 class="dropdown-header" type="button">经典课程</h6>
      <button class="dropdown-item" type="button">热门课程</button>
      <button class="dropdown-item" type="button">技术支持</button>
      <hr>
      <p class="mx-3">老码识途课堂为读者提供核心技术的培训和指导。</p>
      <hr>
      <form action="" class="mx-3">
         <input type="text" placeholder="姓名"><br/>
         <textarea type="textarea" cols="22" rows="4" placeholder="技术疑难问
题"></textarea>
      </form>
   </div>
</div>
```

程序运行结果如图 7-34 所示。

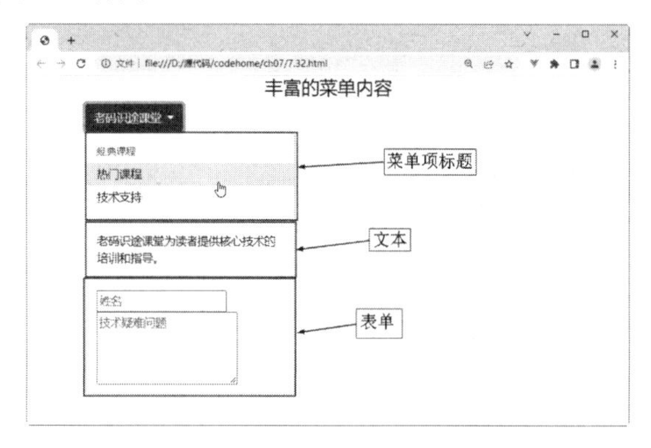

图 7-34　丰富的菜单内容效果

7.8.4　单选和多选下拉菜单

在 Bootstrap 5.X 中，下拉菜单<select>元素可以使用.form-select 类来渲染。

实例 33： 设置单选和多选下拉菜单(案例文件：ch07\7.33.html)

```
<h2>使用.form-select 类渲染下拉菜单</h2>
<form action="">
    <label for="sel1" class="form-label">单选下拉菜单：</label>
    <select class="form-select" id="sel1" name="sellist1">
      <option>香蕉</option>
      <option>苹果</option>
      <option>西瓜</option>
      <option>橘子</option>
    </select><br> <br> <br> <br>
      <label for="sel2" class="form-label">多选下拉菜单：</label>
    <select multiple class="form-select" id="sel2" name="sellist2">
      <option>香蕉</option>
      <option>苹果</option>
      <option>西瓜</option>
      <option>橘子</option>
    </select>
    <button type="submit" class="btn btn-primary mt-3">提交</button>
</form>
```

程序运行结果如图 7-35 所示。

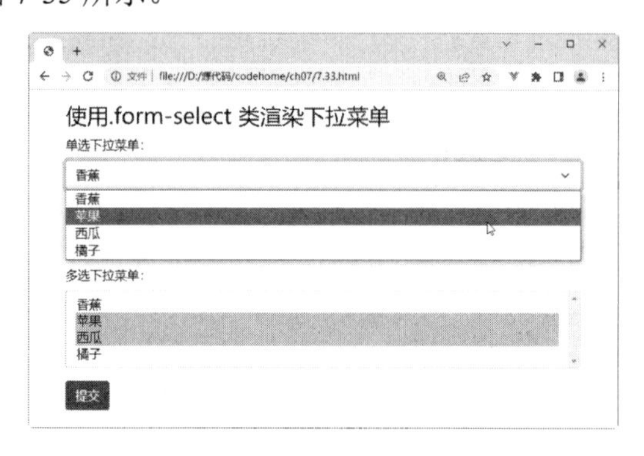

图 7-35　单选和多选下拉菜单效果

提示

下拉菜单可以通过.form-select-lg 或.form-select-sm 类来修改大小。

7.8.5　为<input>元素设置下拉菜单

在 Bootstrap 5.X 中，使用 datalist 标签可以为<input>元素设置下拉菜单。

实例 34：为<input>元素设置下拉菜单(案例文件：ch07\7.34.html)

```
<div class="container mt-3">
  <form action="">
    <label for="browser" class="form-label">选择您需要的商品：</label>
    <input class="form-control" list="sites" name="site" id="site">
    <datalist id="sites">
      <option value="洗衣机">
      <option value="冰箱">
      <option value="空调">
      <option value="电视机">
      <option value="电脑">
    </datalist>
    <button type="submit" class="btn btn-primary mt-3">提交</button>
  </form>
</div>
```

程序运行结果如图 7-36 所示。

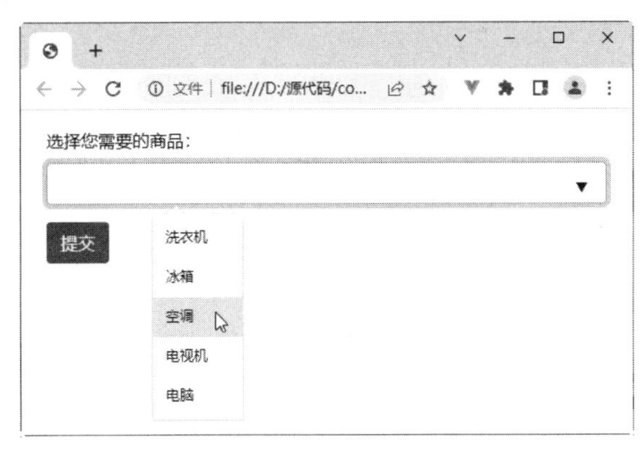

图 7-36　为<input>元素设置下拉菜单

7.9　Bootstrap 5.X 新增的浮动标签

默认情况下，标签内容一般显示在 input 输入框的上方。使用 Floating Label(浮动标签)可以在 input 输入框内插入标签，在单击 input 输入框时使它们浮动到上方。

实例 35：添加浮动标签(案例文件：ch07\7.35.html)

```
<div class="container mt-3">
  <form action="">
    <div class="form-floating mb-3 mt-3">
```

```
      <input type="text" class="form-control" id="email" placeholder="输入邮箱"
name="email">
      <label for="email">输入邮箱</label>
    </div>
    <div class="form-floating mt-3 mb-3">
      <input type="text" class="form-control" id="pwd" placeholder="输入密码"
name="pswd">
      <label for="pwd">输入密码</label>
    </div>
    <button type="submit" class="btn btn-primary">提交</button>
  </form>
</div>
```

程序运行结果如图 7-37 所示。

图 7-37　添加浮动标签

注意

添加浮动标签时，不仅要为<input>元素添加 placeholder 属性，而且<label>元素必须放在<input>元素之后。

7.10　案例实训——设置表单的验证功能

在 Bootstrap 5.X 中，可以使用不同的验证类来设置表单的验证功能。

(1) 将.was-validated 或.needs-validation 添加到<form>元素中，可以使 input 输入字段具有绿色(有效)或红色(无效)边框效果，用于说明表单是否需要输入内容。

(2) 使用.valid-feedback 或.invalid-feedback 类可以告诉用户缺少什么信息，或者在提交表单之前需要完成什么。

实例 36： 表单的验证功能(案例文件：ch07\7.36.html)

```
<div class="container mt-3">
<h2>表单验证</h2>
  <form action="" class="was-validated">
    <div class="form-group">
    <label for="uname">用户:</label>
    <input type="text" class="form-control" id="uname" placeholder="Enter
username" name="uname" required>
    <div class="valid-feedback">验证成功! </div>
    <div class="invalid-feedback">请输入用户名! </div>
    </div>
    <div class="form-group">
    <label for="pwd">密码:</label>
```

```
    <input type="password" class="form-control" id="pwd" placeholder="Enter
password" name="pswd" required>
    <div class="valid-feedback">验证成功！</div>
    <div class="invalid-feedback">请输入密码！</div>
    </div>
    <div class="form-group form-check">
    <label class="form-check-label">
      <input class="form-check-input" type="checkbox" name="remember"
required> 同意协议
      <div class="valid-feedback">验证成功！</div>
      <div class="invalid-feedback">同意协议才能提交。</div>
    </label>
    </div>
    <button type="submit" class="btn btn-primary">提交</button>
  </form>
</div>
```

程序运行结果如图 7-38 所示。输入完信息并选择复选框后，效果如图 7-39 所示。

图 7-38　设置表单的验证功能

图 7-39　输入完信息并选择复选框

7.11　疑难问题解惑

疑问 1：如何设置下拉菜单中按钮的大小？

在 Bootstrap 5.X 中，可以使用按钮组件的样式(.btn-lg 或.btn-sm)来设置下拉菜单中按钮的大小。

例如以下代码：

```
<form action="">
    <label for="sel1" class="form-label">大号下拉菜单：</label>
    <select class="form-select form-select-lg" id="sel1" name="sellist1">
      <option>西瓜</option>
      <option>苹果</option>
    </select><br>
    <label for="sel2" class="form-label">正常下拉菜单：</label>
    <select class="form-select" id="sel2" name="sellist2">
      <option>西瓜</option>
      <option>苹果</option>
    </select>
    <label for="sel3" class="form-label">小号下拉菜单：</label>
```

```
    <select class="form-select form-select-sm" id="sel3" name="sellist3">
      <option>西瓜</option>
      <option>苹果</option>
    </select>
    <button type="submit" class="btn btn-primary mt-3">提交</button>
</form>
```

程序运行结果如图 7-40 所示。

疑问 2：如何设计一个取色器？

在 Bootstrap 5.X 中，使用.form-control-color 类可以创建一个取色器。代码如下：

```
<input type="color" class="form-control form-control-color" value="#CCCCCC">
```

取色器的效果如图 7-41 所示。

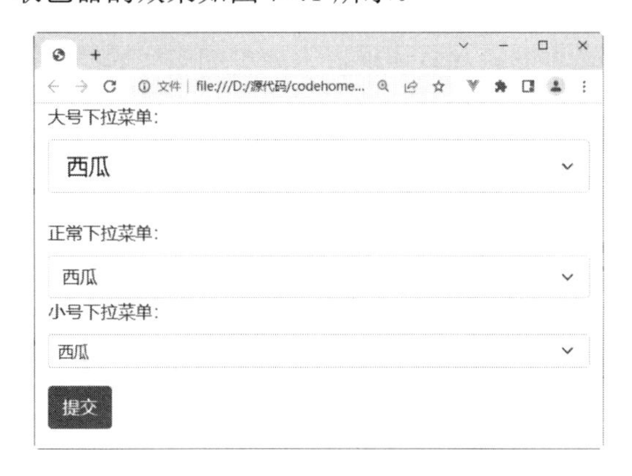

图 7-40　设置下拉菜单中按钮的大小

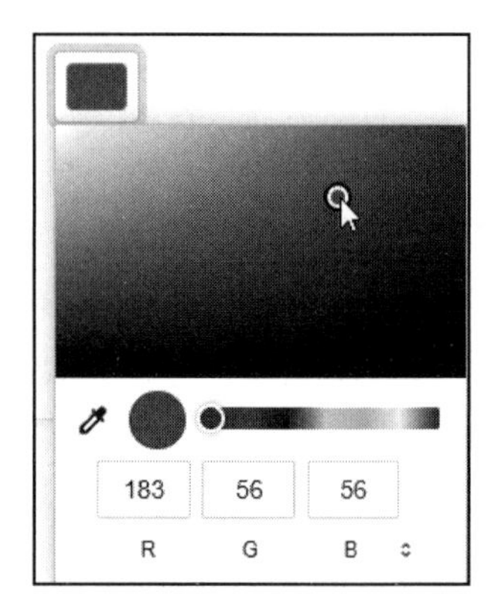

图 7-41　取色器

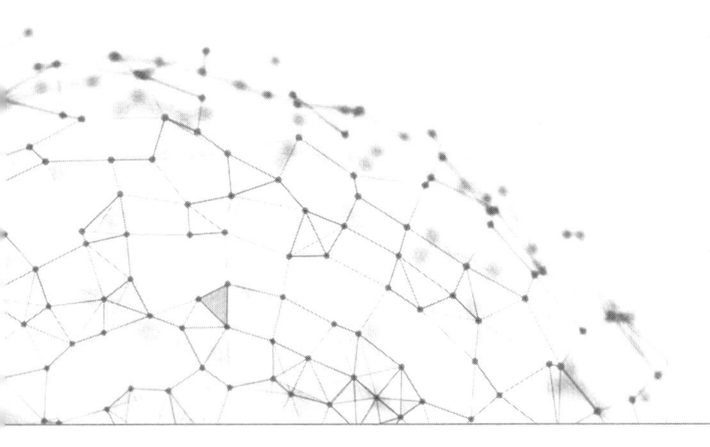

第 8 章

常用的 CSS 组件

Bootstrap 5.X 内置了大量优雅的、可重用的组件，包括导航、警告框、徽章、进度条、导航栏、表单、列表组、面包屑、分页等。本章重点介绍导航、警告框、徽章、进度条的使用方法，其他组件的使用方法将在后续章节详细介绍。

8.1 导航组件

导航组件包括标签页导航和胶囊导航，可以在导航中添加下拉菜单，可以使用不同的样式类来设计导航的风格和布局。

8.1.1 定义导航

Bootstrap 中提供的导航可共享通用标记和样式，例如基础的.nav 样式类和活动与禁用状态类。基础的导航组件采用 Flexbox 弹性布局构建，并为构建所有类型的导航组件提供了坚实的基础，包括一些样式覆盖。

Bootstrap 导航组件一般以列表结构为基础进行设计，在<ul>标签上添加.nav 类，在每个<li> 标签上添加.nav-item 类，在每个链接上添加.nav-link 类。

```
<ul class="nav">
    <li class="nav-item">
        <a class="nav-link" href="#">首页</a>
    </li>
    <li class="nav-item">
        <a class="nav-link" href="#">热门课程</a>
    </li>
    <li class="nav-item">
        <a class="nav-link" href="#">技术支持</a>
    </li>
    <li class="nav-item">
        <a class="nav-link " href="#">联系我们</a>
    </li>
</ul>
```

在 Bootstrap 5.X 中，.nav 类可以在其他元素上使用，非常灵活，也可以自定义一个<nav>元素。因为.nav 类基于 Flexbox 弹性盒子定义，导航链接的行为与导航项目相同，不需要额外的标记。

实例 1：定义导航(案例文件：ch08\8.1.html)

```
<nav class="nav">
   <a class="nav-link active" href="#">首页</a>
   <a class="nav-link" href="#">热门课程</a>
   <a class="nav-link" href="#">技术支持</a>
   <a class="nav-link " href="#">联系我们</a>
</nav>
```

程序运行结果如图 8-1 所示。

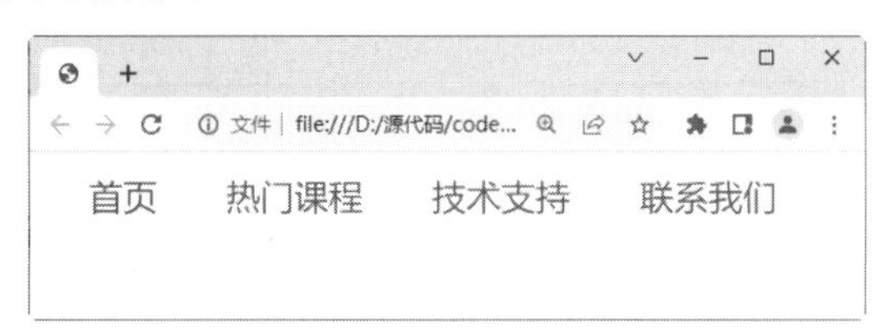

图 8-1　导航效果

8.1.2　设计导航的布局

1. 水平对齐布局

默认情况下，导航是左对齐，使用 Flexbox 布局属性可轻松地更改导航的水平对齐方式。

(1)　.justify-content-center：设置导航水平居中。

(2)　.justify-content-end：设置导航右对齐。

实例 2：设置导航水平方向对齐 (案例文件：ch08\8.2.html)

```
<div class="border">
<h3 align="center">水平方向居中对齐</h3>
<ul class="nav justify-content-center">
   <li class="nav-item">
      <a class="nav-link active" href="#">热门课程</a>
   </li>
   <li class="nav-item">
      <a class="nav-link" href="#">经典教材</a>
   </li>
   <li class="nav-item">
      <a class="nav-link" href="#">技术支持</a>
   </li>
   <li class="nav-item">
      <a class="nav-link " href="#">联系我们</a>
   </li>
</ul>
<h3 align="center">水平方向右对齐</h3>
<ul class="nav justify-content-end">
   <li class="nav-item">
      <a class="nav-link active" href="#">热门课程</a>
   </li>
   <li class="nav-item">
```

```
        <a class="nav-link" href="#">经典教材</a>
    </li>
    <li class="nav-item">
        <a class="nav-link" href="#">技术支持</a>
    </li>
    <li class="nav-item">
        <a class="nav-link " href="#">联系我们</a>
    </li>
</ul>
</div>
```

程序运行结果如图 8-2 所示。

图 8-2 导航水平对齐效果

2. 垂直对齐布局

使用.flex-column 类可以设置导航的垂直布局。如果只需要在特定的视口屏幕下垂直布局，还可以定义响应式类，例如.flex-sm-column 类，表示只在小屏设备(<768px)上垂直布局导航。

实例 3：设置垂直对齐布局(案例文件：ch08\8.3.html)

```
<h3 align="center">垂直方向布局</h3>
<ul class="nav flex-column border">
    <li class="nav-item">
        <a class="nav-link active" href="#">家用电器</a>
    </li>
    <li class="nav-item">
        <a class="nav-link" href="#">电脑办公</a>
    </li>
    <li class="nav-item">
        <a class="nav-link" href="#">家装厨具</a>
    </li>
    <li class="nav-item">
        <a class="nav-link" href="#">箱包钟表</a>
    </li>
    <li class="nav-item">
        <a class="nav-link" href="#">食品生鲜</a>
    </li>
    <li class="nav-item">
        <a class="nav-link" href="#">礼品鲜花</a>
    </li>
</ul>
```

程序运行结果如图 8-3 所示。

图 8-3　导航垂直布局效果

8.1.3　设计导航的风格

1. 设计标签页导航

为导航添加.nav-tabs 类可以实现标签页导航，然后将选中的选项用.active 类进行标记。

实例 4： 设计标签页导航(案例文件：ch08\8.4.html)

```
<h3 align="center">标签页导航</h3>
<ul class="nav nav-tabs">
    <li class="nav-item">
        <a class="nav-link active" href="#">热门课程</a>
    </li>
    <li class="nav-item">
        <a class="nav-link" href="#">经典教材</a>
    </li>
    <li class="nav-item">
        <a class="nav-link" href="#">技术支持</a>
    </li>
    <li class="nav-item">
        <a class="nav-link disabled" href="#">联系我们</a>
    </li>
</ul>
```

程序运行结果如图 8-4 所示。

图 8-4　标签页导航效果

可以结合 Bootstrap 中的下拉菜单组件，来设计带下拉菜单的标签页导航。

实例 5： 设计带下拉菜单的标签页导航(案例文件：ch08\8.5.html)

```
<h3 align="center">带下拉菜单的标签页导航</h3>
<ul class="nav nav-tabs">
    <li class="nav-item">
        <a class="nav-link active" href="#">经典教材</a>
    </li>
    <li class="nav-item dropdown">
        <a class="nav-link dropdown-toggle" data-bs-toggle="dropdown"
href="#">热门课程</a>
        <div class="dropdown-menu">
            <a class="dropdown-item active" href="#">网络安全训练营</a>
            <a class="dropdown-item" href="#">Python 智能开发训练营</a>
            <a class="dropdown-item" href="#">网站开发训练营</a>
            <a class="dropdown-item" href="#">Java 开发训练营</a>
        </div>
    </li>
    <li class="nav-item">
        <a class="nav-link" href="#">技术支持</a>
    </li>
    <li class="nav-item">
        <a class="nav-link disabled" href="#">联系我们</a>
    </li>
</ul>
```

程序运行结果如图 8-5 所示。

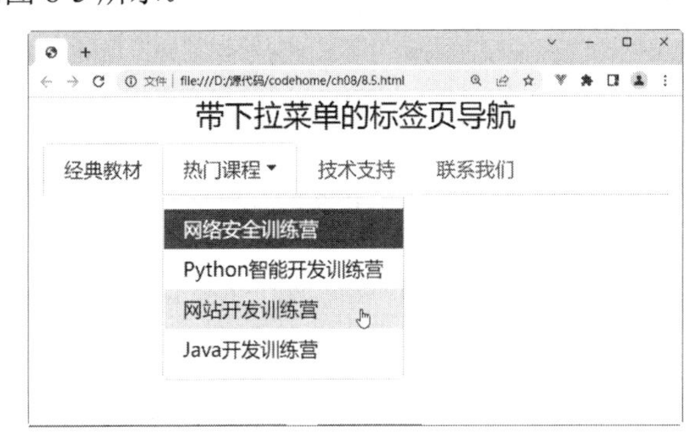

图 8-5　带下拉菜单的标签页导航效果

2. 设计胶囊式导航

为导航添加.nav-pills 类可以实现胶囊式导航，然后将选中的选项用.active 类进行标记。

实例 6： 设计胶囊式导航(案例文件：ch08\8.6.html)

```
<h3 align="center">胶囊式导航</h3>
<ul class="nav nav-pills">
    <li class="nav-item">
        <a class="nav-link active" href="#">经典教材</a>
    </li>
    <li class="nav-item">
        <a class="nav-link" href="#">热门课程</a>
    </li>
    <li class="nav-item">
        <a class="nav-link" href="#">技术支持</a>
    </li>
    <li class="nav-item">
        <a class="nav-link" href="#">联系我们</a>
```

```
    </li>
</ul>
```

程序运行结果如图 8-6 所示。

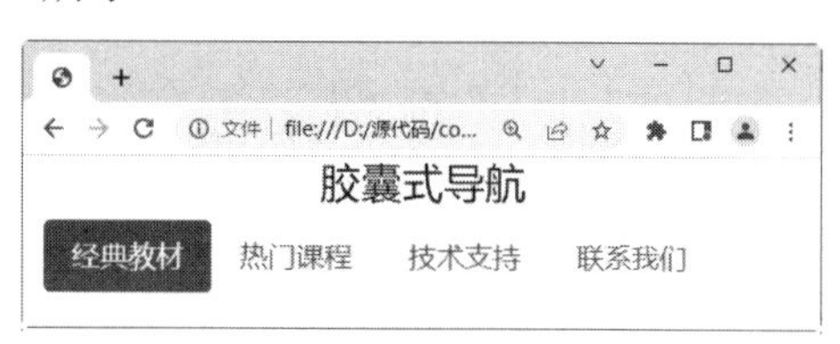

图 8-6　胶囊式导航效果

可以结合 Bootstrap 中的下拉菜单组件，来设计带下拉菜单的胶囊式导航。

实例 7：设计带下拉菜单的胶囊式导航(案例文件：ch08\8.7.html)

```
<h3 align="center">带下拉菜单的胶囊式导航</h3>
<ul class="nav nav-pills">
    <li class="nav-item">
        <a class="nav-link" href="#">经典教材</a>
    </li>
    <li class="nav-item dropdown">
        <a class="nav-link dropdown-toggle" data-bs-toggle="dropdown"
href="#">热门课程</a>
        <div class="dropdown-menu">
            <a class="dropdown-item active" href="#">网络安全训练营</a>
            <a class="dropdown-item" href="#">Python 智能开发训练营</a>
            <a class="dropdown-item" href="#">网站开发训练营</a>
            <a class="dropdown-item" href="#">Java 开发训练营</a>
        </div>
    </li>
    <li class="nav-item">
        <a class="nav-link" href="#">技术支持</a>
    </li>
    <li class="nav-item">
        <a class="nav-link" href="#">联系我们</a>
    </li>
</ul>
```

程序运行结果如图 8-7 所示。

图 8-7　带下拉菜单的胶囊式导航效果

3. 填充和对齐

对于导航的内容，可以使用扩展类.nav-fill 按比例为含有.nav-item 类的元素分配空间。

注意

.nav-fill 类是分配导航所有的水平空间，而不是设置每个导航项目的宽度相同。

实例 8：设置导航的填充和对齐(案例文件：ch08\8.8.html)

```
<h3 align="center">填充和对齐</h3>
<ul class="nav nav-pills nav-fill">
    <li class="nav-item">
        <a class="nav-link active" href="#">经典教材</a>
    </li>
    <li class="nav-item">
        <a class="nav-link" href="#">热门课程</a>
    </li>
    <li class="nav-item">
        <a class="nav-link" href="#">技术支持</a>
    </li>
    <li class="nav-item">
        <a class="nav-link" href="#">联系我们</a>
    </li>
</ul>
```

程序运行结果如图 8-8 所示。

图 8-8　填充和对齐效果

当使用<nav>定义导航时，需要在超链接上添加.nav-item 类，才能实现填充和对齐，具体代码如下：

```
<h3 class="mb-4">填充和对齐</h3>
<nav class="nav nav-pills nav-fill">
    <a class="nav-item nav-link active" href="#">经典教材</a>
    <a class="nav-item nav-link" href="#">热门课程</a>
    <a class="nav-item nav-link" href="#">技术支持</a>
    <a class="nav-item nav-link " href="#">联系我们</a>
</nav>
```

8.1.4　设计导航选项卡

导航选项卡就像 tab 栏一样，切换 tab 栏中的每个选项可以显示对应内容框中的内容。在 Bootstrap 5.X 中，导航选项卡一般在标签页导航和胶囊式导航的基础上实现。

实例 9：设计导航选项卡(案例文件：ch08\8.9.html)

设计并激活标签页导航和胶囊式导航。为每个导航项上的超链接定义 data-bs-toggle="tab"或 data-bs-toggle="pill"属性，激活导航的交互行为。在导航结构基础上添加内容包含框，使用.tab-content 类定义内容包含框。在内容包含框中插入与导航结构对应的多个子内容框，并使用.tab-pane 进行定义。为每个内容框定义 id 值，并在导航项中为超链接绑定锚链接。

```
<h3 align="center">胶囊导航选项卡</h3>
<ul class="nav nav-pills">
    <li class="nav-item">
        <a class="nav-link active" data-bs-toggle="pill" href="#head">经典教材</a>
    </li>
    <li class="nav-item">
        <a class="nav-link" data-bs-toggle="pill" href="#new">热门课程</a>
    </li>
    <li class="nav-item">
        <a class="nav-link" data-bs-toggle="pill" href="#template">技术支持</a>
    </li>
    <li class="nav-item">
        <a class="nav-link" data-bs-toggle="pill" href="#about">联系我们</a>
    </li>
</ul>
<div class="tab-content">
    <div class="tab-pane active" id="head">这里包含网站开发，编程开发和网络安全方面
的经典教材</div>
    <div class="tab-pane" id="new">这里包含网站开发，编程开发和网络安全方面的视频课程</div>
    <div class="tab-pane" id="template">读者遇到技术问题可以留言</div>
    <div class="tab-pane" id="about">联系公众号：老码识途课堂</div>
</div>
```

运行程序，然后切换到“热门课程”，内容也相应地切换，效果如图 8-9 所示。

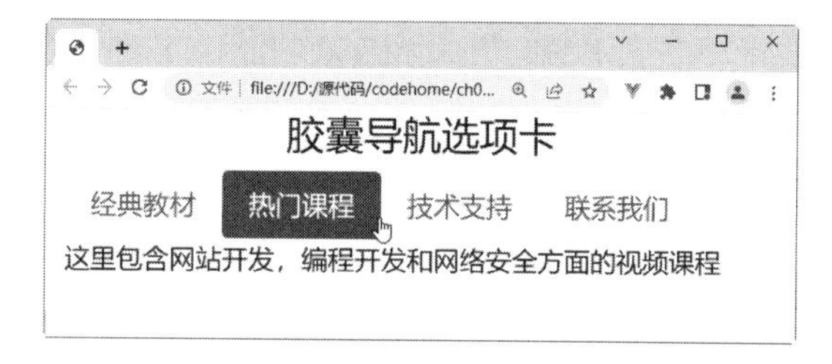

图 8-9　胶囊导航选项卡效果

提示

可以为每个.tab-pane 添加.fade 类来实现淡入效果。具体代码如下：

```
<div class="tab-content">
    <div class="tab-pane fade show active " id="head">这里包含网站开发，
编程开发和网络安全方面的经典教材</div>
    <div class="tab-pane fade " id="new">这里包含网站开发，编程开发和网络
安全方面的视频课程</div>
    <div class="tab-pane fade " id="template">读者遇到技术问题可以留言
</div>
    <div class="tab-pane fade " id="about">联系公众号：老码识途课堂</div>
</div>
```

还可以利用网格系统布局，设置垂直形式的胶囊导航选项卡。

实例 10： 设置垂直形式的胶囊导航选项卡(案例文件：ch08\8.10.html)

```
<h3 align="center">垂直形式的胶囊导航选项卡</h3>
<div class="row">
    <div class="col-4">
        <ul class="nav nav-pills">
```

```
            <li class="nav-item">
                <a class="nav-link active" data-bs-toggle="pill" href="#head">经典教材</a>
            </li>
            <li class="nav-item">
                <a class="nav-link" data-bs-toggle="pill" href="#new">热门课程</a>
            </li>
            <li class="nav-item">
                <a class="nav-link" data-bs-toggle="pill" href="#template">技术支持</a>
            </li>
            <li class="nav-item">
                <a class="nav-link" data-bs-toggle="pill" href="#about">联系我们</a>
            </li>
        </ul>
    </div>
    <div class="col-8">
        <div class="tab-content">
            <div class="tab-pane active" id="head">这里包含网站开发，编程开发和网络
安全方面的经典教材</div>
            <div class="tab-pane" id="new">这里包含网站开发，编程开发和网络安全方面的
视频课程</div>
            <div class="tab-pane" id="template">读者遇到技术问题可以留言</div>
            <div class="tab-pane" id="about">联系公众号：老码识途课堂</div>
        </div>
    </div>
</div>
```

运行程序，然后切换到“联系我们”，内容也相应地发生变化，效果如图 8-10 所示。

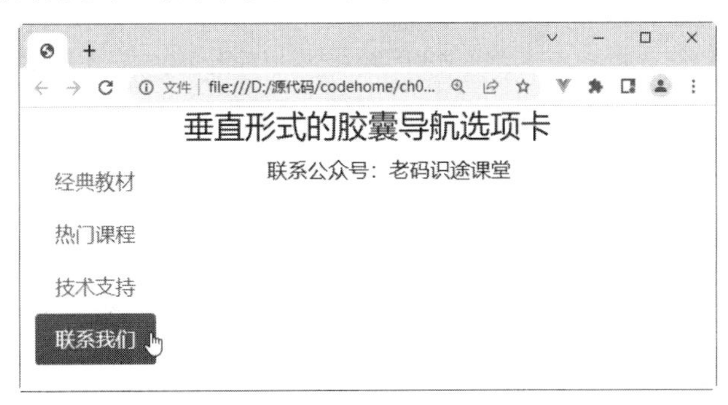

图 8-10　垂直形式的胶囊导航选项卡效果

8.2　警　告　框

警告框组件通过提供一些灵活的预定义消息，为常见的用户动作提供反馈消息和提示。

8.2.1　定义警告框

使用.alert 类可以设计警告框组件，还可以使用.alert-success、.alert-info、.alert-warning、.alert-danger、.alert-primary、.alert-secondary、.alert-light 或.alert-dark 类来定义不同的颜色，效果类似于 IE 浏览器的警告效果。

提示

只添加.alert 类是没有任何页面效果的，需要根据使用场景选择合适的颜色类。

实例 11： 定义警告框(案例文件：ch08\8.11.html)

```
<h3 align="center">警告框</h3>
<div class="alert alert-primary">
    <strong>主要的!</strong> 这是一个重要的操作信息。
</div>
<div class="alert alert-secondary">
    <strong>次要的!</strong> 显示一些不重要的信息。
</div>
<div class="alert alert-success">
    <strong>成功!</strong> 指定操作成功提示信息。
</div>
<div class="alert alert-info">
    <strong>信息!</strong> 请注意这个信息。
</div>
<div class="alert alert-warning">
    <strong>警告!</strong> 设置警告信息。
</div>
<div class="alert alert-danger">
    <strong>错误!</strong> 危险的操作。
</div>
<div class="alert alert-dark">
    <strong>深灰色!</strong> 深灰色提示框。
</div>
<div class="alert alert-light">
    <strong>浅灰色!</strong>浅灰色提示框。
</div>
```

程序运行结果如图 8-11 所示。

图 8-11　警告框效果

8.2.2　添加链接

使用.alert-link 类可以为带颜色的警告框中的链接加上合适的颜色，会自动对应一个优化后的链接颜色方案。

实例 12： 设置链接颜色(案例文件：ch08\8.12.html)

```
<h3 align="center">警告框中链接的颜色</h3>
<div class="alert alert-primary">
    与君歌一曲，请君为我倾耳听。——<a href="#" class="alert-link">李白</a>《将进酒》
</div>
<div class="alert alert-secondary">
    与君歌一曲，请君为我倾耳听。——<a href="#" class="alert-link">李白</a>《将进酒》
</div>
<div class="alert alert-success">
    与君歌一曲，请君为我倾耳听。——<a href="#" class="alert-link">李白</a>《将进酒》
</div>
<div class="alert alert-info">
    与君歌一曲，请君为我倾耳听。——<a href="#" class="alert-link">李白</a>《将进酒》
</div>
<div class="alert alert-warning">
    与君歌一曲，请君为我倾耳听。——<a href="#" class="alert-link">李白</a>《将进酒》
</div>
<div class="alert alert-danger">
    与君歌一曲，请君为我倾耳听。——<a href="#" class="alert-link">李白</a>《将进酒》
</div>
<div class="alert alert-dark">
    与君歌一曲，请君为我倾耳听。——<a href="#" class="alert-link">李白</a>《将进酒》
</div>
<div class="alert alert-light">
    与君歌一曲，请君为我倾耳听。——<a href="#" class="alert-link">李白</a>《将进酒》
</div>
```

程序运行结果如图 8-12 所示。

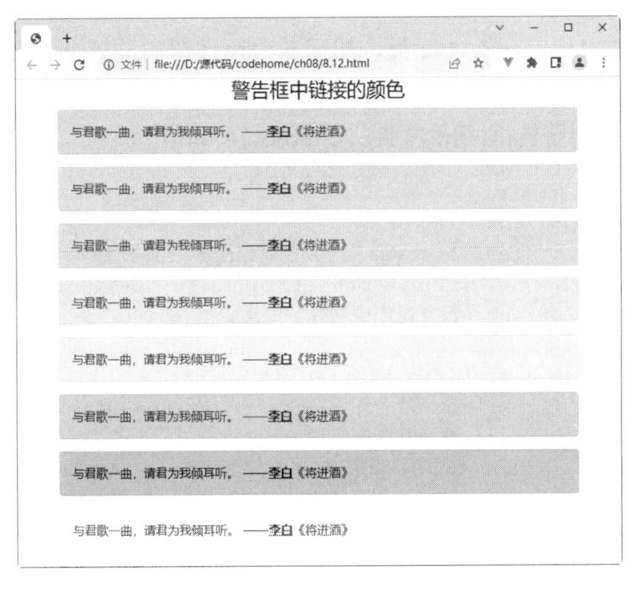

图 8-12　链接颜色效果

8.2.3 额外附加内容

警告框还可以包含其他 HTML 元素，如标题、段落和分隔符等。

实例 13： 额外附加内容(案例文件：ch08\8.13.html)

```
<h3 align="center">额外附加内容</h3>
<div class="alert alert-primary" role="alert">
    <h4>第 1 题：腾蛇乘雾，终为土灰。这句诗创作于哪个朝代？</h4>
    <hr>
    <p>A.元末明初</p>
    <p>B.金</p>
    <p>C.汉</p>
    <p>D.春秋</p>
</div>
```

程序运行结果如图 8-13 所示。

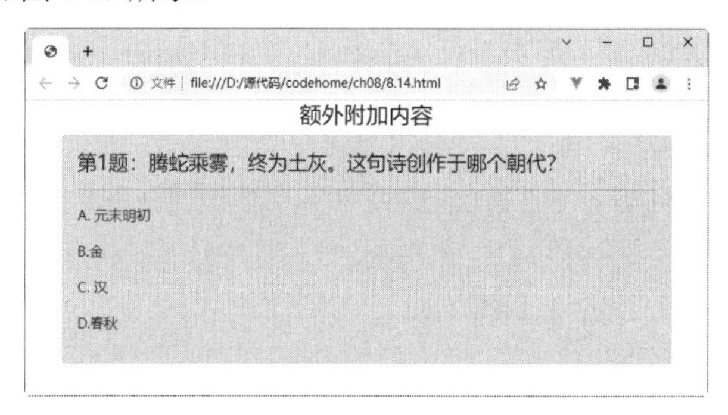

图 8-13　额外附加内容效果

8.2.4 关闭警告框

在警告框中添加.alert-dismissible 类，然后在关闭按钮的链接上添加 class="btn-close"和 data-bs-dismiss="alert"设置警告框的关闭操作。

实例 14： 添加关闭警告框(案例文件：ch08\8.14.html)

```
<div class="container mt-3">
  <h2>关闭提示框</h2>
  <div class="alert alert-success alert-dismissible">
    <button type="button" class="btn-close" data-bs-dismiss="alert"></button>
    <strong>成功!</strong> 指定操作成功提示信息。
  </div>
  <div class="alert alert-info alert-dismissible">
    <button type="button" class="btn-close" data-bs-dismiss="alert"></button>
    <strong>信息!</strong> 请注意这个信息。
  </div>
  <div class="alert alert-warning alert-dismissible">
    <button type="button" class="btn-close" data-bs-dismiss="alert"></button>
    <strong>警告!</strong> 设置警告信息。
  </div>
  <div class="alert alert-danger alert-dismissible">
```

```
    <button type="button" class="btn-close" data-bs-dismiss="alert"></button>
    <strong>错误!</strong> 失败的操作。
  </div>
</div>
```

程序运行结果如图 8-14 所示。单击警告框中的关闭按钮后，对应的内容将被删除，效果如图 8-15 所示。

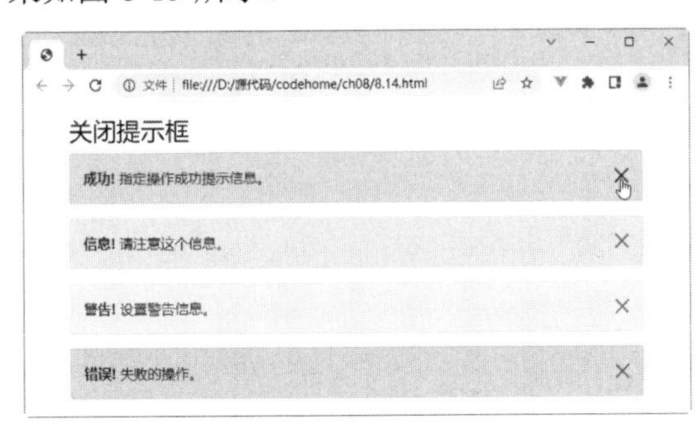

图 8-14　删除前效果

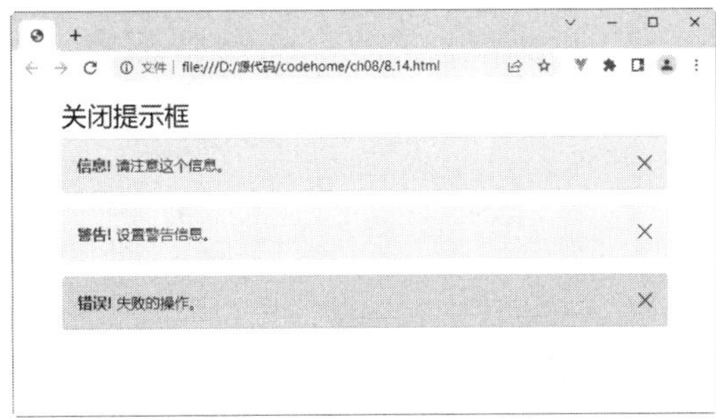

图 8-15　删除后效果

还可以添加.fade 和.show 类设置警告框在关闭时的淡出和淡入效果。

```
<div class="alert alert-info alert-dismissible fade show ">
    <button type="button" class="btn-close" data-bs-dismiss="alert"></button>
    <strong>信息!</strong> 请注意这个信息。
</div>
```

8.3　徽　　章

徽章组件(Badges)主要用于突出显示新的或未读的内容，在 E-mail 客户端很常见。

8.3.1　定义徽章

通常使用<span>标签，添加.badge 类来设计徽章。

徽章可以嵌在标题中，并通过标题样式来适配其大小，因为徽章的大小是使用 em 单位来设计的，所以有良好的弹性。

实例 15：标题中添加徽章(案例文件：ch08\8.15.html)

```
<div class="mt-3">
  <h3 align="center">标题中添加徽章</h3>
  <h1>标题 1 <span class="badge bg-secondary">徽章</span></h1>
  <h2>标题 2 <span class="badge bg-secondary">徽章</span></h2>
  <h3>标题 3 <span class="badge bg-secondary">徽章</span></h3>
  <h4>标题 4 <span class="badge bg-secondary">徽章</span></h4>
  <h5>标题 5 <span class="badge bg-secondary">徽章</span></h5>
  <h6>标题 6 <span class="badge bg-secondary">徽章</span></h6>
</div>
```

程序运行结果如图 8-16 所示。

图 8-16　徽章效果

徽章可以添加在链接或按钮中用作计数器。

实例 16：设计按钮徽章(案例文件：ch08\8.16.html)

```
<h3 align="center">按钮、链接中添加徽章</h3>
<button type="button" class="btn btn-primary">
   按钮<span class="badge bg-dark ml-4">1</span>
</button>
<button type="button" class="btn btn-danger">
   按钮<span class="badge bg-dark ml-4">2</span>
</button>
<button type="button" class="btn btn-success">
   链接<span class="badge bg-dark ml-4">3</span>
</button>
<a href="#" class="btn btn-warning">
   链接<span class="badge bg-dark ml-4">4</span>
</a>
```

程序运行结果如图 8-17 所示。

图 8-17　按钮徽章效果

提示

徽章不仅可以在标题、链接和按钮中添加，还可以根据场景在其他元素中添加，以实现想要的效果。

8.3.2　设置颜色

Bootstrap 5.X 中为徽章定制了一系列的颜色类，其含义如下：

(1)　bg-primary：主要，通过醒目的色彩(深蓝色)，提示浏览者注意阅读。

(2)　bg-secondary：次要，通过灰色的视觉变化进行提示。

(3) bg-success：成功，通过积极的亮绿色，表示成功或积极的动作。
(4) bg-danger：危险，通过红色，提醒危险操作信息。
(5) bg-warning：警告，通过黄色，提醒应该谨慎操作。
(6) bg-info：信息，通过浅蓝色，提醒有重要的信息。
(7) bg-light：明亮的白色。
(8) bg-dark：深色。

实例 17： 设置徽章的颜色(案例文件：ch08\8.17.html)

```
<h3 align="center">设置徽章的颜色</h3>
<span class="badge bg-primary">主要</span>
<span class="badge bg-secondary">次要</span>
<span class="badge bg-success">成功</span>
<span class="badge bg-danger">危险</span>
<span class="badge bg-warning">警告</span>
<span class="badge bg-info">信息</span>
<span class="badge bg-light">明亮</span>
<span class="badge bg-dark">深黑色</span>
```

程序运行结果如图 8-18 所示。

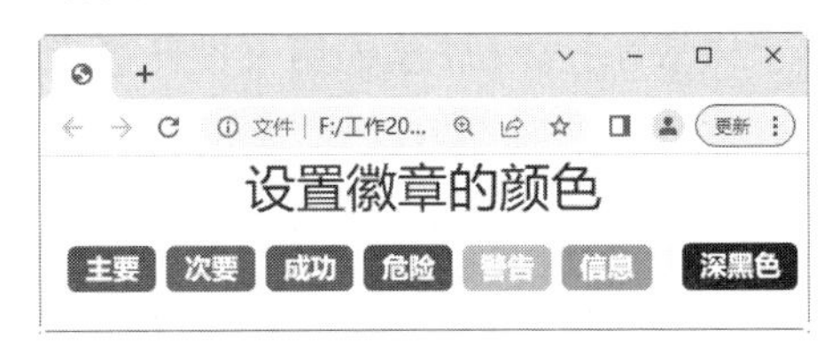

图 8-18　徽章颜色效果

8.3.3　椭圆形徽章

椭圆形徽章是 Bootstrap 5.X 中的一个新样式，使用.rounded-pill 类进行定义。.rounded-pill 类的代码如下：

```
.rounded-pill {
  border-radius: 50rem !important;
}
```

设置水平内边距和较大的圆角边框，可以使徽章看起来更圆润。

实例 18： 设计椭圆形徽章(案例文件：ch08\8.18.html)

```
<h3 align="center">椭圆形徽章</h3>
<span class="badge rounded-pill bg-primary">主要</span>
<span class="badge rounded-pill bg-secondary">次要</span>
<span class="badge rounded-pill bg-success">成功</span>
<span class="badge rounded-pill bg-danger">危险</span>
<span class="badge rounded-pill bg-warning">警告</span>
<span class="badge rounded-pill bg-info">信息</span>
<span class="badge rounded-pill bg-light text-primary">明亮</span>
<span class="badge rounded-pill bg-dark">深色</span>
```

程序运行结果如图 8-19 所示。

图 8-19　椭圆形徽章效果

8.4　进　度　条

Bootstrap 提供了简单、漂亮、多色的进度条。其中具有条纹和动画效果的进度条，使用 CSS3 的渐变、透明度和动画效果来实现。

8.4.1　定义进度条

在 Bootstrap 中，进度条一般由嵌套的两层结构标签构成，外层标签引入.progress 类，用来设计进度槽；内层标签引入.progress-bar 类，用来设计进度条。基本结构如下：

```
<div class="progress">
   <div class="progress-bar"></div>
</div>
```

在进度条中使用 width 样式属性设置进度条的进度，也可以使用 Bootstrap 5.X 中提供的设置宽度的通用样式，例如 w-25、w-50、w-75 等。

实例 19：设计进度条效果(案例文件：ch08\8.19.html)

```
<h3 align="center">进度条</h3>
<div class="progress">
   <div class="progress-bar w-25"></div>
</div><br/>
<div class="progress">
   <div class="progress-bar w-50"></div>
</div><br/>
<div class="progress">
   <div class="progress-bar w-75"></div>
</div>
```

程序运行结果如图 8-20 所示。

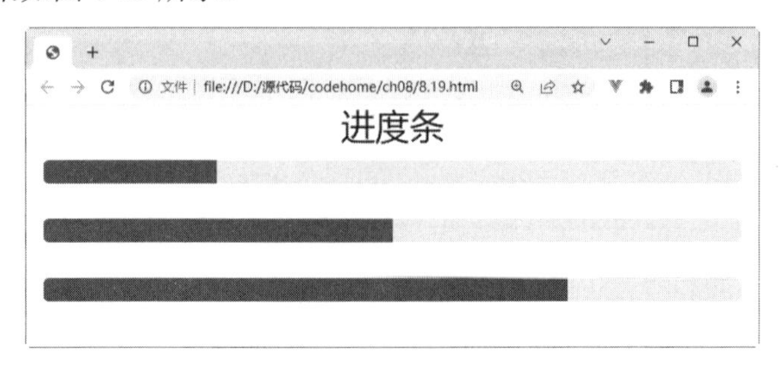

图 8-20　进度条效果

8.4.2　设计进度条样式

下面使用 Bootstrap 5.X 中的通用样式来设计进度条。

1. 添加标签

将文本内容放在.progress-bar 类容器中，可实现标签效果，可以设置进度条的具体进度，一般以百分比表示。

实例 20： 添加进度条的标签(案例文件：ch08\8.20.html)

```
<h3 align="center">添加进度条的标签</h3>
<div class="progress">
   <div class="progress-bar w-25">25%</div>
</div><br/>
<div class="progress">
   <div class="progress-bar w-50">50%</div>
</div><br/>
<div class="progress">
   <div class="progress-bar w-75">75%</div>
</div>
```

程序运行结果如图 8-21 所示。

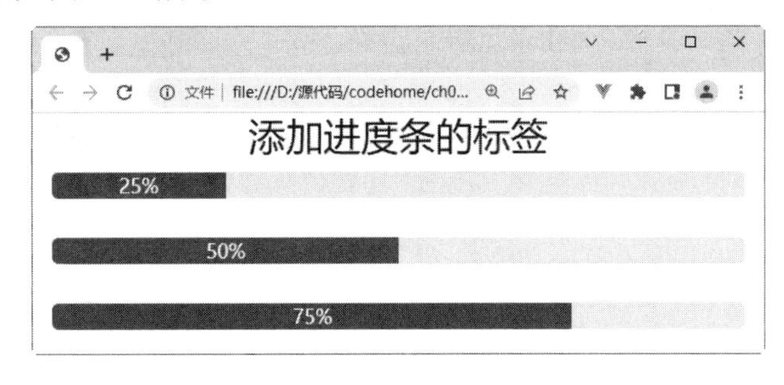

图 8-21　添加标签效果

2. 设置高度

通过设置 height 的值，进度条会自动调整高度。

实例 21： 设置进度条的高度(案例文件：ch08\8.21.html)

```
<h3 align="center">设置进度条的高度</h3>
<!--默认高度-->
<div class="progress">
   <div class="progress-bar w-50">75%</div>
</div><br/>
<!--设置进度条的高度为 40px-->
<div class="progress" style="height:40px">
   <div class="progress-bar w-50">50%</div>
</div>
```

程序运行结果如图 8-22 所示。

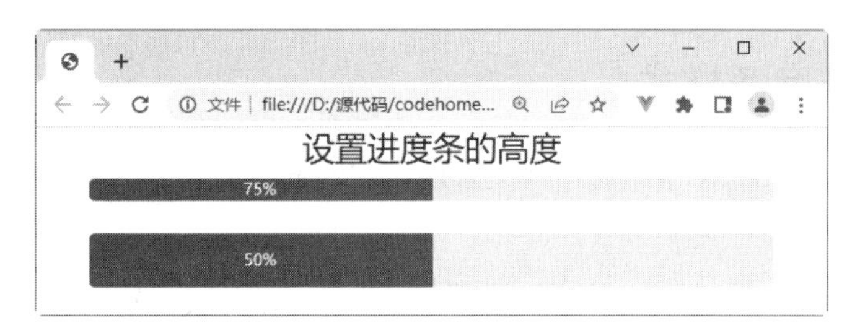

图 8-22　设置进度条高度的效果

3. 设置背景色

进度条的背景色可以使用 Bootstrap 通用的样式 bg-*类来设置。*代表 primary、secondary、success、danger、warning、info、light 和 dark。

实例 22：设置进度条的背景色(案例文件：ch08\8.22.html)

```
<h3 align="center">设置进度条的背景色</h3>
<div class="progress">
   <div class="progress-bar bg-success" style="width: 25%"></div>
</div><br/>
<div class="progress">
   <div class="progress-bar bg-info" style="width: 50%"></div>
</div><br/>
<div class="progress">
   <div class="progress-bar bg-warning" style="width: 75%"></div>
</div><br/>
<div class="progress">
   <div class="progress-bar bg-danger" style="width: 100%"></div>
</div>
```

程序运行结果如图 8-23 所示。

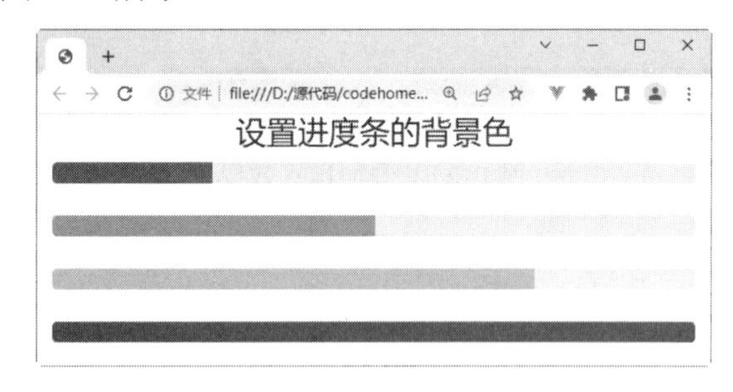

图 8-23　设置进度条的背景色

8.4.3　设计进度条风格

进度条的风格包括多进度条进度、条纹进度条和动画条纹进度条。

1. 多进度条进度

如果有需要，可在进度槽中包含多个进度条。

实例 23：多进度条进度(案例文件：ch08\8.23.html)

```
<h4 align="center">多进度条进度</h4>
<div class="progress">
```

```
    <div class="progress-bar" style="width:20%;">20%</div>
    <div class="progress-bar bg-warning" style="width: 40%;">40%</div>
    <div class="progress-bar bg-info" style="width: 10%;">10%</div>
    <div class="progress-bar bg-danger " style="width: 30%;">30%</div>
</div>
```

程序运行结果如图 8-24 所示。

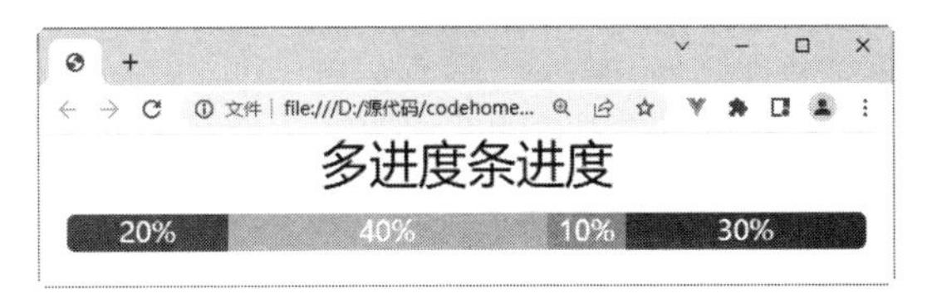

图 8-24　多进度条进度效果

2. 条纹进度条

将.progress-bar-striped 类添加到.progress-bar 容器上，可以使用 CSS 渐变为背景颜色添加条纹效果。

实例 24：设计条纹进度条(案例文件：ch08\8.24.html)

```
<h3 align="center">条纹进度条</h3>
<div class="progress">
    <div class="progress-bar w-25 progress-bar-striped">25%</div>
</div><br/>
<div class="progress">
    <div class="progress-bar w-50 progress-bar-striped">50%</div>
</div><br/>
<div class="progress">
    <div class="progress-bar w-75 progress-bar-striped">75%</div>
</div>
```

程序运行结果如图 8-25 所示。

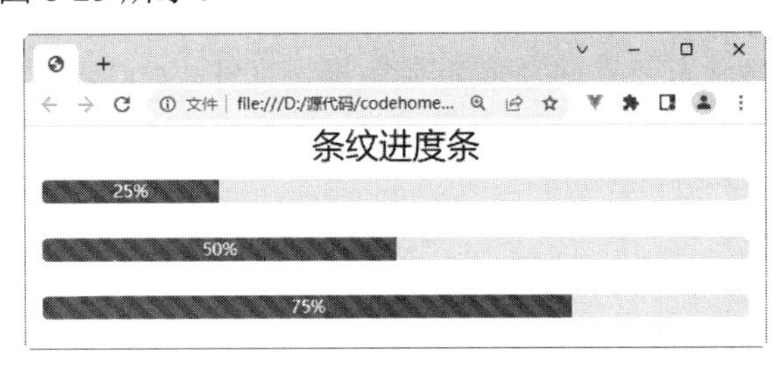

图 8-25　条纹进度条效果

3. 动画条纹进度条

条纹渐变也可以做成动画效果，将.progress-bar-animated 类加到.progress-bar 容器上，即可实现 CSS3 绘制的从右到左的动画效果。

实例 25：设计动画条纹进度条(案例文件：ch08\8.25.html)

```
<h3 align="center">动画条纹进度条</h3>
<div class="progress">
    <div class="progress-bar w-25 bg-success progress-bar-striped progress-
bar-animated"></div>
</div><br/>
```

```
<div class="progress">
    <div class="progress-bar w-50 bg-info progress-bar-striped progress-bar-animated"></div>
</div><br/>
<div class="progress">
    <div class="progress-bar w-75 bg-warning progress-bar-striped progress-bar-animated"></div>
</div><br/>
<div class="progress">
    <div class="progress-bar w-100 bg-danger progress-bar-striped progress-bar-animated"></div>
</div>
```

程序运行结果如图 8-26 所示。

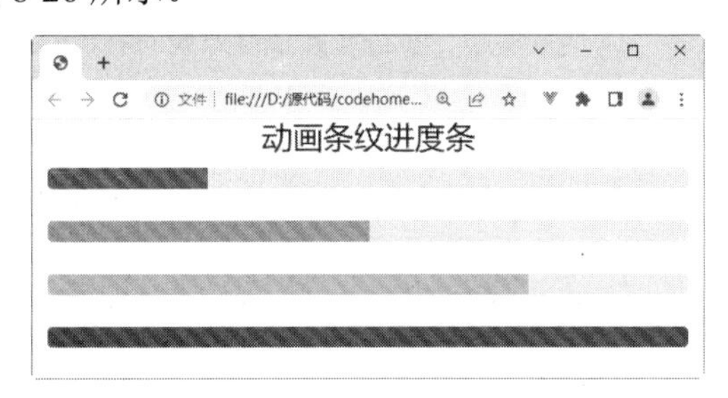

图 8-26　动画条纹进度条效果

8.5　案例实训——设计具有淡入效果的导航选项卡

本案例设计具有淡入效果的导航选项卡，切换 tab 栏中的每个选项可以更换对应内容框中的图片。

实例 26： 设计具有淡入效果的导航选项卡(案例文件：ch08\8.26.html)

```
<h3 align="center">淡入交互效果</h3>
<ul class="nav nav-pills">
    <li class="nav-item">
        <a class="nav-link active" data-bs-toggle="pill" href="#head">电脑办公</a>
    </li>
    <li class="nav-item">
        <a class="nav-link" data-bs-toggle="pill" href="#new">家用电器</a>
    </li>
    <li class="nav-item">
        <a class="nav-link" data-bs-toggle="pill" href="#template">旅行箱包</a>
    </li>
    <li class="nav-item">
        <a class="nav-link" data-bs-toggle="pill" href="#about">水果特产</a>
    </li>
</ul>
<div class="tab-content">
    <div class="tab-pane fade show active " id="head"><img src="2.jpg"></div>
    <div class="tab-pane fade " id="new"><img src="3.jpg"></div>
    <div class="tab-pane fade " id="template"><img src="4.jpg"></div>
    <div class="tab-pane fade " id="about"><img src="5.jpg"></div>
</div>
```

程序运行结果如图 8-27 所示。

图 8-27　具有淡入效果的导航选项卡

8.6　疑难问题解惑

疑问 1：如何在 Bootstrap 5.X 中设计超大屏幕效果？

Jumbotron(超大屏幕)是一个轻量、灵活的组件，可以选择性地扩展到整个视口，以展示网站上的重要内容。Jumbotron 会创建一个大的灰色背景框，里面可以设置一些特殊的内容和信息。

在 Bootstrap 5.X 中，已经不再支持 Jumbotron。但是，可以使用<div>元素添加一些辅助类与颜色类来实现相同的效果。

```
<div class="container mt-3">
    <div class="mt-4 p-5 bg-primary text-white rounded">
    <h1>云居山咏二首</h1>
    <p>半肩风雨半肩柴，竹杖芒鞋破碧崖。</p>
    <p>刚出岭头三五步，浑身都被乱云埋。</p>
    <p>经行仿佛近诸天，月上山衔半缺圆。</p>
    <p>听得上方相对话，星辰莫阂五峰巅。</p>
    </div>
</div>
```

程序运行结果如图 8-28 所示。

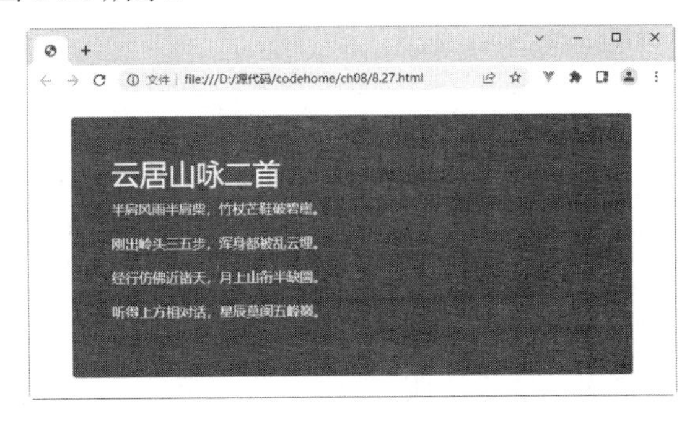

图 8-28　超大屏幕效果

疑问 2：如何设置导航两端对齐效果？

在 Bootstrap 5.X 中可以使用.nav-justified 类来设计标签页或胶囊式标签呈现两端对齐的效果。例如以下代码：

```
<ul class="nav nav-tabs nav-justified" >
   <li class="active"><a href="#">经典教材</a></li>
   <li class="active"><a href="#">热门课程</a></li>
   <li class="active"><a href="#">技术支持</a></li>
   <li class="active"><a href="#">联系我们</a></li>
</ul>
```

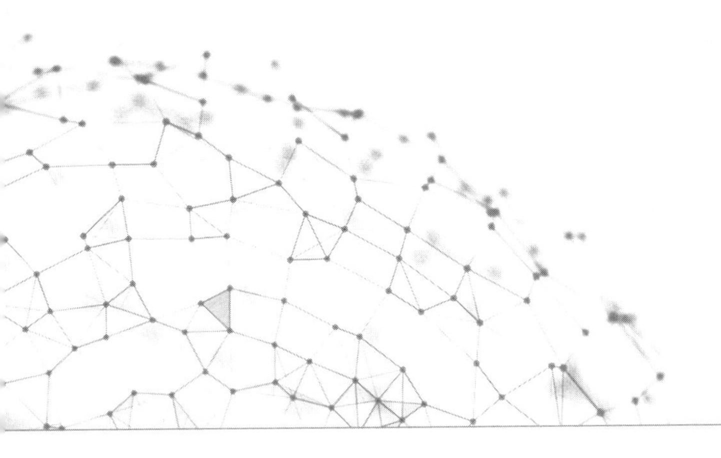

第9章 高级的CSS组件

Bootstrap 通过组合 HTML、CSS 和 JavaScript 代码，可以设计出丰富的流行组件，如导航栏、进度条、列表组、面包屑和分页效果。使用这些组件可以轻松地搭建出清新的界面，还可以提高用户的交互体验。本章重点学习这些组件的使用方法和技巧。

9.1 导 航 栏

导航栏是将商标、导航条以及其他元素组合在一起形成的，很容易扩展，而且在折叠插件的协助下，可以轻松地与其他内容整合。导航栏是网页设计中不可缺少的部分，是整个网站的控制中枢，在每个页面都会看到它，利用它可以方便地访问所需要的内容。

9.1.1 定义导航栏

在使用导航栏之前，应先了解以下几点内容：

(1) 导航栏可使用.navbar 类定义，并可以使用.navbar-expand{-sm|-md|-lg|-xl-xxl}定义响应式布局。在导航栏内，当屏幕宽度小于.navbar-expand{-sm|-md|-lg|-xxl}类指定的断点时，隐藏导航栏部分内容，这样就避免了在较窄的视图端口上堆叠显示内容。可以通过激活折叠组件来显示隐藏的内容。

(2) 导航栏默认内容是流式的，可以使用 container 容器限制水平宽度。

(3) 可以使用 Bootstrap 提供的边距和 Flex 布局样式定义导航栏中元素的间距和对齐方式。

(4) 导航栏默认支持响应式，也很容易修改，可以轻松地定义它们。

在 Bootstrap 中，导航栏组件是由许多子组件组成的，可以根据需要从中选择。导航栏组件包含的子组件如下：

(1) .navbar-brand：用于设置 Logo 或项目名称。

(2) .navbar-nav：提供轻便的导航，包括对下拉菜单的支持。

(3) .navbar-toggler：用于折叠插件和导航切换行为。

(4) .d-flex：用于控制操作表单。

(5) .navbar-text：对文本字符串的垂直对齐、水平间距作了处理优化。

(6) .collapse 和.navbar-collapse：用于通过父断点进行分组和隐藏导航列内容。

下面来分步介绍导航栏的组成部分。

1. Logo 和项目名称

.navbar-brand 类多用于设置 Logo 或项目名称。.navbar-brand 类可用于大多数元素，但对链接最有效，因为某些元素可能需要通用样式或自定义样式。

实例 1： 设置 Logo 和项目名称(案例文件：ch09\9.1.html)

```
<nav class="navbar navbar-light bg-light my-4">
    <a class="navbar-brand" href="#">惠丰商城</a>
</nav>
<nav class="navbar navbar-light bg-light">
    <a class="navbar-brand" href="#">
        <img src="1.jpg" width="30" alt="" >
    </a>
</nav>
<nav class="navbar navbar-light bg-light my-4">
    <a class="navbar-brand" href="#">
        <img src="1.jpg" width="30" alt="" >
        惠丰商城
    </a>
</nav>
```

程序运行结果如图 9-1 所示。

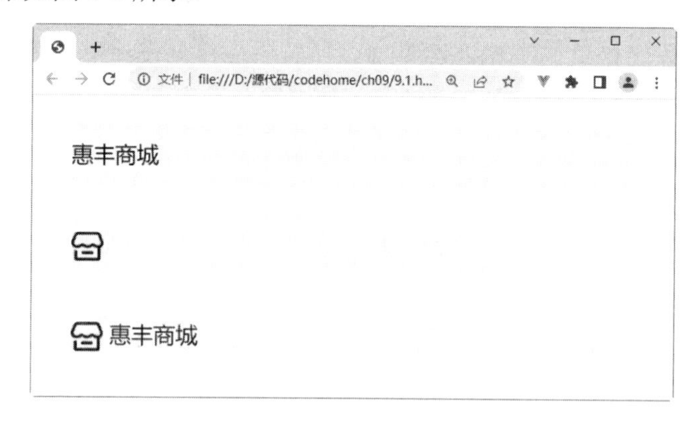

图 9-1　Logo 和项目名称效果

提示

将图像添加到.navbar-brand 类容器中，需要自定义样式或 Bootstrap 通用样式适当调整大小。

2. nav 导航

导航栏链接建立在导航组件(nav)上，可以使用导航专属的 Class 样式，并可以使用.navbar-toggler 类进行响应式切换。在导航栏中，可在.nav-link 或.nav-item 上添加.active 和.disabled 类，实现激活和禁用状态。

实例 2： 设计响应式 nav 导航(案例文件：ch09\9.2.html)

```
<nav class="navbar navbar-expand-md navbar-light bg-light">
   <a class="navbar-brand" href="#">惠丰商城</a>
   <button class="navbar-toggler" type="button" data-bs-toggle="collapse"
data-bs-target="#collapse">
      <span class="navbar-toggler-icon"></span>
   </button>
   <div class="collapse navbar-collapse" id="collapse">
      <ul class="navbar-nav">
         <li class="nav-item active">
            <a class="nav-link " href="#">热销电器</a>
         </li>
         <li class="nav-item">
            <a class="nav-link" href="#">热销服装</a>
         </li>
         <li class="nav-item">
            <a class="nav-link" href="#">热销玩具</a>
         </li>
         <li class="nav-item">
            <a class="nav-link disabled" href="#">联系我们</a>
         </li>
      </ul>
   </div>
</nav>
```

这里使用.disabled 类设置链接是不可点击的。

程序运行在中屏(≥768px)设备上显示的效果如图 9-2 所示；程序运行在小屏(<768px)设备上显示的效果如图 9-3 所示。

图 9-2　中屏(≥768px)设备上显示的效果

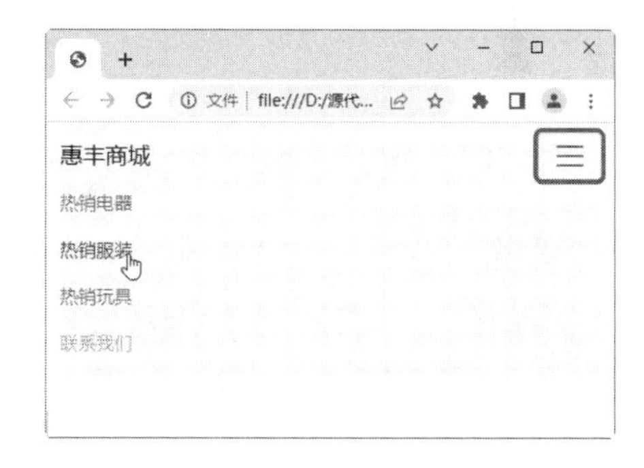

图 9-3　小屏(<768px)设备上显示的效果

还可以在导航栏中添加下拉菜单，具体看下面的代码。

实例 3： 添加下拉菜单(案例文件：ch09\9.3.html)

```
<nav class="navbar navbar-expand-md navbar-light bg-light">
   <a class="navbar-brand" href="#">惠丰商城</a>
   <button class="navbar-toggler" type="button" data-bs-toggle="collapse"
data-bs-target="#collapse">
      <span class="navbar-toggler-icon"></span>
   </button>
   <div class="collapse navbar-collapse" id="collapse">
      <ul class="navbar-nav">
         <li class="nav-item active">
            <a class="nav-link " href="#">热销电器</a>
         </li>
```

```
            <li class="nav-item dropdown">
                <a class="nav-link dropdown-toggle" href="#"
id="navbarDropdownMenuLink" data-bs-toggle="dropdown" aria-haspopup="true"
aria-expanded="false">热销水果</a>
                <div class="dropdown-menu" aria-
labelledby="navbarDropdownMenuLink">
                    <a class="dropdown-item" href="#">苹果</a>
                    <a class="dropdown-item" href="#">香蕉</a>
                    <a class="dropdown-item" href="#">橘子</a>
                </div>
            </li>
            <li class="nav-item">
                <a class="nav-link" href="#">联系我们</a>
            </li>
        </ul>
    </div>
</nav>
```

程序运行在中屏(≥768px)设备上显示的效果如图 9-4 所示；程序运行在小屏(<768px)设备上显示的效果如图 9-5 所示。

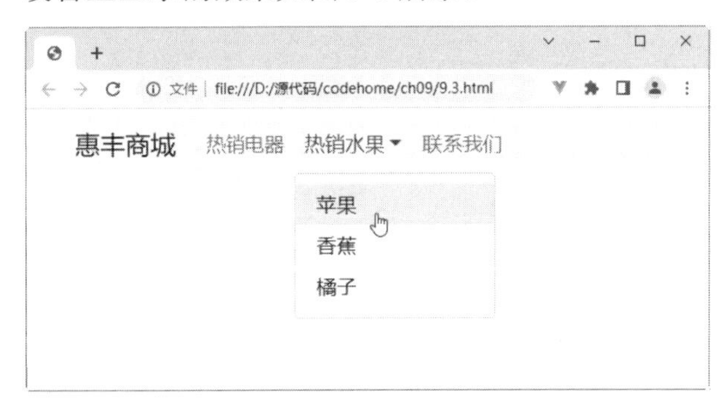

图 9-4　中屏(≥768px)设备上显示的效果

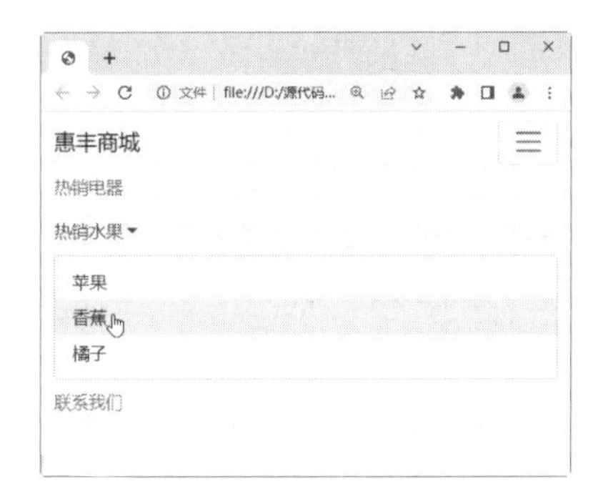

图 9-5　小屏(<768px)设备上显示的效果

3. 表单

在导航栏中，定义一个.d-flex 类容器，把各种表单控制元件和组件放置其中，然后使用 Flex 布局样式设置对齐方式。

实例 4： 在导航栏中添加表单元素(案例文件：ch09\9.4.html)

```
<nav class="navbar navbar-light bg-light justify-content-between">
    <a class="navbar-brand">惠丰商城</a>
    <form class="d-flex" role="search">
        <input class="me-sm-2" type="search" placeholder="搜索商品">
        <button class="btn btn-outline-success " type="submit">搜索</button>
    </form>
</nav>
```

程序运行结果如图 9-6 所示。

4. 处理 text 文本

使用.navbar-text 类容器来包裹文本，对文本字符串的垂直对齐、水平间距进行优化处理。

实例 5: 定义导航栏文本(案例文件：ch09\9.5.html)

```
<nav class="navbar navbar-light bg-light">
  <span class="navbar-text">带有内联元素的导航栏文本</span>
</nav>
```

程序运行结果如图 9-7 所示。

图 9-6　添加表单效果

图 9-7　text 文本处理效果

9.1.2　定位导航栏

使用 Bootstrap 提供的固定定位样式类，可以轻松地实现导航栏的固定定位。

(1)　.fixed-top：将导航栏定位到顶部。

(2)　.fixed-bottom：将导航栏定位到底部。

下面以.fixed-top 和.fixed-bottom 类为例，设置导航栏定位到顶部和底部的效果。

实例 6: 定位导航栏(案例文件：ch09\9.6.html)

```
<nav class="navbar navbar-light bg-light justify-content-between fixed-top">
    <a class="navbar-brand">水果商城</a>
    <form class="d-flex" role="search">
       <input class="me-sm-2" type="search" placeholder="搜索水果">
       <button class="btn btn-outline-success my-2 my-sm-0" type="submit">搜索
</button>
    </form>
</nav>
<nav class="navbar navbar-light bg-light justify-content-between fixed-
bottom">
    <a class="navbar-brand">蔬菜商城</a>
    <form class="d-flex" role="search">
       <input class="me-sm-2" type="search" placeholder="搜索蔬菜">
       <button class="btn btn-outline-success my-2 my-sm-0" type="submit">搜索
</button>
    </form>
</nav>
```

程序运行结果如图 9-8 所示。

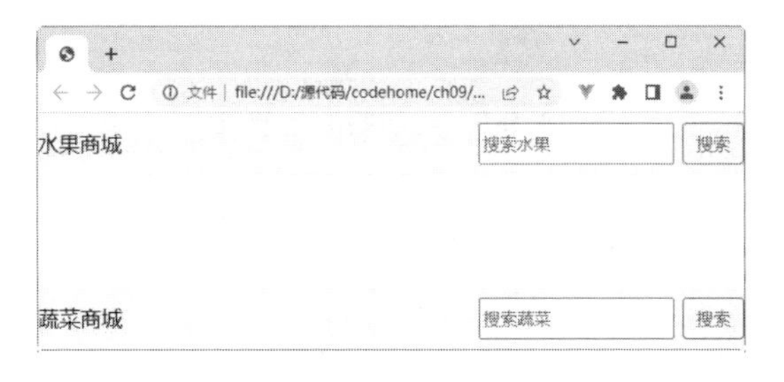

图 9-8　定位顶部和底部导航栏效果

9.1.3 设计导航栏的颜色

导航栏的配色方案和主题选择基于主题类和背景通用样式类定义，选择.navbar-light 类来定义导航颜色 (黑色背景，白色文字)，也可以用.navbar-dark 定义深色背景，然后再使用背景.bg-*类进行定义。

实例 7：设计导航栏的颜色(案例文件：ch09\9.7.html)

```
<h3 align="center">设计导航栏的颜色</h3>
<nav class="navbar navbar-expand-md navbar-dark bg-dark">
    <a class="navbar-brand me-auto" href="#">惠丰商城</a>
    <form class="d-flex">
        <input class="me-sm-2" type="search" placeholder="搜索热销电器">
        <button class="btn btn-outline-light me-sm-2 my-2 my-sm-0"
type="submit">搜索</button>
    </form>
</nav>
<nav class="navbar navbar-expand-md navbar-dark bg-info my-2">
    <a class="navbar-brand me-auto" href="#">惠丰商城</a>
    <form class="d-flex">
        <input class="me-sm-2" type="search" placeholder="搜索热销水果">
        <button class="btn btn-outline-light me-sm-2 my-2 my-sm-0"
type="submit">搜索</button>
    </form>
</nav>
<nav class="navbar navbar-expand-md navbar-light" style="background-color: #e3f3fd;">
    <a class="navbar-brand me-auto" href="#">惠丰商城</a>
    <form class="d-flex">
        <input class="me-sm-2" type="search" placeholder="搜索热销蔬菜">
        <button class="btn btn-outline-success me-sm-2 my-2 my-sm-0"
type="submit">搜索</button>
    </form>
</nav>
```

程序运行结果如图 9-9 所示。

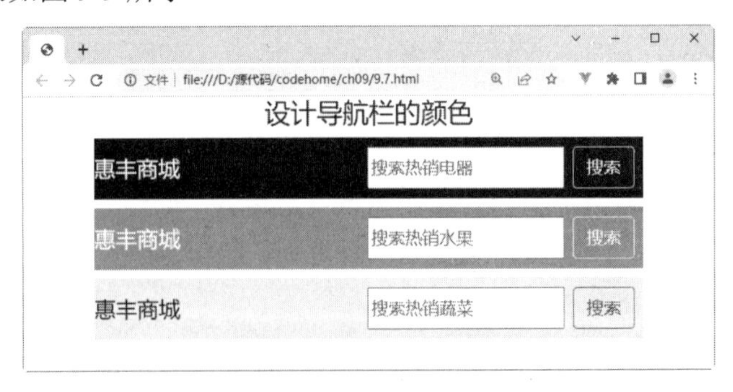

图 9-9 导航栏配色效果

9.2 列 表 组

列表组是一个灵活且强大的组件，不仅可以用来显示简单的元素列表，还可以通过定义来显示复杂的内容。

9.2.1　定义列表组

最基本的列表组就是在<ul>元素上添加.list-group 类，在<li>元素上添加.list-group-item 类和.list-group-item-action 类。.list-group-item 类设计列表项的字体颜色、宽度和对齐方式，.list-group-item-action 类设计列表项在悬浮时的浅灰色背景。

实例 8： 定义列表组(案例文件：ch09\9.8.html)

```
<h3 align="center">列表组</h3>
<ul class="list-group">
    <li class="list-group-item list-group-item-action">江南行 张潮〔唐代〕</li>
    <li class="list-group-item list-group-item-action">1.茨菰叶烂别西湾</li>
    <li class="list-group-item list-group-item-action">2.莲子花开犹未还</li>
    <li class="list-group-item list-group-item-action">3.妾梦不离江水上</li>
    <li class="list-group-item list-group-item-action">4.人传郎在凤凰山</li>
</ul>
```

程序运行结果如图 9-10 所示。

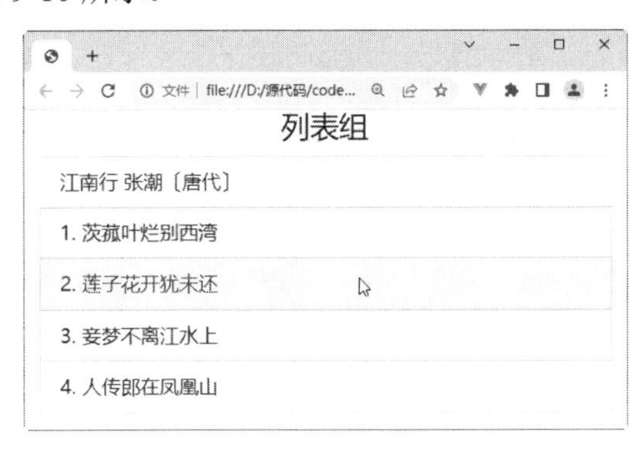

图 9-10　列表组效果

9.2.2　设计列表组的风格样式

Bootstrap 为列表组设置了不同的风格样式，可以根据场景选择使用。

1. 激活和禁用状态

可添加.active 类或.disabled 类到.list-group 下的其中一行或多行，以指示其为激活或禁用状态。

实例 9： 激活和禁用列表组(案例文件：ch09\9.9.html)

```
<h3 align="center">激活和禁用状态</h3>
<ul class="list-group">
    <li class="list-group-item">江南行 张潮〔唐代〕</li>
    <li class="list-group-item active">1.茨菰叶烂别西湾(激活状态)</li>
    <li class="list-group-item active">2.莲子花开犹未还(激活状态)</li>
    <li class="list-group-item disabled">3.妾梦不离江水上(禁用状态)</li>
    <li class="list-group-item disabled">4.人传郎在凤凰山(禁用状态)</li>
</ul>
```

程序运行结果如图 9-11 所示。

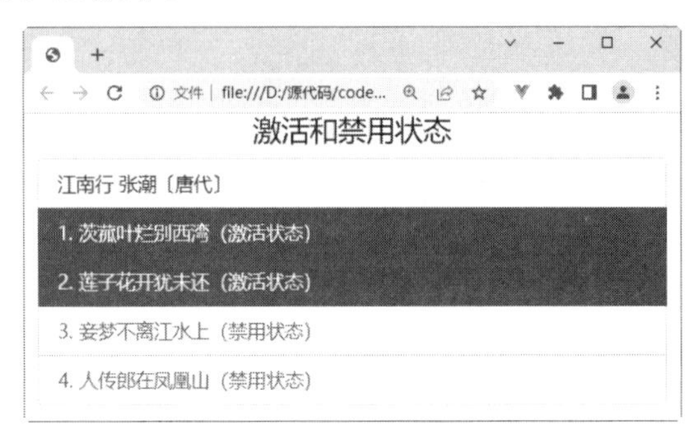

图 9-11　激活和禁用效果

2. 去除边框和圆角

在列表组中加入.list-group-flush 类，可以移除部分边框和圆角，从而产生边缘贴齐的列表组，这在与卡片组件结合使用时很实用，会有更好的呈现效果。

实例 10：去除边框和圆角(案例文件：ch09\9.10.html)

```
<h3 align="center">去除边框和圆角</h3>
<ul class="list-group list-group-flush">
    <li class="list-group-item list-group-item-action">江南行 张潮〔唐代〕</li>
    <li class="list-group-item list-group-item-action">1. 茨菰叶烂别西湾</li>
    <li class="list-group-item list-group-item-action">2. 莲子花开犹未还</li>
    <li class="list-group-item list-group-item-action">3. 妾梦不离江水上</li>
   <li class="list-group-item list-group-item-action">4. 人传郎在凤凰山</li>
</ul>
```

程序运行结果如图 9-12 所示。

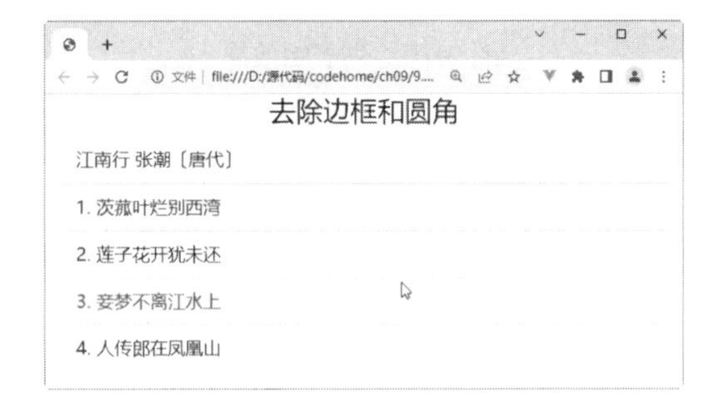

图 9-12　去除边框和圆角效果

3. 设计列表项的颜色

设计列表项的颜色类有.list-group-item-success、.list-group-item-secondary、.list-group-item-info、.list-group-item-warning、.list-group-item-danger、.list-group-item-dark 和.list-group-item-light。这些颜色类包括背景色和文字颜色，可以选择合适的类来设置列表项的背景色和文字颜色。

实例 11：设置列表项的颜色(案例文件：ch09\9.11.html)

```
<h3 align="center">列表项的背景和文字颜色</h3>
```

```
<ul class="list-group">
    <li class="list-group-item list-group-item-primary">西湖南北烟波阔</li>
    <li class="list-group-item list-group-item-secondary">风里丝簧声韵咽</li>
    <li class="list-group-item list-group-item-success">舞余裙带绿双垂</li>
    <li class="list-group-item list-group-item-danger">酒入香腮红一抹</li>
    <li class="list-group-item list-group-item-warning">杯深不觉琉璃滑</li>
    <li class="list-group-item list-group-item-info">贪看六幺花十八</li>
    <li class="list-group-item list-group-item-light">明朝车马各西东</li>
    <li class="list-group-item list-group-item-dark">惆怅画桥风与月</li>
</ul>
```

程序运行结果如图 9-13 所示。

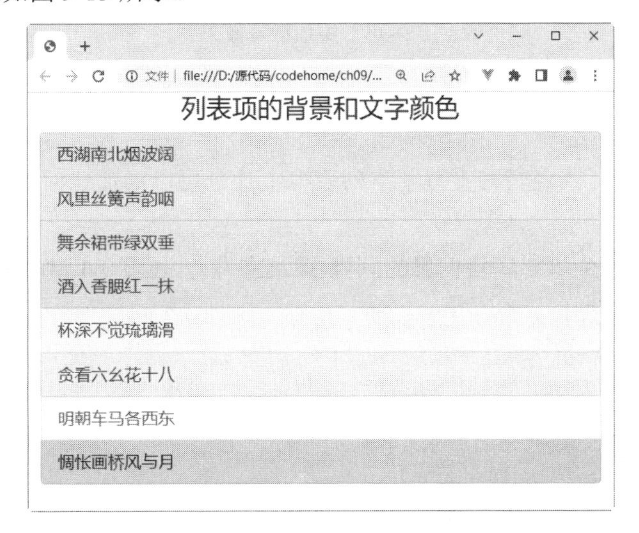

图 9-13　列表项的颜色效果

4. 添加徽章

在列表项中添加.badge 类(徽章类)可以设计徽章效果。

实例 12：在列表项中添加徽章(案例文件：ch09\9.12.html)

```
<h3 align="center">添加徽章</h3>
<h5>各个部门的人数：</h5>
<ul class="list-group">
    <li class="list-group-item d-flex justify-content-between align-items-center">
        技术部门
        <span class="badge bg-primary rounded-pill">28</span>
    </li>
    <li class="list-group-item d-flex justify-content-between align-items-center">
        研发部门
        <span class="badge bg-primary rounded-pill">36</span>
    </li>
    <li class="list-group-item d-flex justify-content-between align-items-center">
        销售部门
        <span class="badge bg-primary rounded-pill">68</span>
    </li>
</ul>
```

程序运行结果如图 9-14 所示。

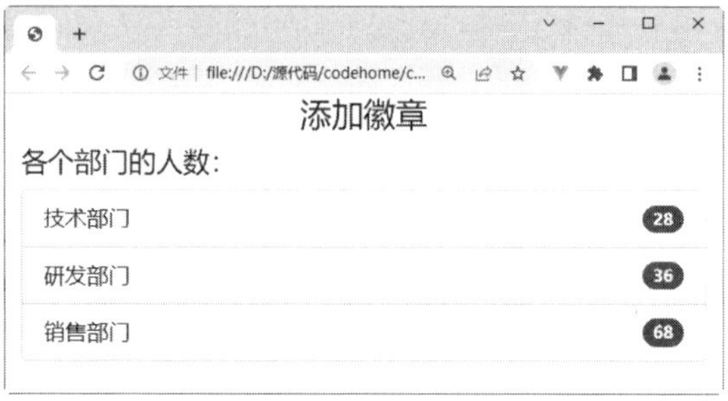

图 9-14　添加徽章效果

9.2.3　定制内容

在 Flexbox 通用样式定义的支持下，列表组中几乎可以添加任何 HTML 内容，包括标签、内容和链接等。

实例 13：定制一个水果销售信息的列表(案例文件：ch09\9.13.html)

```
<h3 align="center">水果销售信息表</h3>
<div class="list-group">
    <a href="#" class="list-group-item list-group-item-action active">
        <div class="d-flex w-100 justify-content-between">
            <h5 class="mb-1">水果名称</h5>
            <small>销售时间</small>
        </div>
        <p class="mb-1">销售数量</p>
        <p>库存总量</p>
    </a>
    <a href="#" class="list-group-item list-group-item-action">
        <div class="d-flex w-100 justify-content-between">
            <h5 class="mb-1">苹果</h5>
            <small class="text-muted">3 月 16 号</small>
        </div>
        <p class="mb-1">160 箱</p>
        <p>1800 箱</p>
    </a>
    <a href="#" class="list-group-item list-group-item-action">
        <div class="d-flex w-100 justify-content-between">
            <h5 class="mb-1">香蕉</h5>
            <small class="text-muted">3 月 17 号</small>
        </div>
        <p class="mb-1">180 箱</p>
        <p>2000 箱</p>
    </a>
</div>
```

程序运行结果如图 9-15 所示。

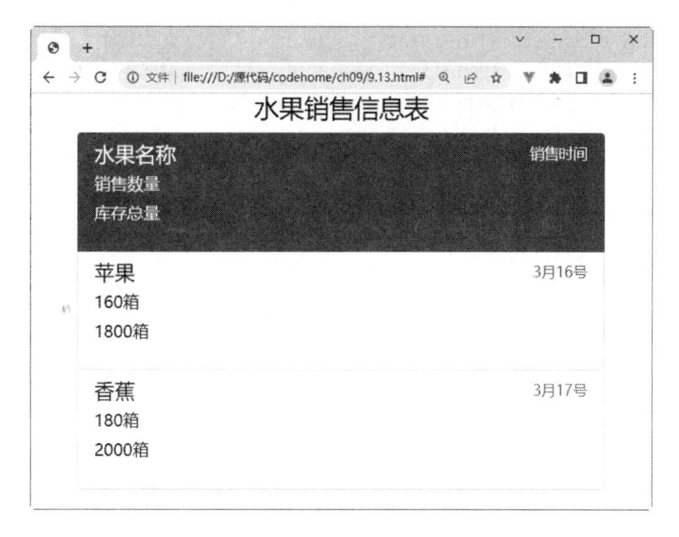

图 9-15　定制内容效果

9.3　面　包　屑

通过 Bootstrap 的内置 CSS 样式，可以自动添加分隔符，并呈现导航层次和网页结构，从而指示当前页面的位置，为访客创造优秀的用户体验。

9.3.1　定义面包屑

面包屑(Breadcrumbs)是一种基于网站层次信息的显示方式。Bootstrap 中的面包屑是一个带有.breadcrumb 类的列表，分隔符通过 CSS 中的::before 和 content 来添加，代码如下：

```
.breadcrumb-item + .breadcrumb-item::before {
  float: left;
  padding-right: 0.5rem;
  color: #6c757d;
  content: var(--bs-breadcrumb-divider, "/") /* rtl: var(--bs-breadcrumb-
divider, "/") */;
}
```

实例 14：设计面包屑效果(案例文件：ch09\9.14.html)

```
<h2 align="center">面包屑效果</h2>
<nav aria-label="breadcrumb">
    <ol class="breadcrumb">
        <li class="breadcrumb-item active">首页</li>
    </ol>
</nav>
<nav aria-label="breadcrumb">
    <ol class="breadcrumb">
        <li class="breadcrumb-item"><a href="#">首页</a></li>
        <li class="breadcrumb-item active">热销水果</li>
    </ol>
</nav>
<nav aria-label="breadcrumb">
    <ol class="breadcrumb">
```

```
        <li class="breadcrumb-item"><a href="#">首页</a></li>
        <li class="breadcrumb-item"><a href="#">热销水果</a></li>
        <li class="breadcrumb-item active">葡萄</li>
    </ol>
</nav>
```

程序运行结果如图 9-16 所示。

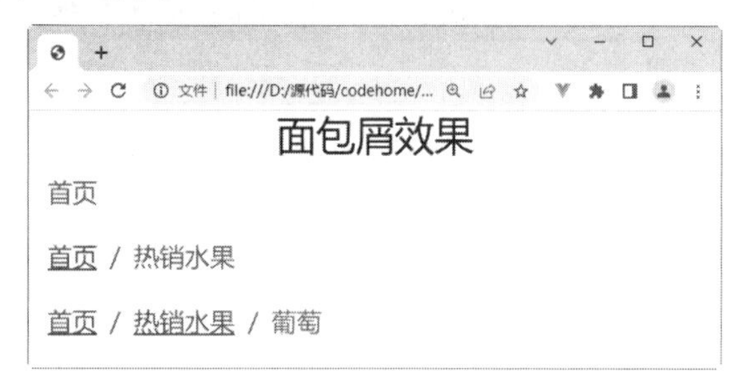

图 9-16　面包屑效果

9.3.2　设计分隔符

分隔符通过::before 和 CSS 中的 content 自动添加，如果想设置不同的分隔符，可以在 CSS 文件中添加以下代码覆盖 Bootstrap 中的样式：

```
.breadcrumb-item + .breadcrumb-item::before {
    display: inline-block;
    padding-right: 0.5rem;
    color: #6c757d;
    content: ">";
}
```

通过修改其中的 content:" ";来设计不同的分隔符，这里更改为“>”符号。

实例 15：设计面包屑分隔符(案例文件：ch09\9.15.html)

```
<style>
.breadcrumb-item + .breadcrumb-item::before {
    display: inline-block;
    padding-right: 0.5rem;
    color: #6c757d;
    content: ">";
}
</style>
<body class="container">
<h2 align="center">设计面包屑的分隔符</h2>
<nav aria-label="breadcrumb">
    <ol class="breadcrumb">
        <li class="breadcrumb-item active">首页</li>
    </ol>
</nav>
<nav aria-label="breadcrumb">
    <ol class="breadcrumb">
        <li class="breadcrumb-item"><a href="#">首页</a></li>
        <li class="breadcrumb-item active">热销水果</li>
    </ol>
</nav>
<nav aria-label="breadcrumb">
```

```
    <ol class="breadcrumb">
        <li class="breadcrumb-item"><a href="#">首页</a></li>
        <li class="breadcrumb-item"><a href="#">热销水果</a></li>
        <li class="breadcrumb-item active">苹果</li>
    </ol>
</nav>
</body>
```

程序运行结果如图 9-17 所示。

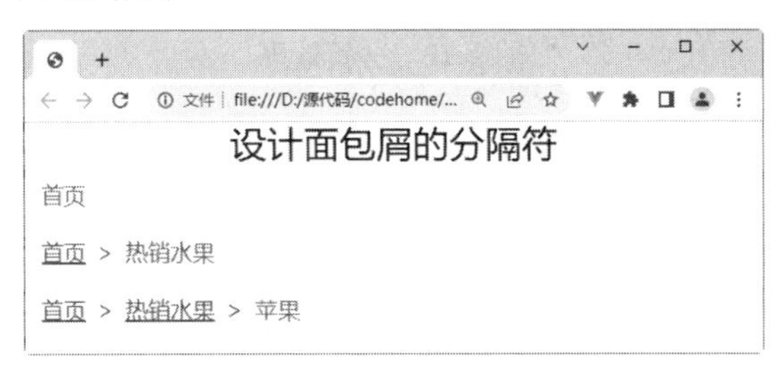

图 9-17　设计面包屑的分隔符

9.4　分 页 效 果

在网页开发过程中，如果碰到内容过多的情况，一般都会使用分页处理。

9.4.1　定义分页

使用 Bootstrap 可以很简单地实现分页效果，在<ul>元素上添加.pagination 类，然后在<li>元素上添加.page-item 类，在超链接中添加.page-link 类，即可实现一个简单的分页。

基本结构如下：

```
<ul class="pagination">
    <li class="page-item"><a class="page-link" href="#">Previous</a></li>
    <li class="page-item"><a class="page-link" href="#">1</a></li>
    <li class="page-item"><a class="page-link" href="#">2</a></li>
    <li class="page-item"><a class="page-link" href="#">3</a></li>
    <li class="page-item"><a class="page-link" href="#">Next</a></li>
</ul>
```

在 Bootstrap 5.X 中，一般情况都是使用<ul>来设计分页，但也可以使用其他元素。

实例 16： 定义分页效果(案例文件：ch09\9.16.html)

```
<h3 align="center">定义分页</h3>
<ul class="pagination">
    <li class="page-item"><a class="page-link" href="#">首页</a></li>
    <li class="page-item"><a class="page-link" href="#">上一页</a></li>
    <li class="page-item"><a class="page-link" href="#">1</a></li>
    <li class="page-item"><a class="page-link" href="#">2</a></li>
    <li class="page-item"><a class="page-link" href="#">3</a></li>
    <li class="page-item"><a class="page-link" href="#">4</a></li>
    <li class="page-item"><a class="page-link" href="#">下一页</a></li>
    <li class="page-item"><a class="page-link" href="#">尾页</a></li>
</ul>
```

程序运行结果如图 9-18 所示。

图 9-18　分页效果

9.4.2　使用图标

在分页中，可以使用图标来代替“上一页”或“下一页”。上一页使用“«”图标来设计，下一页使用“»”图标来设计。当然，还可以使用字体图标库中的图标来设计，例如 Font Awesome 图标库。

实例 17：在分页中使用图标(案例文件：ch09\9.17.html)

```
<h3 align="center">在分页中使用图标</h3>
<ul class="pagination">
    <li class="page-item"><a class="page-link" href="#">首页</a></li>
    <li class="page-item">
        <a class="page-link" href="#"><span>&laquo;</span></a>
    </li>
    <li class="page-item"><a class="page-link" href="#">1</a></li>
    <li class="page-item"><a class="page-link" href="#">2</a></li>
    <li class="page-item"><a class="page-link" href="#">3</a></li>
    <li class="page-item"><a class="page-link" href="#">4</a></li>
    <li class="page-item"><a class="page-link" href="#">5</a></li>
    <li class="page-item">
        <a class="page-link" href="#"><span >&raquo;</span></a>
    </li>
    <li class="page-item"><a class="page-link" href="#">尾页</a></li>
</ul>
```

程序运行结果如图 9-19 所示。

图 9-19　使用图标效果

9.4.3　设计分页风格

1. 设置大小

Bootstrap 中提供了下面两个类来设置分页的大小：

(1) pagination-lg：大号分页样式。

(2) pagination-sm：小号分页样式。

实例 18： 设置分页的大小(案例文件：ch09\9.18.html)

```
<h3 align="center">大号分页样式</h3>
<!--大号分页效果-->
<ul class="pagination pagination-lg">
    <li class="page-item"><a class="page-link" href="#">首页</a></li>
    <li class="page-item">
        <a class="page-link" href="#"><span>&laquo;</span></a>
    </li>
    <li class="page-item"><a class="page-link" href="#">1</a></li>
    <li class="page-item"><a class="page-link" href="#">2</a></li>
    <li class="page-item"><a class="page-link" href="#">3</a></li>
    <li class="page-item"><a class="page-link" href="#">4</a></li>
    <li class="page-item"><a class="page-link" href="#">5</a></li>
    <li class="page-item">
        <a class="page-link" href="#"><span >&raquo;</span></a>
    </li>
    <li class="page-item"><a class="page-link" href="#">尾页</a></li>
</ul>
<h3 align="center">默认分页样式</h3>
<!--默认分页效果-->
<ul class="pagination">
    <li class="page-item"><a class="page-link" href="#">首页</a></li>
    <li class="page-item">
        <a class="page-link" href="#"><span>&laquo;</span></a>
    </li>
    <li class="page-item"><a class="page-link" href="#">1</a></li>
    <li class="page-item"><a class="page-link" href="#">2</a></li>
    <li class="page-item"><a class="page-link" href="#">3</a></li>
    <li class="page-item"><a class="page-link" href="#">4</a></li>
    <li class="page-item"><a class="page-link" href="#">5</a></li>
    <li class="page-item">
        <a class="page-link" href="#"><span >&raquo;</span></a>
    </li>
    <li class="page-item"><a class="page-link" href="#">尾页</a></li>
</ul>
<!--小号分页效果-->
<h3 align="center">小号分页样式</h3>
<ul class="pagination pagination-sm">
    <li class="page-item"><a class="page-link" href="#">首页</a></li>
    <li class="page-item">
        <a class="page-link" href="#"><span>&laquo;</span></a>
    </li>
    <li class="page-item"><a class="page-link" href="#">1</a></li>
    <li class="page-item"><a class="page-link" href="#">2</a></li>
    <li class="page-item"><a class="page-link" href="#">3</a></li>
    <li class="page-item"><a class="page-link" href="#">4</a></li>
    <li class="page-item"><a class="page-link" href="#">5</a></li>
    <li class="page-item">
        <a class="page-link" href="#"><span >&raquo;</span></a>
    </li>
    <li class="page-item"><a class="page-link" href="#">尾页</a></li>
</ul>
```

程序运行结果如图 9-20 所示。

图 9-20　分页大小效果

2. 激活和禁用分页项

可以使用 active 类来高亮显示当前所在的分页项，使用 disabled 类设置禁用的分页项。

实例 19： 激活和禁用分页项(案例文件：ch09\9.19.html)

```
<h3 align="center">激活和禁用分页项</h3>
<ul class="pagination">
    <li class="page-item"><a class="page-link" href="#">首页</a></li>
    <li class="page-item">
        <a class="page-link" href="#"><span>&laquo;</span></a>
    </li>
    <li class="page-item active"><a class="page-link" href="#">1</a></li>
    <li class="page-item"><a class="page-link" href="#">2</a></li>
    <li class="page-item"><a class="page-link" href="#">3</a></li>
    <li class="page-item"><a class="page-link" href="#">4</a></li>
    <li class="page-item disabled"><a class="page-link" href="#">5</a></li>
    <li class="page-item">
        <a class="page-link" href="#"><span >&raquo;</span></a>
    </li>
    <li class="page-item"><a class="page-link" href="#">尾页</a></li>
</ul>
```

程序运行结果如图 9-21 所示。

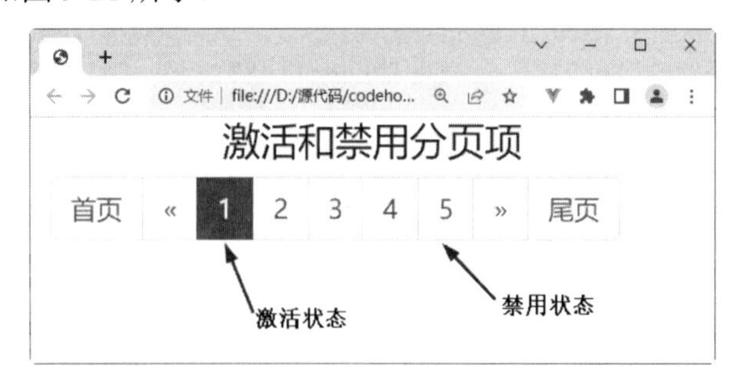

图 9-21　激活和禁用分页项效果

3. 设置对齐方式

默认状态下，分页是左对齐，可以使用 Flexbox 弹性布局通用样式来设置分页组件的居中对齐和右对齐。.justify-content-center 类设置居中对齐，.justify-content-end 类设置右对齐。

实例 20： 设置分页的对齐方式(案例文件：ch09\9.20.html)

```
<h3>默认对齐(左对齐)</h3>
<ul class="pagination mb-5 ">
    <li class="page-item"><a class="page-link" href="#">首页</a></li>
    <li class="page-item">
        <a class="page-link" href="#"><span>&laquo;</span></a>
    </li>
    <li class="page-item"><a class="page-link" href="#">1</a></li>
    <li class="page-item active"><a class="page-link" href="#">2</a></li>
    <li class="page-item"><a class="page-link" href="#">3</a></li>
    <li class="page-item"><a class="page-link" href="#">4</a></li>
    <li class="page-item"><a class="page-link" href="#">5</a></li>
    <li class="page-item">
        <a class="page-link" href="#"><span >&raquo;</span></a>
    </li>
    <li class="page-item"><a class="page-link" href="#">尾页</a></li>
</ul>
<h3 align="center">居中对齐</h3>
<ul class="pagination mb-5 justify-content-center">
    <li class="page-item"><a class="page-link" href="#">首页</a></li>
    <li class="page-item">
        <a class="page-link" href="#"><span>&laquo;</span></a>
    </li>
    <li class="page-item"><a class="page-link" href="#">1</a></li>
    <li class="page-item active"><a class="page-link" href="#">2</a></li>
    <li class="page-item"><a class="page-link" href="#">3</a></li>
    <li class="page-item"><a class="page-link" href="#">4</a></li>
    <li class="page-item"><a class="page-link" href="#">5</a></li>
    <li class="page-item">
        <a class="page-link" href="#"><span >&raquo;</span></a>
    </li>
    <li class="page-item"><a class="page-link" href="#">尾页</a></li>
</ul>
<h3 align="right">右对齐</h3>
<ul class="pagination justify-content-end">
    <li class="page-item"><a class="page-link" href="#">首页</a></li>
    <li class="page-item">
        <a class="page-link" href="#"><span>&laquo;</span></a>
    </li>
    <li class="page-item"><a class="page-link" href="#">1</a></li>
    <li class="page-item active"><a class="page-link" href="#">2</a></li>
    <li class="page-item"><a class="page-link" href="#">3</a></li>
    <li class="page-item"><a class="page-link" href="#">4</a></li>
    <li class="page-item"><a class="page-link" href="#">5</a></li>
    <li class="page-item">
        <a class="page-link" href="#"><span >&raquo;</span></a>
    </li>
    <li class="page-item"><a class="page-link" href="#">尾页</a></li>
</ul>
```

程序运行结果如图 9-22 所示。

图 9-22　对齐效果

9.5　案例实训——设计企业招聘表页面

综合使用本章所学知识，设计企业招聘表页面。

实例 21：设计企业招聘表页面(案例文件：ch09\9.21.html)

```
<h3 align="center">企业招聘表</h3>
<div class="list-group">
   <a href="#" class="list-group-item list-group-item-action active">
      <div class="d-flex w-100 justify-content-between">
         <h5 class="mb-1">公司名称</h5>
         <small>发布时间</small>
      </div>
      <p class="mb-1">描述</p>
      <p>薪资</p>
   </a>
   <a href="#" class="list-group-item list-group-item-action">
      <div class="d-flex w-100 justify-content-between">
         <h5 class="mb-1">墨韵设计公司</h5>
         <small class="text-muted">10 月 1 号</small>
      </div>
      <p class="mb-1">因为业务发展的需要，先招聘两名设计师，要求大专以上学历...</p>
      <p>6k—9k</p>
   </a>
   <a href="#" class="list-group-item list-group-item-action">
      <div class="d-flex w-100 justify-content-between">
         <h5 class="mb-1">程龙软件开发有限公司</h5>
         <small class="text-muted">11 月 1 号</small>
      </div>
      <p class="mb-1">本公司位于北京，现招一位 Java 开发工程师，要求有 5 年以上工作经
验...</p>
      <p>9k-15k</p>
   </a>
</div>
```

程序运行结果如图 9-23 所示。

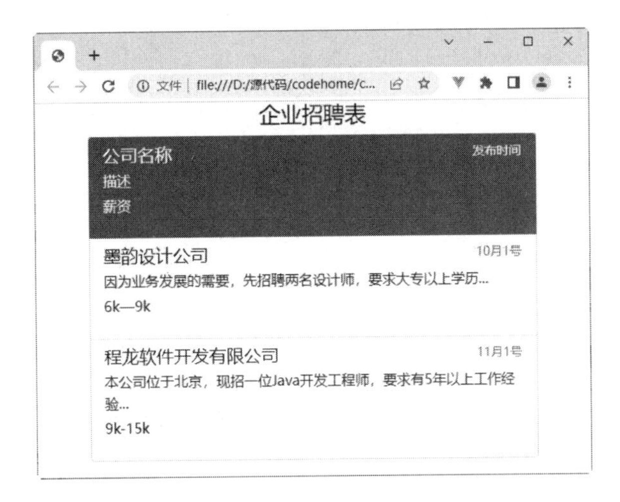

图 9-23　企业招聘表页面

9.6　疑难问题解答

疑问 1：如何让导航栏居中显示？

在 Bootstrap 5.X 中，通过添加.justify-content-center 类，可以创建居中对齐的导航栏:

```
<nav class="navbar navbar-expand-sm bg-light justify-content-center"></nav>
```

疑问 2：如何创建水平列表组？

在 Bootstrap 5.X 中，将.list-group-horizontal 类添加到.list-grou 类后面，即可创建水平列表组：

```
<ul class="list-group list-group-horizontal">
  <li class="list-group-item">第一项</li>
  <li class="list-group-item">第二项</li>
  <li class="list-group-item">第三项</li>
  <li class="list-group-item">第四项</li>
</ul>
```

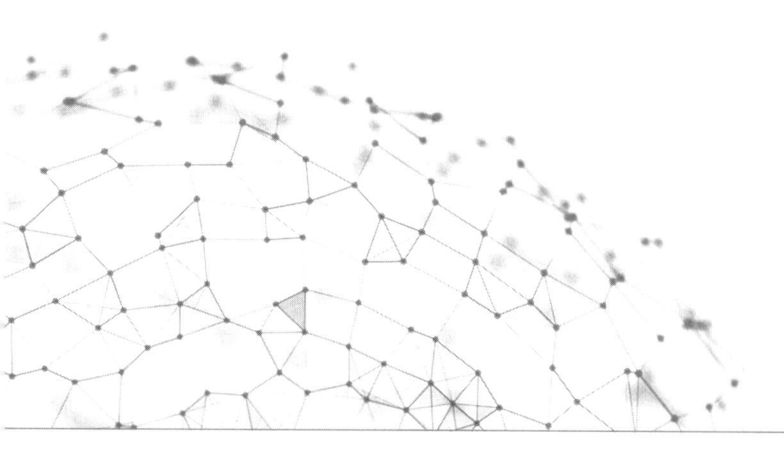

第 10 章

卡片、旋转器和手风琴组件

Bootstrap 5.X 中包含的卡片组件是一个灵活的、可扩展的内容器，由可选的卡片头和卡片脚、一个大范围的内容、上下文背景色以及强大的显示选项组成。Bootstrap 5.X 中还包含旋转器的加载特效，用于指示控件或页面的加载状态。Bootstrap 5.X 新增了手风琴组件，用于后台面板垂直导航菜单、前台折叠清息等。本章将重点学习卡片、旋转器和手风琴组件的使用方法和技巧。

10.1 卡 片 内 容

用 Bootstrap 5.X 中的.card 与.card-body 类可以创建一个简单的卡片，卡片可以包含头部、内容、底部以及各种颜色设置。

10.1.1 卡片的标题、主体、文本和超链接

卡片支持多种多样的内容，包括标题、主体、文本和超链接，可以组合这些内容。

(1) 卡片标题：使用.card-title(标题)和.card-subtitle(小标题)构建卡片标题。

(2) 卡片主体：使用.card-body 构建卡片主体内容。

(3) 卡片文本：使用.card-text 设置文本内容。

(4) 卡片超链接：使用.card-link 设置超链接。

实例 1： 定义卡片(案例文件：ch10\10.1.html)

```
<h3 align="center">定义卡片</h3>
<div class="container">
    <div class="card">
        <h1 class="card-title">卡片标题</h1>
        <h5 class="card-subtitle text-muted">小标题</h5>
        <div class="card-body">
            <p class="card-text">卡片主体内容</p>
            <a href="#" class="card-link">注册</a>
            <a href="#" class="card-link">登录</a>
        </div>
```

```
    </div>
</div>
```

程序运行结果如图 10-1 所示。

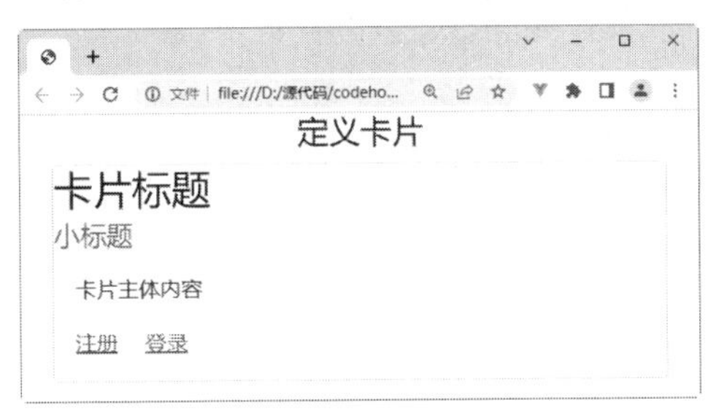

图 10-1　标题、文本和链接效果

10.1.2　卡片的图片

用.card-img-top 在卡片的顶部定义图片，用.card-text 在卡片中定义文字，当然也可以在.card-text 中设计个性化的 HTML 标签样式。

实例 2： 卡片中的图片(案例文件：ch10\10.2.html)

```
<h3 align="center">卡片中的图片</h3>
<div class="card float-left" style="width: 25rem;">
    <img src="1.jpg" class="card-img-top" alt="">
    <div class="card-body">
        <p class="card-text">葡萄为葡萄科木质藤本植物，小枝圆柱形，有纵棱纹，无毛或被稀疏柔毛，叶卵圆形，圆锥花序密集或疏散，果实为球形或椭圆形。</p>
    </div>
</div>
```

程序运行结果如图 10-2 所示。

图 10-2　图片效果

10.1.3　卡片的列表组

Bootstrap 中使用.list-group 构建列表组。

实例 3：构建列表组(案例文件：ch10\10.3.html)

```
<h3 align="center">列表组效果</h3>
<div class="card">
    <div class="card-header">水果列表</div>
    <ul class="list-group list-group-flush">
        <li class="list-group-item">1. 葡萄</li>
        <li class="list-group-item">2. 苹果</li>
        <li class="list-group-item">3. 香蕉</li>
        <li class="list-group-item">4. 橘子</li>
    </ul>
</div>
```

程序运行结果如图 10-3 所示。

图 10-3　列表组效果

10.1.4　卡片的页眉和页脚

使用.card-header 类创建卡片的页眉，使用.card-footer 类创建卡片的页脚。

实例 4：卡片的页眉和页脚(案例文件：ch10\10.4.html)

```
<h3 align="center">卡片的页眉和页脚</h3>
<div class="card text-center">
    <div class="card-header">热销水果
</div>
    <div class="card-body">
        <h5 class="card-title">热销水果的名
称</h5>
        <p class="card-text">1. 苹果</p>
        <p class="card-text">2. 香蕉</p>
        <p class="card-text">3. 西瓜</p>
        <p class="card-text">4. 葡萄</p>
        <a href="#" class="btn btn-
primary">购买</a>
    </div>
    <div class="card-footer">惠丰水果商城
</div>
</div>
```

程序运行结果如图 10-4 所示。

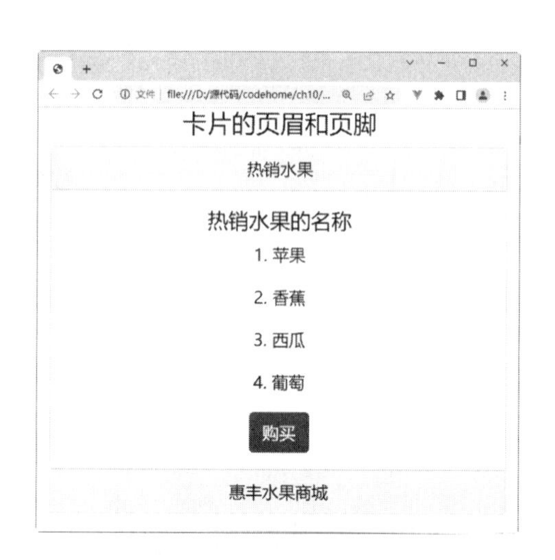

图 10-4　页眉和页脚效果

10.2　控制卡片的宽度

卡片没有固定宽度。默认情况下，卡片的真实宽度将是 100%。可以根据需要使用网格系统、宽度类或自定义 CSS 样式来设置卡片的宽度。

10.2.1　使用网格系统控制卡片的宽度

使用网格系统可以控制卡片的宽度。

实例 5： 使用网格系统控制卡片的宽度(案例文件：ch10\10.5.html)

```
<h2 align="center">使用网格系统控制卡片的宽度</h2>
<div class="row">
    <div class="col-sm-6">
        <div class="card">
            <div class="card-header">热销水果</div>
            <div class="card-body">苹果</div>
            <div class="card-footer">惠丰商城</div>
        </div>
    </div>
    <div class="col-sm-6">
        <div class="card">
            <div class="card-header">热销蔬菜</div>
            <div class="card-body">菠菜</div>
            <div class="card-footer">惠丰商城</div>
        </div>
    </div>
</div>
```

程序运行结果如图 10-5 所示。

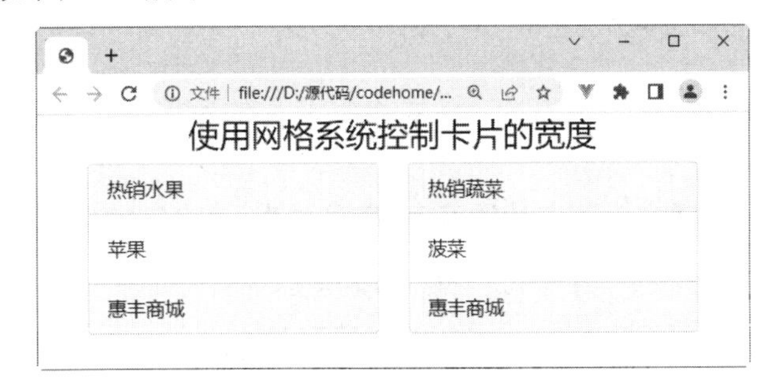

图 10-5　使用网格系统控制卡片的宽度

10.2.2　使用宽度类控制卡片的宽度

可以使用 Bootstrap 的宽度类(w-*)设置卡片的宽度，可以选择的宽度类包括.w-25、.w-50、.w-75、.w-100。

实例 6： 使用宽度类控制卡片的宽度(案例文件：ch10\10.6.html)

```
<div class="card w-50 float-start">
      <div class="card-header">热销水果</div>
```

```
        <ul class="list-group list-group-flush">
            <li class="list-group-item">1. 苹果</li>
            <li class="list-group-item">2. 香蕉</li>
            <li class="list-group-item">3. 柚子</li>
        </ul>
        <div class="card-footer">惠丰商城</div>
    </div>
    <div class="card w-50 float-start">
        <div class="card-header">热销蔬菜</div>
        <ul class="list-group list-group-flush">
            <li class="list-group-item">1. 菠菜</li>
            <li class="list-group-item">2. 韭菜</li>
            <li class="list-group-item">3. 西兰花</li>
        </ul>
        <div class="card-footer">惠丰商城</div>
    </div>
</div>
```

程序运行结果如图 10-6 所示。

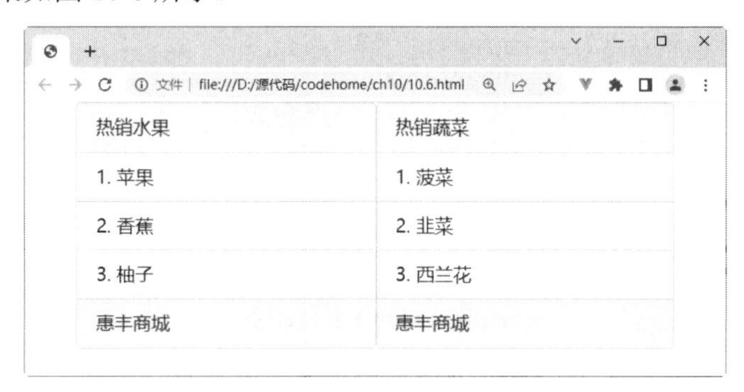

图 10-6　使用宽度类控制卡片的宽度

10.2.3　使用 CSS 样式控制卡片的宽度

下面使用样式表中的自定义 CSS 样式设置卡片的宽度，分别设置宽度为 15rem、20rem 和 40rem。

实例 7： 使用 CSS 样式控制卡片的宽度(案例文件：ch10\10.7.html)

```
<h2 align="center">使用 CSS 样式来控制卡片的宽度</h2>
<div class="card mb-3" style="width: 15rem">
    <div class="card-body">卡片主体的宽度(15rem)</div>
</div>
<div class="card mb-3" style="width: 20rem">
    <div class="card-body">卡片主体的宽度(20rem)</div>
</div>
<div class="card" style="width: 40rem">
    <div class="card-body">卡片主体的宽度(40rem)</div>
</div>
```

程序运行结果如图 10-7 所示。

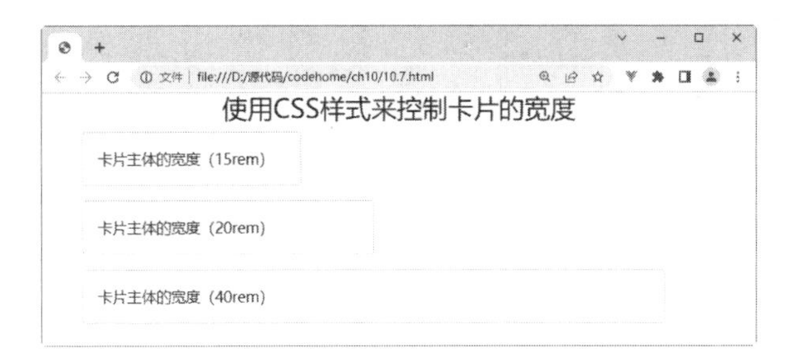

图 10-7　使用 CSS 样式控制卡片的宽度

10.3　卡片中文本的对齐方式

使用 Bootstrap 中的文本对齐类(text-center、text-start、text-end)可以设置卡片中内容的对齐方式。

实例 8： 卡片中文本的对齐方式(案例文件：ch10\10.8.html)

```
<h2 align="center">文本的对齐方式</h2>
<div>
   <div class="card-header text-start ">页眉(左对齐)</div>
   <div class="card-body text-center ">卡片的主体(居中对齐)</div>
   <div class="card-footer text-end ">页脚(右对齐)</div>
</div>
```

程序运行结果如图 10-8 所示。

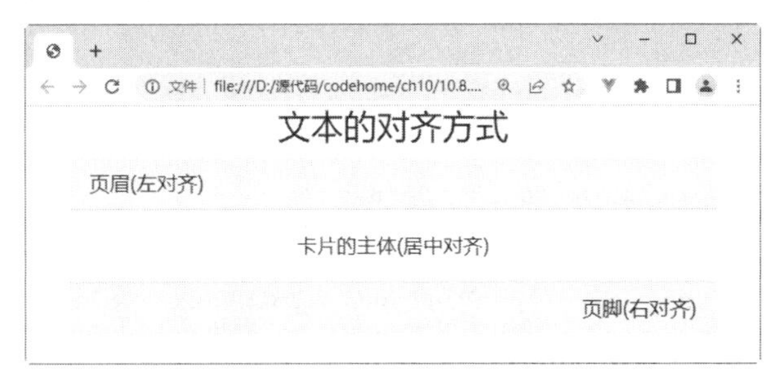

图 10-8　文本的对齐方式

10.4　卡片中添加导航

使用 Bootstrap 导航组件将导航元件添加到卡片的标题中。

实例 9： 卡片中添加导航(案例文件：ch10\10.9.html)

```
<h3 align="center">添加标签导航</h3>
<div class="card ">
   <div class="card-header">
      <ul class="nav nav-tabs card-header-tabs">
         <li class="nav-item">
            <a class="nav-link active" id="home-tab" data-bs-toggle="tab"
href="#nav1">家用电器</a>
```

```
          </li>
          <li class="nav-item">
             <a class="nav-link" id="profile-tab" data-bs-toggle="tab"
href="#nav2">数码相机</a>
          </li>
          <li class="nav-item">
             <a class="nav-link" id="contact-tab" data-bs-toggle="tab"
href="#nav3">手机电脑</a>
          </li>
          <li class="nav-item">
             <a class="nav-link" id="profile-tab" data-bs-toggle="tab"
href="#nav4">办公设备</a>
          </li>
          <li class="nav-item">
             <a class="nav-link" id="contact-tab" data-bs-toggle="tab"
href="#nav5">水果特产</a>
          </li>
       </ul>
    </div>
    <div class="card-body tab-content">
       <div class="tab-pane fade show active" id="nav1">
          <div class="card-body">
             <h5 class="card-title">家用电器</h5>
             <p class="card-text"><input type="text" class="form-
control"></p>
             <a href="#" class="btn btn-primary">搜索</a>
          </div>
       </div>
       <div class="tab-pane fade" id="nav2">
          <div class="card-body">
             <h5 class="card-title">数码相机</h5>
             <p class="card-text"><input type="text" class="form-
control"></p>
             <a href="#" class="btn btn-primary">搜索</a>
          </div>
       </div>
       <div class="tab-pane fade" id="nav3">
          <div class="card-body">
             <h5 class="card-title">手机电脑</h5>
             <p class="card-text"><input type="text" class="form-
control"></p>
             <a href="#" class="btn btn-primary">搜索</a>
          </div>
       </div>
       <div class="tab-pane fade" id="nav4">
          <div class="card-body">
             <h5 class="card-title">办公设备</h5>
             <p class="card-text"><input type="text" class="form-
control"></p>
             <a href="#" class="btn btn-primary">搜索</a>
          </div>
       </div>
       <div class="tab-pane fade" id="nav5">
          <div class="card-body">
             <h5 class="card-title">水果特产</h5>
             <p class="card-text"><input type="text" class="form-
control"></p>
             <a href="#" class="btn btn-primary">搜索</a>
          </div>
```

```
      </div>
    </div>
</div>
```

程序运行结果如图 10-9 所示。

图 10-9　添加导航效果

10.5　设计卡片的风格

卡片可以自定义背景、边框和各种选项的颜色。

10.5.1　设置卡片的背景颜色

卡片的背景颜色一共有 8 种，分别是 bg-primary、bg-secondary、bg-success、bg-danger、bg-warning、bg-info、bg-light 和 bg-dark。

实例 10：设置卡片的背景颜色(案例文件：ch10\10.10.html)

```
<h3 align="center">卡片的背景颜色</h3>
<div class="card text-white bg-primary mb-3">
   <div class="card-header">这里是 bg-primary</div>
</div>
<div class="card text-white bg-secondary mb-3">
   <div class="card-header">这里是 bg-secondary</div>
</div>
<div class="card text-white bg-success mb-3">
   <div class="card-header">这里是 bg-success</div>
</div>
<div class="card text-white bg-danger mb-3">
   <div class="card-header">这里是 bg-danger</div>
</div>
<div class="card text-white bg-warning mb-3">
   <div class="card-header">这里是 bg-warning</div>
</div>
<div class="card text-white bg-info mb-3">
   <div class="card-header">这里是 bg-info</div>
</div>
<div class="card text-dark bg-light mb-3">
   <div class="card-header">这里是 bg-light</div>
</div>
<div class="card text-white bg-dark mb-3">
   <div class="card-header">这里是 bg-dark</div>
</div>
```

程序运行结果如图 10-10 所示。

图 10-10　背景颜色效果

10.5.2　设置背景图像

将图像转换为卡片背景并覆盖卡片的文本。在图像中添加 card-img，设置包含.card-img-overlay 类容器，用于输入文本内容。

实例 11：设置背景图像(案例文件：ch10\10.11.html)

```
<h3 align="center">图像背景</h3>
<div class="card bg-dark text-white">
   <img src="2.jpg" class="card-img" alt="">
   <div class="card-img-overlay">
   <h3 class="card-title">早梅</h3>
   <p class="card-text">一树寒梅白玉条，迥临村路傍溪桥。</p>
   <p class="card-text">不知近水花先发，疑是经冬雪未销。</p>
   </div>
</div>
```

程序运行结果如图 10-11 所示。

图 10-11　图像背景

注意

内容不应超出图像的高度和宽度，如果内容超出图像，则内容将显示在图像之外。

10.5.3　卡片的边框颜色

使用边框(border-*)类可以设置卡片的边框颜色。

实例 12： 设置卡片的边框颜色(案例文件：ch10\10.12.html)

```
<h3 align="center">卡片的边框颜色</h3>
<div class="card border-primary mb-3">
   <div class="card-header text-primary"> border-primary 边框颜色</div>
</div>
<div class="card border-secondary mb-3">
   <div class="card-header text-secondary"> border-secondary 边框颜色</div>
</div>
<div class="card border-success mb-3">
   <div class="card-header text-success"> border-success 边框颜色</div>
</div>
<div class="card border-danger mb-3">
   <div class="card-header text-danger">border-danger 边框颜色</div>
</div>
<div class="card border-warning mb-3">
   <div class="card-header text-warning"> border-warning 边框颜色</div>
</div>
<div class="card border-info mb-3">
   <div class="card-header text-info"> border-info 边框颜色</div>
</div>
<div class="card border-light mb-3">
   <div class="card-header"> border-light 边框颜色</div>
</div>
<div class="card border-dark mb-3">
   <div class="card-header text-dark"> border-dark 边框颜色</div>
</div>
```

程序运行结果如图 10-12 所示。

图 10-12　各种边框颜色效果

10.5.4　设计卡片的样式

可以根据需要更改卡片页眉和页脚的边框，甚至可以使用.bg-transparent 类删除它们的背景颜色。

实例 13： 设计卡片的样式(案例文件：ch10\10.13.html)

```
<h3 align="center">设计卡片的样式</h3>
<div class="card border-success mb-3" style="max-width: 25rem;">
    <div class="card-header bg-transparent border-success text-center">惠丰商
城</div>
    <div class="card-body text-success">
        <h5 class="card-title">热销水果</h5>
        <p class="card-text">1. 苹果</p>
        <p class="card-text">2. 香蕉</p>
        <p class="card-text">3. 橘子</p>
        <p class="card-text">4. 葡萄</p>
    </div>
    <div class="card-footer bg-transparent border-success text-center">更多水
果</div>
</div>
```

程序运行结果如图 10-13 所示。

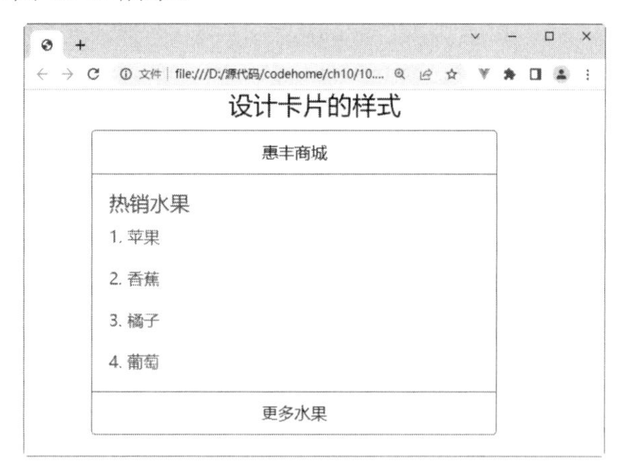

图 10-13　设计样式效果

10.6　卡 片 排 版

Bootstrap 除了可以对卡片的内容进行设计排版外，还有一系列布置选项，例如卡片组。使用卡片组类(.card-group)可以将多个卡片结为一个群组，然后使用 display: flex 来实现统一的布局，使它们具有相同宽度和高度的列。

实例 14： 使用卡片组排版(案例文件：ch10\10.14.html)

```
<h3 align="center">卡片组排版</h3>
<div class="card-group">
    <div class="card">
```

```
        <img src="1.jpg" class="card-img-top" >
        <div class="card-body">
            <h5 class="card-title">葡萄</h5>
            <p class="card-text"> 葡萄为葡萄科木质藤本植物，小枝圆柱形，有纵棱纹，无毛或
有稀疏绒毛，叶卵圆形，圆锥花序密集或疏散，果实球形或椭圆形。 </p>
        </div>
        <div class="card-footer">
            <small>惠丰商城</small>
        </div>
    </div>
    <div class="card">
        <img src="3.jpg" class="card-img-top">
        <div class="card-body">
            <h5 class="card-title">苹果</h5>
            <p class="card-text"> 苹果是落叶乔木，通常树木可高至 15 米，但栽培树木一般只
高 3-5 米左右。苹果树的开花期基于各地气候而定，但一般集中在 4-5 月份。</p>
        </div>
        <div class="card-footer">
            <small>惠丰商城</small>
        </div>
    </div>
    <div class="card">
        <img src="4.jpg" class="card-img-top">
        <div class="card-body">
            <h5 class="card-title">香蕉</h5>
            <p class="card-text">香蕉是芭蕉科植物。叶片长圆形。穗状花序下垂，苞片外面紫
红色，里面深红色。花乳白色或略带浅紫色，花片接近圆形。</p>
        </div>
        <div class="card-footer">
            <small>惠丰商城</small>
        </div>
    </div>
</div>
```

程序运行结果如图 10-14 所示。

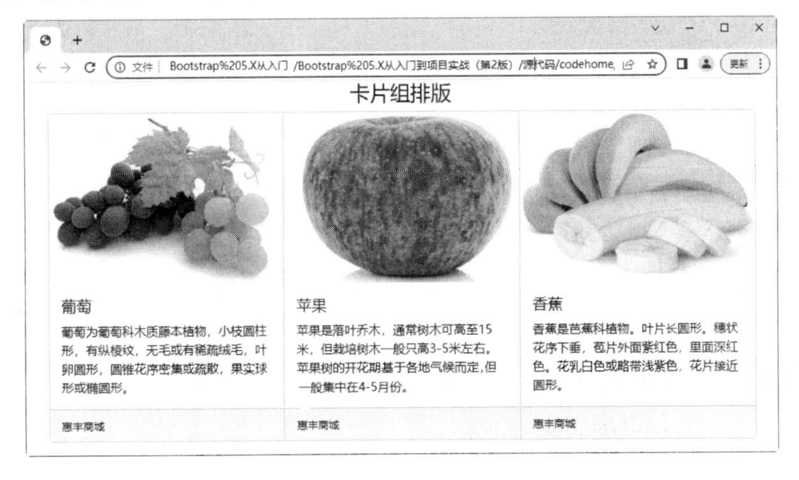

图 10-14　卡片组排版效果

提示

当使用带有页脚的卡片组时，它们的内容将自动对齐。

10.7 旋　转　器

旋转器基于纯 CSS 旋转特效类(.spinner-border)，用于指示控件或页面的加载状态。它们只使用 HTML 和 CSS 构建，这意味着不需要任何 JavaScript 来创建。但是，需要一些定制的 JavaScript 来切换它们的可见性，它们的外观、对齐方式和大小可以很容易使用 Bootstrap 的类进行定制。

10.7.1 定义旋转器

在 Bootstrap 5.X 中使用.spinner-border 类来定义旋转器。

```
<div class="spinner-border"></div>
```

如果不喜欢旋转特效，可以切换到“渐变缩放”效果，即从小到大地缩放冒泡特效，用.spinner-grow 类定义。

```
<div class="spinner-grow"></div>
```

两种不同的旋转器的显示状态分别如图 10-15、图 10-16 所示，可以看出两种旋转器的角度和大小都不同。

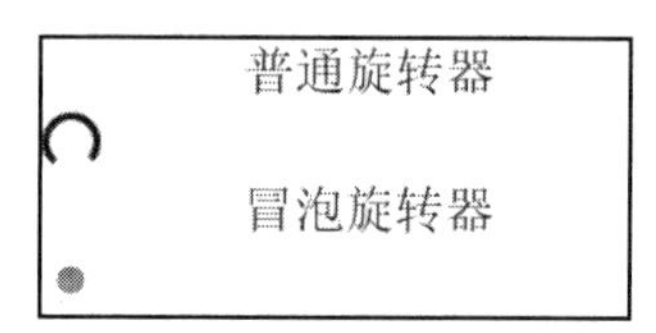

图 10-15　旋转器状态 1

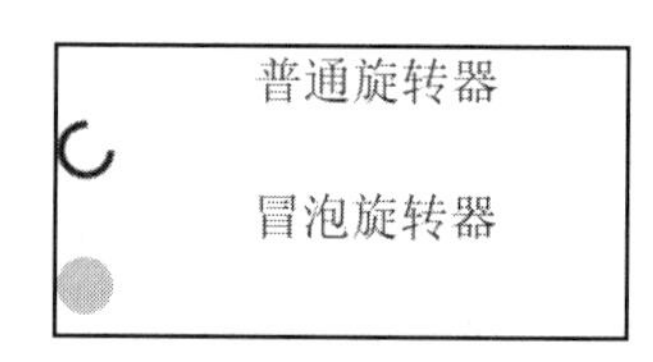

图 10-16　旋转器状态 2

10.7.2 设置旋转器风格

使用 Bootstrap 通用样式类设置旋转器的风格。

1. 设置颜色

旋转特效控件的颜色是基于 CSS 的 currentColor 属性继承 border-color，可以在标准旋转器上使用文本颜色类定义颜色。

实例 15： 设置旋转器的颜色(案例文件：ch10\10.15.html)

```
<h3 align="center">旋转器颜色</h3>
<div class="spinner-border text-primary"></div>
<div class="spinner-border text-secondary"></div>
<div class="spinner-border text-success"></div>
<div class="spinner-border text-danger"></div>
```

```
<div class="spinner-border text-warning"></div>
<div class="spinner-border text-info"></div>
<div class="spinner-border text-light"></div>
<div class="spinner-border text-dark"></div>
<h3 class="my-4">渐变缩放颜色</h3>
<div class="spinner-grow text-primary"></div>
<div class="spinner-grow text-secondary"></div>
<div class="spinner-grow text-success"></div>
<div class="spinner-grow text-danger"></div>
<div class="spinner-grow text-warning"></div>
<div class="spinner-grow text-info"></div>
<div class="spinner-grow text-light"></div>
<div class="spinner-grow text-dark"></div>
```

程序运行结果如图 10-17 所示。

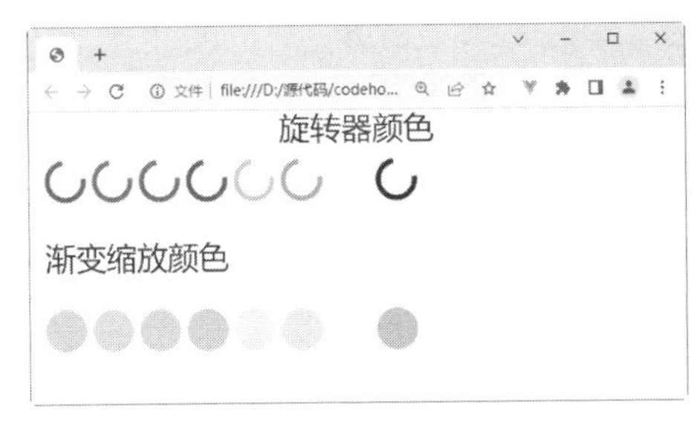

图 10-17　不同颜色效果

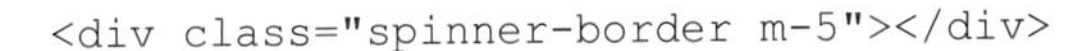

提示

可以使用 Bootstrap 的外边距类设置它的边距。下面设置为.m-5:

```
<div class="spinner-border m-5"></div>
```

2. 设置旋转器的大小

可以添加.spinner-border-sm 和.spinner-grow-sm 类来制作一个更小的旋转器。或者，根据需要自定义 CSS 样式来更改旋转器的大小。

实例 16：设置旋转器的大小(案例文件：ch10\10.16.html)

```
<h3 align="center">小的旋转器</h3>
<div class="spinner-border spinner-border-sm"></div>
<div class="spinner-grow spinner-grow-sm  ml-5"></div><hr/>
<h2 align="center">大的旋转器</h2>
<div class="spinner-border" style="width: 3rem; height: 3rem;"></div>
<div class="spinner-grow ml-5" style="width: 3rem; height: 3rem;"></div>
```

程序运行结果如图 10-18 所示。

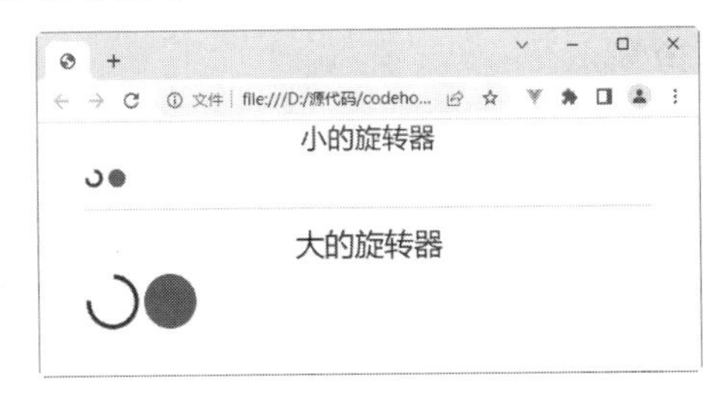

图 10-18　设置旋转器的大小

10.7.3 设置旋转器的对齐方式

使用 Flexbox 实用程序、Float 实用程序或文本对齐实用程序，可以将旋转器精确地放置在需要的位置上。

1. 使用 Flexbox 实用程序

下面使用 Flexbox 来设置水平对齐方式。

实例 17： 使用 Flexbox 设置水平对齐(案例文件：ch10\10.17.html)

```
<h3 align="center">默认对齐(左对齐)</h3>
<div class="d-flex">
    <div class="spinner-border"></div>
</div><hr>
<h3 align="center">居中对齐</h3>
<div class="d-flex justify-content-center">
    <div class="spinner-border"></div>
</div><hr>
<h3 align="right">右对齐</h3>
<div class="d-flex justify-content-end">
    <div class="spinner-border"></div>
</div>
```

程序运行结果如图 10-19 所示。

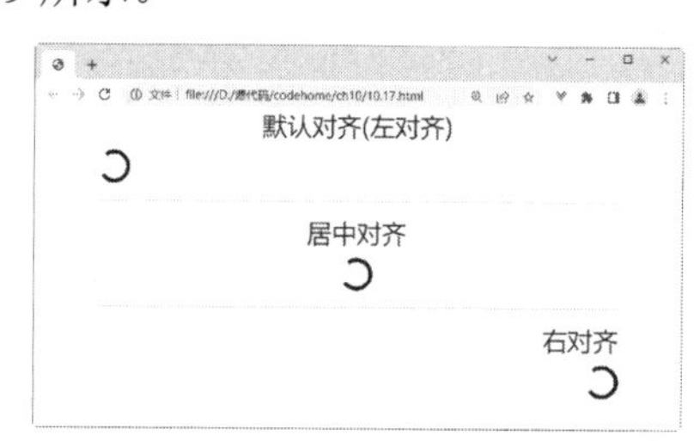

图 10-19 Flexbox 设置水平对齐效果

2. 使用 float-end 类设置右对齐

使用.float-end 类可以设置右对齐，并可在父元素中清除浮动，以免造成页面布局混乱。

实例 18： 使用.float-end 类设置右对齐(案例文件：ch10\10.18.html)

```
<h3 align="center">右对齐</h3>
<div class="clearfix">
    <div class="spinner-border float-end"></div>
</div>
```

程序运行结果如图 10-20 所示。

图 10-20 使用.float-end 类设置右对齐效果

3. 使用文本类设置旋转器的位置

使用 text-center、text-end 文本对齐类可以设置旋转器的位置。

实例 19： 使用文本对齐类设置旋转器的位置(案例文件：ch10\10.19.html)

```
<h3>默认对齐(左对齐)</h3>
<div>
    <div class="spinner-border"></div>
</div><hr/>
<h3 align="center">居中对齐</h3>
<div class="text-center">
    <div class="spinner-border"></div>
</div><hr/>
<h3 align="right">居右对齐</h3>
<div class="text-end">
    <div class="spinner-border"></div>
</div>
```

程序运行结果如图 10-21 所示。

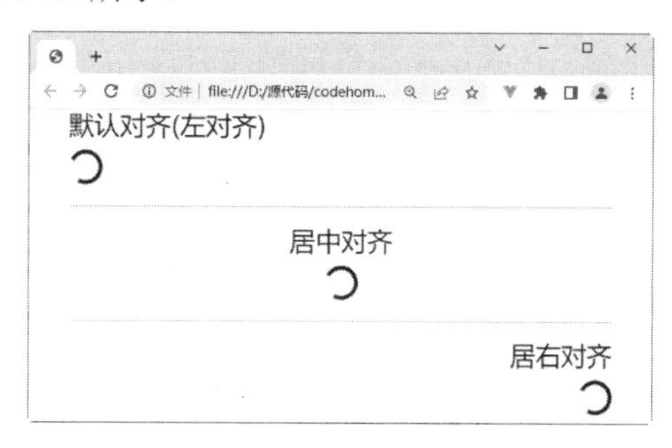

图 10-21　使用文本类对齐效果

10.7.4　按钮旋转器

在按钮中使用旋转器可以指示当前正在处理或正在进行的操作，还可以从旋转器元素中交换文本，并根据需要使用按钮文本。

实例 20： 按钮旋转器(案例文件：ch10\10.20.html)

```
<h3 align="center">按钮旋转器</h3>
<button class="btn btn-danger" type="button" disabled>
    <span class="spinner-border spinner-border-sm"></span>
</button>
<button class="btn btn-danger" type="button" disabled>
    <span class="spinner-border spinner-border-sm"></span>
    Loading...
</button><hr/>
<button class="btn btn-success" type="button" disabled>
    <span class="spinner-grow spinner-grow-sm"></span>
</button>
<button class="btn btn-success" type="button" disabled>
    <span class="spinner-grow spinner-grow-sm"></span>
    Loading...
</button>
```

程序运行结果如图 10-22 所示。

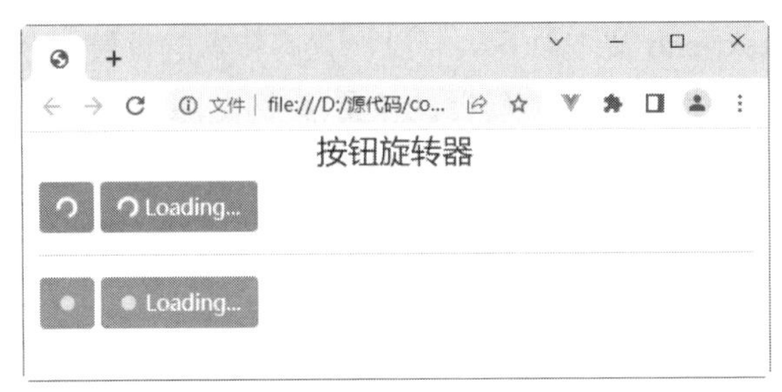

图 10-22　按钮旋转器效果

10.8　新增的手风琴组件

Bootstrap 5.X 新增了手风琴组件。手风琴组件通常用于制作后台面板垂直导航菜单、前台折叠消息等。本节将详细讲述手风琴组件的使用方法。

10.8.1　创建手风琴

手风琴组件类似于选项卡，只不过它不是横向排列，而是竖向排列。在 Bootstrap 5.X 中使用.accordion 类来定义手风琴效果。

```
<div class="accordion"></div>
```

实例 21： 使用手风琴组件(案例文件：ch10\10.21.html)

```
<div class="accordion" id="accordionExample">
   <div class="accordion-item">
   <h2 class="accordion-header" id="headingOne">
   <button class="accordion-button" type="button" data-bs-toggle="collapse"
data-bs-target="#collapseOne" aria-expanded="true" aria-
controls="collapseOne">月夜</button>
   </h2>
   <div id="collapseOne" class="accordion-collapse collapse show" aria-
labelledby="headingOne" data-bs-parent="#accordionExample">
   <div class="accordion-body">
     <strong>刘方平〔唐代〕</strong> 更深月色半人家，北斗阑干南斗斜。今夜偏知春气暖，虫
声新透绿窗纱。
   </div></div></div>
   <div class="accordion-item">
   <h2 class="accordion-header" id="headingTwo">
   <button class="accordion-button collapsed" type="button" data-bs-
toggle="collapse" data-bs-target="#collapseTwo" aria-expanded="false" aria-
controls="collapseTwo">春江花月夜</button>
   </h2>
   <div id="collapseTwo" class="accordion-collapse collapse" aria-
labelledby="headingTwo" data-bs-parent="#accordionExample">
   <div class="accordion-body">
     <strong>张若虚 〔唐代〕</strong>  春江潮水连海平，海上明月共潮生。滟滟随波千万里，
何处春江无月明！江流宛转绕芳甸，月照花林皆似霰。空里流霜不觉飞，汀上白沙看不见。江天一色无纤
```

```
尘，皎皎空中孤月轮。江畔何人初见月？江月何年初照人？
    </div></div></div>
    <div class="accordion-item">
    <h2 class="accordion-header" id="headingThree">
    <button class="accordion-button collapsed" type="button" data-bs-
toggle="collapse" data-bs-target="#collapseThree" aria-expanded="false"
aria-controls="collapseThree">绝句二首</button>
    </h2>
    <div id="collapseThree" class="accordion-collapse collapse" aria-
labelledby="headingThree" data-bs-parent="#accordionExample">
    <div class="accordion-body">
     <strong>杜甫 〔唐代〕</strong> 迟日江山丽，春风花草香。泥融飞燕子，沙暖睡鸳鸯。江碧
鸟逾白，山青花欲燃。今春看又过，何日是归年。
    </div> </div> </div></div>
```

程序运行结果如图 10-23 所示。

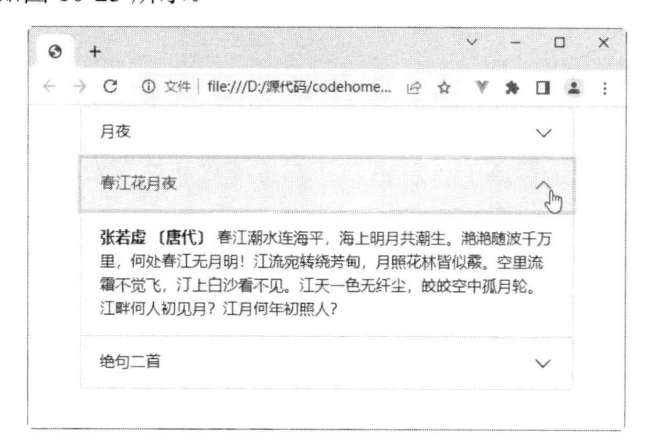

图 10-23　手风琴组件使用效果

10.8.2　手风琴组件的结构

从上一节的案例可以看出，手风琴组件的结构如下。

1. 容器

手风琴组件必须包含在 accordion 容器中。代码如下：

```
<div class="accordion">
```

2. 手风琴的条目

一个手风琴组件有许多条目，如上面例子中的一个条目如下。每个条目都包含标题和内容。

```
<div class="accordion-item">    </div>
```

(1)　条目的标题

下面代码就是条目的标题，它包含一个<h2>标签和一个按钮。

```
<h2 class="accordion-header" id="headingOne">
<button class="accordion-button" type="button" data-bs-toggle="collapse"
data-bs-target="#collapseOne" aria-expanded="true" aria-
```

```
controls="collapseOne">月夜</button>
</h2>
```

(2) 条目的内容

如下代码就是条目的内容。

```
<div id="collapseOne" class="accordion-collapse collapse show" aria-
labelledby="headingOne" data-bs-parent="#accordionExample">
   <div class="accordion-body">
   <strong>刘方平〔唐代〕</strong> 更深月色半人家，北斗阑干南斗斜。今夜偏知春气暖，虫声
新透绿窗纱。
   </div>
</div>
```

10.8.3 手风琴组件的样式

如果需要修改手风琴组件的样式，需要在容器中添加.accordion-flush 类，删除默认背景色、一些边框和一些圆角，从而使手风琴组件与其父容器看起来更加紧凑。

```
<div class="accordion accordion-flush">
```

下面案例将设计两种不同的手风琴组件样式，注意对比左右边框和四个角。为了防止页面混乱，需要定义两个不同的 id。

实例 22：设置手风琴的样式(案例文件：ch10\10.22.html)

```
<div class="accordion" id="accordionExample">
   <div class="accordion-item">
   <h2 class="accordion-header" id="headingOne">
   <button class="accordion-button" type="button" data-bs-toggle="collapse"
data-bs-target="#collapseOne" aria-expanded="true" aria-
controls="collapseOne">月夜</button>
   </h2>
   <div id="collapseOne" class="accordion-collapse collapse show" aria-
labelledby="headingOne" data-bs-parent="#accordionExample">
   <div class="accordion-body">
     <strong><strong>刘方平〔唐代〕</strong> 更深月色半人家，北斗阑干南斗斜。今夜偏知
春气暖，虫声新透绿窗纱。
   </div></div></div>
<div class="accordion-item">
   <h2 class="accordion-header" id="headingTwo">
   <button class="accordion-button collapsed" type="button" data-bs-
toggle="collapse" data-bs-target="#collapseTwo" aria-expanded="false" aria-
controls="collapseTwo">春江花月夜</button>
   </h2>
   <div id="collapseTwo" class="accordion-collapse collapse" aria-
labelledby="headingTwo" data-bs-parent="#accordionExample">
   <div class="accordion-body">
     <strong>张若虚 〔唐代〕</strong>  春江潮水连海平，海上明月共潮生。滟滟随波千万里，
何处春江无月明！江流宛转绕芳甸，月照花林皆似霰。空里流霜不觉飞，汀上白沙看不见。江天一色无纤
尘，皎皎空中孤月轮。江畔何人初见月？江月何年初照人？
   </div> </div> </div></div><br><br><br>
   <div class="accordion accordion-flush" id="accordionExample2">
   <div class="accordion-item">
    <h2 class="accordion-header" id="headingOne2">
    <button class="accordion-button" type="button" data-bs-toggle="collapse"
data-bs-target="#collapseOne2" aria-expanded="true" aria-
controls="collapseOne">月夜</button>
```

```
    </h2>
    <div id="collapseOne2" class="accordion-collapse collapse show" aria-
labelledby="headingOne" data-bs-parent="#accordionExample2">
     <div class="accordion-body">
       <strong>刘方平〔唐代〕</strong> 更深月色半人家，北斗阑干南斗斜。今夜偏知春气暖，
虫声新透绿窗纱。
     </div></div></div>
     <div class="accordion-item">
     <h2 class="accordion-header" id="headingTwo2">
     <button class="accordion-button collapsed" type="button" data-bs-
toggle="collapse" data-bs-target="#collapseTwo2" aria-expanded="false" aria-
controls="collapseTwo">春江花月夜</button>
     </h2>
     <div id="collapseTwo2" class="accordion-collapse collapse" aria-
labelledby="headingTwo" data-bs-parent="#accordionExample2">
     <div class="accordion-body">
     <strong>张若虚 〔唐代〕</strong>  春江潮水连海平，海上明月共潮生。滟滟随波千万里，
何处春江无月明！江流宛转绕芳甸，月照花林皆似霰。空里流霜不觉飞，汀上白沙看不见。江天一色无纤
尘，皎皎空中孤月轮。江畔何人初见月？江月何年初照人？
     </div></div></div></div>
```

程序运行结果如图 10-24 所示。

图 10-24　手风琴组件的样式

10.8.4　在手风琴组件中使用列表

手风琴组件的条目内容可以是列表，一般常用作后台导航面板或前台侧边折叠新闻。可以使用文本通用类设置文字对齐格式，或者使用 CSS 重新定义列表显示的样式。

实例 23： 在手风琴组件中使用列表(案例文件：ch10\10.23.html)

```
<div class="accordion" id="accordionExample">
    <div class="accordion-item">
    <h2 class="accordion-header" id="headingOne">
    <button class="accordion-button" type="button" data-bs-toggle="collapse"
data-bs-target="#collapseOne" aria-expanded="true" aria-
controls="collapseOne">
     热销商品
    </button>
```

```
    </h2>
    <div id="collapseOne" class="accordion-collapse collapse show" aria-
labelledby="headingOne" data-bs-parent="#accordionExample">
    <div class="accordion-body">
      <ul>
         <li>洗衣机</li>
         <li>空调</li>
         <li>冰箱</li>
      </ul>
    </div>
    </div>
    </div>
    <div class="accordion-item">
    <h2 class="accordion-header" id="headingTwo">
    <button class="accordion-button collapsed" type="button" data-bs-
toggle="collapse" data-bs-target="#collapseTwo" aria-expanded="false" aria-
controls="collapseTwo">
     热销蔬菜
     </button>
     </h2>
     <div id="collapseTwo" class="accordion-collapse collapse" aria-
labelledby="headingTwo" data-bs-parent="#accordionExample">
    <div class="accordion-body">
        <ul>
           <li>菠菜</li>
           <li>西红柿</li>
           <li>白菜</li>
        </ul>
    </div>
    </div>
    </div>
    <div class="accordion-item">
    <h2 class="accordion-header" id="headingThree">
    <button class="accordion-button collapsed" type="button" data-bs-
toggle="collapse" data-bs-target="#collapseThree" aria-expanded="false"
aria-controls="collapseThree">
     热销水果
     </button>
     </h2>
    <div id="collapseThree" class="accordion-collapse collapse" aria-
labelledby="headingThree" data-bs-parent="#accordionExample">
    <div class="accordion-body">
       <ul>
            <li>苹果</li>
            <li>葡萄</li>
            <li>菠萝</li>
       </ul>
    </div>
    </div>
    </div>
</div>
```

程序运行结果如图 10-25 所示。

图 10-25　在手风琴组件中使用列表

10.9　案例实训——使用网格系统布局卡片

本案例使用 Bootstrap 网格系统进行布局，主要内容部分采用卡片组件进行设计，最后为卡片添加阴影效果。添加伪类(hover)，鼠标悬浮时触发阴影效果，如图 10-26 所示。

实例 24： 使用网格系统布局卡片(案例文件：ch10\10.24.html)

```
<style>
      body{
         font-size: 22px;
      }
      .color1{
         color:#00adee;                       /*设置字体颜色*/
      }
      .size{
         font-size:20px;                      /*设置字体大小*/
      }
      .line{
         border-bottom: 2px solid #00adee;    /*设置底边框*/
         width: 100px;                        /*设置宽度*/
         margin: auto;                        /*设置外边距自动调整*/
      }
      .card-header{
         background:#00ceef;                  /*设置背景颜色*/
         color:white;                         /*设置字体颜色*/
      }
      .color2{
         background: #e4e4e4;                 /*设置背景颜色*/
         color: #13082b;                      /*设置字体颜色*/
      }
      .card-body img{
         margin-bottom: 30px;                 /*设置底外边距*/
      }
      .card-body p{
         font-size: 18px;                     /*设置字体大小*/
      }
      .row h4{
```

```
            font-weight: 900;                     /*设置字体加粗*/
        }
        .card{
            min-height: 400px;                    /*设置颜色最小高度*/
        }
        .card{
            transition:text-shadow 3s linear;    /*设置过渡动画*/
        }
        .card:hover{
            box-shadow: 3px 3px 20px 0 #a4b9b4,-3px -3px 20px 0 #a4b9b4;
                                                  /*设置阴影*/
        }
    </style>
</head>
<body>
<div class="container">
    <h2 class="color1 text-center">网格系统布局卡片</h2>
    <div class="line"></div>
    <div class="row">
        <div class="col-md-4">
            <div class="card mb-4 text-center">
                <div class="card-header"><h4>网络安全训练营</h4></div>
                <div class="card-body">
                    <img src="3.jpg" >
                    <p class="card-text">从零基础快速入门网络安全,一套课程带你掌握网络
安全技术。侧重实际操作。</p>
                </div>
            </div>
        </div>
        <div class="col-md-4">
            <div class="card mb-4 text-center" >
                <div class="card-header color2"><h4>网站开发训练营</h4></div>
                <div class="card-body">
                    <img src="4.jpg">
                    <p class="card-text">从零基础快速入门网站开发,一套课程带你掌握网站
开发技术。侧重实际操作。</p>
                </div>
            </div>
        </div>
        <div class="col-md-4">
            <div class="card mb-4 text-center">
                <div class="card-header"><h4>Java 开发训练营</h4></div>
                <div class="card-body">
                    <img src="5.jpg" alt="">
                    <p class="card-text">从零基础快速入门 Java 开发,一套课程带你掌握
Java 开发技术。侧重实际操作。</p>
                </div>
            </div>
        </div>
    </div>
</div>
</body>
```

程序运行结果如图 10-26 所示。

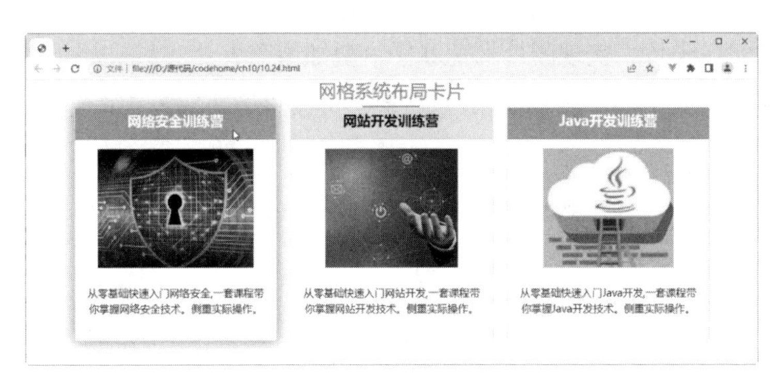

图 10-26　网格系统布局卡片

10.10　疑难问题解答

疑问 1：如何在卡片中设置图片在文字的下方？

在 Bootstrap 5.X 中，使用.card-img-bottom 可以在卡片的底部定义图片，使用.card-text 可以在卡片中定义文字，当然也可以在.card-text 中设计个性化的 HTML 标签样式。

```
<h3>图片在底部(card-img-bottom)</h3>
  <div class="card" style="width:400px">
    <div class="card-body">
      <h4 class="card-title">梅花</h4>
      <p class="card-text">当年腊月半，已觉梅花阑。不信今春晚，俱来雪里看。树动悬冰落，
枝高出手寒。早知觅不见，真悔著衣单。</p>
      <a href="#" class="btn btn-primary">查看更多</a>
    </div>
    <img class="card-img-bottom" src="2.jpg " alt="Card image"
style="width:100%">
  </div>
</div>
```

程序运行结果如图 10-27 所示。

图 10-27　图片在文字的下方

疑问 2：如何在卡片中实现图片覆盖和图片叠加覆盖？

在 Bootstrap 卡片中通过添加.cad-img-*类，可以将图片嵌入到卡片中，然后通过卡片内容覆盖图片。

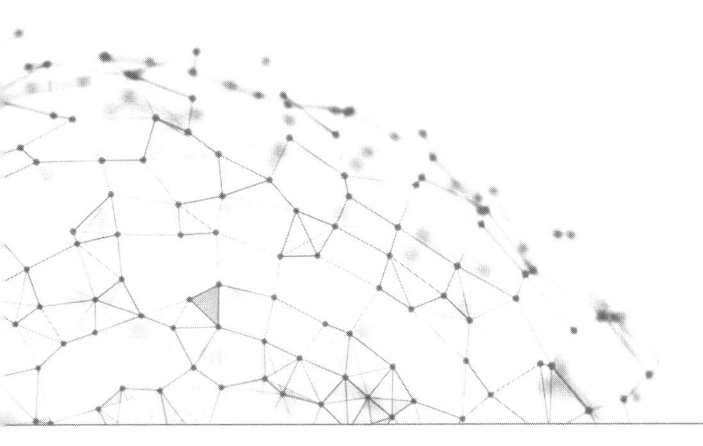

第11章

认识 JavaScript 插件

前面学习的 CSS 组件只是静态对象，如果要产生动态效果，还需要配合使用 JavaScript 插件。Bootstrap 5.X 自带很多 JavaScript 插件，这些插件扩展了功能，可以给网站添加更多的互动，为 Bootstrap 的组件赋予“生命”。即使不是高级的 JavaScript 开发人员，也可以学习 Bootstrap 的 JavaScript 插件。

11.1 插 件 概 述

Bootstrap 自带许多实用的 JavaScript 插件。利用 Bootstrap 数据 API(Bootstrap Data API)，大部分插件都可以在不编写任何代码的情况下被触发。

11.1.1 插件分类

Bootstrap 5.X 内置了许多插件，这些插件在 Web 应用开发中的应用频率比较高。下面列出 Bootstrap 插件支持的文件以及各种插件对应的 js 文件。

(1) 警告框：alert.js。
(2) 按钮：button.js。
(3) 轮播：carousel.js。
(4) 折叠：collapse.js。
(5) 下拉菜单：dropdown.js。
(6) 模态框：modal.js。
(7) 侧边栏导航：offcanvas.js
(8) 弹窗：popover.js。
(9) 滚动监听：scrollspy.js。
(10) 标签页：tab.js。
(11) 吐司消息：toast.js
(12) 工具提示：tooltip.js。

上面这些插件可以在 Bootstrap 源文件夹中找到，如图 11-1 所示。在使用时，要注意插件之间的依赖关系。

图 11-1 Bootstrap 的插件

11.1.2 安装插件

Bootstrap 插件可以单个引入，方法是使用 Bootstrap 源文件夹中提供的单个*.js 文件。

```
<script src="bootstrap-5.1.3-
dist/js/popover.js"></script>
<script src="bootstrap-5.1.3-
dist/js/alert.js"></script>
<script src="bootstrap-5.1.3-
dist/js/bootstrap.js"></script>
```

也可以一次性引入所有插件，方法是引入 bootstrap.bundle.js 文件。例如：

```
<script src="bootstrap-5.1.3-dist/js/bootstrap.bundle.js"></script>
```

部分 Bootstrap 插件和 CSS 组件依赖于其他插件。如果需要单独引入某个插件，应注意插件之间的依赖关系。

11.1.3 调用插件

为页面中的目标元素定义 data 属性，可以启用插件，不用编写 JavaScript 脚本。

例如，激活下拉菜单，只需要定义 data-bs-toggle 属性，设置属性值为"dropdown"即可实现：

```
<button class="btn btn-primary " data-bs-toggle="dropdown" type="button">下拉
菜单</button>
```

data-bs-toggle 属性是 Bootstrap 激活特定插件的专用属性，它的值为对应插件的字符串名称。

例如，在调用模态框时，除了要定义 data-bs-toggle="modal"激活模态框插件外，还应该使用 data-bs-target="#myModal"属性绑定模态框，告诉 Bootstrap 插件应该显示哪个页面元素，"#myModal"属性值匹配页面中的模态框<div id="myModal">。

```
<button type="button" class="btn" data-bs-toggle="modal" data-bs-
target="#myModal">打开模态框</button>
<div id="myModal" class="modal">模态框</div>
```

在某些特殊情况下，可能需要禁用 Bootstrap 的 data-bs 属性，若要禁用 data-bs 属性的 API，可使用 data-bs-api 取消对文档上所有事件的绑定，代码如下：

```
$(document).off('.data-bs-api')
```

或者，要针对特定的插件，只需将插件的名称和数据 API 一起作为参数使用，代码如下：

```
$(document).off('.alert.data-bs-api')
```

11.2 警　告　框

警告框插件需要 alert.js 文件支持，因此在使用该插件时，需要导入 alert.js 文件。

```
<script src="alert.js"></script>
```

或者直接导入 Bootstrap 的集成包：

```
<script src="bootstrap-5.1.3-dist/js/bootstrap.bundle.js"></script>
```

11.2.1　关闭警告框

设计一个警告框，并添加一个关闭按钮，只需为关闭按钮设置 data-bs-dismiss="alert" 属性即可自动为警告框赋予关闭功能。

实例 1：设计一个关闭警告框(案例文件：ch11\11.1.html)

```
<div class="alert alert-warning fade show">
   <strong>警告框标题</strong> 警告的说明文字。
   <button type="button" class="btn-close" data-bs-dismiss="alert">
      <span>&times;</span>
   </button>
</div>
```

程序运行结果如图 11-2 所示，当单击关闭按钮后，警告框将关闭。

图 11-2　关闭警告框

通过 JavaScript 也可以关闭警告框：

```
alert.close()
```

如果希望在关闭警告框时带有动画效果，可以为警告框添加 fade 和 show 类。

实例 2：使用 JavaScript 脚本控制警告框关闭操作(案例文件：ch11\11.2.html)

```
<body class="container">
   <div class="alert alert-warning fade show">
      <strong>警告提示！</strong> 程序中出现一个语法问题。
      <button type="button" class="btn-close" data-bs-dismiss="alert" aria-
label="Close"></button>
   </div>
</body>
<script>
   var alertNode = document.querySelector('.alert')
   var alert = bootstrap.Alert.getInstance(alertNode)
   alert.close()
</script>
```

程序运行结果如图 11-3 所示。

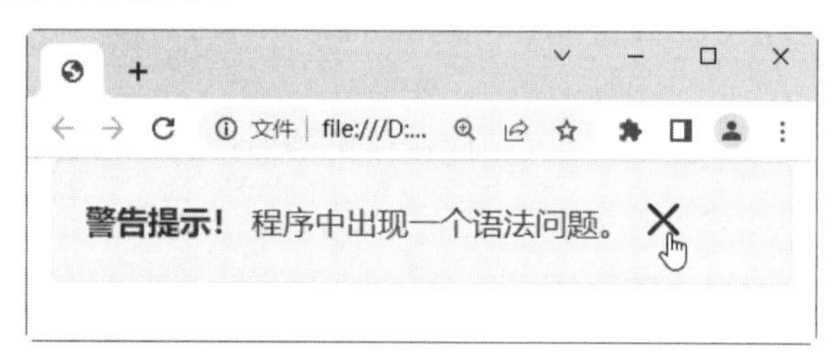

图 11-3 用 JavaScript 脚本关闭警告框

11.2.2 显示警告框

如果初始警告框是隐藏的，可以通过 JavaScript 触发警告框的显示效果。

实例 3：显示警告框(案例文件：ch11\11.3.html)

```
<body class="container">
<div id="liveAlertPlaceholder"></div>
<button type="button" class="btn btn-primary" id="liveAlertBtn">显示警告框
</button>
</body>
<script>
var alertPlaceholder = document.getElementById('liveAlertPlaceholder')
var alertTrigger = document.getElementById('liveAlertBtn')
function alert(message, type) {
  var wrapper = document.createElement('div')
  wrapper.innerHTML = '<div class="alert alert-' + type + ' alert-
dismissible" role="alert">' + message + '<button type="button" class="btn-
close" data-bs-dismiss="alert" aria-label="Close"></button></div>'
  alertPlaceholder.append(wrapper)
}
if (alertTrigger) {
  alertTrigger.addEventListener('click', function () {
    alert('显示警告框的信息', 'success')
  })
}
</script>
```

运行程序，每单击一次“显示警告框”按钮，即可显示一个警告框，结果如图 11-4 所示。

图 11-4 显示警告框效果

11.3　按　　钮

按钮插件需要 button.js 文件支持，在使用该插件之前，应先导入 button.js 文件。

```
<script src="button.js"></script>
```

或者直接导入 Bootstrap 的集成包：

```
<script src="bootstrap-5.1.3-dist/js/bootstrap.bundle.js"></script>
```

添加 data-bs-toggle="button"属性，可以激活按钮。

```
<button type="button" class="btn btn-primary" data-bs-toggle="button" >激活按钮</button>
```

Bootstrap 的.button 类也可以作用于其他元素，例如<label>标签，从而模拟单选按钮、复选框效果。data-bs-toggle="buttons"添加到.btn-group 类下的元素里，可以启用样式切换效果。预先选中的按钮需要手动将.active 类添加到<label>标签上。

1. 按钮式复选框组

使用按钮组模拟复选框，能够设计出更具个性的复选框样式。下面设计 3 个复选框，包含在按钮组(btn-group)容器中，然后使用 data-bs-toggle="buttons"属性把它们定义为按钮形式，单击将显示深色背景色，再次单击将恢复浅色背景色。

实例 4： 按钮式复选框组(案例文件：ch11\11.4.html)

```
<h3 align="center">按钮式复选框组</h3>
<div class="btn-group" data-bs-toggle="buttons">
    <label class="btn btn-primary active">
        <input type="checkbox" checked autocomplete="off">苹果
    </label>
    <label class="btn btn-primary">
        <input type="checkbox" autocomplete="off"> 香蕉
    </label>
    <label class="btn btn-primary">
        <input type="checkbox" autocomplete="off"> 葡萄
    </label>
</div>
```

程序运行结果如图 11-5 所示。

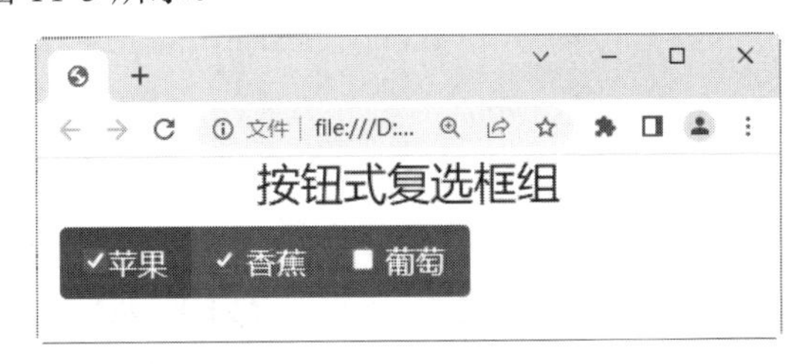

图 11-5　按钮式复选框效果

2. 按钮式单选按钮

使用按钮组模拟单选按钮，能够设计出更具个性的单选按钮样式。下面设计 3 个单选按钮，包含在按钮组(btn-group)容器中，然后使用 data-bs-toggle="buttons"属性把它们定义为按钮形式，单击将显示深色背景色，再次单击将恢复浅色背景色。

实例 5： 按钮式单选按钮(案例文件：ch11\11.5.html)

```
<h3 align="center">按钮式单选按钮</h3>
<div class="btn-group" data-bs-toggle="buttons">
    <label class="btn btn-primary active">
        <input type="radio" name="options" id="option1" autocomplete="off"
checked> 洗衣机
    </label>
    <label class="btn btn-primary">
        <input type="radio" name="options" id="option2" autocomplete="off"> 电
视机
    </label>
    <label class="btn btn-primary">
        <input type="radio" name="options" id="option3" autocomplete="off">冰箱
    </label>
</div>
```

程序运行结果如图 11-6 所示。

图 11-6　按钮式单选按钮效果

11.4　轮　　播

轮播(Carousel)是一种像旋转木马一样在元素之间循环的幻灯片插件，元素可以是图像、内嵌框架、视频或者其他任何类型的内容。轮播需要 carousel.js 插件支持，因此在使用之前，应该先导入 carousel.js 文件。

```
<script src="carousel.js"></script>
```

或者直接导入 Bootstrap 的集成包：

```
<script src="bootstrap-5.1.3-dist/js/bootstrap.bundle.js"></script>
```

11.4.1　定义轮播

轮播是指内容像幻灯片一样循环播放，可使用 CSS 3D 变形转换和 JavaScript 交互，轮播可以包含一系列图像、文本或自定义标记，还包含对上一个、下一个图的浏览控制。

Bootstrap 轮播插件由 3 个部分构成：指示图标、幻灯片和控制按钮。轮播的具体设计步骤如下：

第 1 步：设计轮播包含框，定义.carousel 类样式，并设计唯一的 ID(id="carousel")值，特别是在一个页面上使用多个.carousel 时。data-bs-ride="carousel"属性用于定义轮播在页面加载时就开始播放动画。如果不使用该属性初始化轮播，就必须使用 JavaScript 脚本初始化轮播。控制按钮和指示图标必须具有与.carousel 元素的 id 匹配的数据目标属性或链接的 href 属性。在轮播包含框内设计两个子容器，用来设计轮播指示图标和轮播信息。最后在幻灯片后添加两个控制按钮，用来控制播放行为。

第 2 步：设计指示图标包含框(class="carousel-indicators")。图标包含框定义了 3 个指示图标，显示当前图片的播放顺序，在这个列表结构中，使用 data-bs-target="#carousel"指定目标包含容器为<div id="carousel">，使用 data-bs-slide-to="0"定义播放图片的数组索引，从 0 位开始。

第 3 步：设计幻灯片包含框(class="carousel-inner")。幻灯片包含框中每个项目包含两部分：图片和图片说明。图片引用了.d-block 和.w-100 两个样式，以修正浏览器预设的图像对齐带来的影响。图片说明框使用<div class="carousel-caption">定义。

注意

需要添加.active 类，从而激活轮播效果的控制符。

第 4 步：设计控制按钮。在<div id="carousel">轮播框最后面插入两个控制按钮，按钮分别用.carousel-control-prev 和.carousel-control-next 来控制，使用.carousel-control-prev-icon 和.carousel-control-next-icon 类来设计左右箭头。通过使用 href="#carousel"绑定轮播框，使用 data-bs-slide="prev"和 data-bs-slide="next"激活按钮行为。

以上步骤就完成了轮播的设计。

实例 6： 设计轮播效果(案例文件：ch11\11.6.html)

```
<h3 align="center">轮播效果</h3>
<!-- 轮播 -->
<div id="carousel" class="carousel slide" data-bs-ride="carousel">
   <!-- 指示图标 -->
  <div class="carousel-indicators">
    <button type="button" data-bs-target="#carousel" data-bs-slide-to="0"
class="active"></button>
    <button type="button" data-bs-target="#carousel" data-bs-slide-
to="1"></button>
    <button type="button" data-bs-target="#carousel" data-bs-slide-
to="2"></button>
  </div>
  <!-- 轮播图片和文字 -->
  <div class="carousel-inner">
    <div class="carousel-item active">
      <img src="1.jpg" class="d-block" style="width:100%">
      <div class="carousel-caption">
        <h3>第一张图片的标题</h3>
        <p>风景 1</p>
      </div>
    </div>
    <div class="carousel-item">
      <img src="2.jpg" class="d-block" style="width:100%">
      <div class="carousel-caption">
        <h3>第二张图片的标题</h3>
        <p>风景 2</p>
```

```
      </div>
    </div>
    <div class="carousel-item">
      <img src="3.jpg" class="d-block" style="width:100%">
      <div class="carousel-caption">
        <h3>第三张图片的标题</h3>
        <p>风景 3</p>
      </div>
    </div>
  </div>
  <!-- 左右切换按钮 -->
  <button class="carousel-control-prev" type="button" data-bs-
target="#carousel" data-bs-slide="prev">
    <span class="carousel-control-prev-icon"></span> </button>
  <button class="carousel-control-next" type="button" data-bs-
target="#carousel" data-bs-slide="next">
    <span class="carousel-control-next-icon"></span></button>
</div>
```

程序运行结果如图 11-7 所示。

图 11-7　轮播效果

11.4.2　设计轮播风格

前面介绍了可以添加.slide 类来实现图片切换的动画。本节来介绍如何设置图片的交叉淡入淡出动画效果以及图片自动循环间隔时间。

1. 交叉淡入淡出

实现淡入淡出动画效果首先需要在轮播框<div id="carousel">中添加.slide 类，然后再添加交叉淡入淡出类.carousel-fade。

实例 7： 设计轮播交叉淡入淡出动画效果(案例文件：ch11\11.7.html)

```
<h3 align="center">交叉淡入淡出效果</h3>
<!-- 轮播 -->
<div id="carousel" class="carousel slide carousel-fade" data-bs-
ride="carousel">
```

```
  <!-- 指示图标 -->
  <div class="carousel-indicators">
    <button type="button" data-bs-target="#carousel" data-bs-slide-to="0"
class="active"></button>
    <button type="button" data-bs-target="#carousel" data-bs-slide-
to="1"></button>
    <button type="button" data-bs-target="#carousel" data-bs-slide-
to="2"></button></div>
  <!-- 轮播图片和文字 -->
  <div class="carousel-inner">
    <div class="carousel-item active">
      <img src="1.jpg" class="d-block" style="width:100%"></div>
    <div class="carousel-item">
      <img src="2.jpg" class="d-block" style="width:100%"></div>
    <div class="carousel-item">
      <img src="3.jpg" class="d-block" style="width:100%"></div>
  </div>
  <!-- 左右切换按钮 -->
  <button class="carousel-control-prev" type="button" data-bs-
target="#carousel" data-bs-slide="prev">   <span class="carousel-control-
prev-icon"></span></button>
  <button class="carousel-control-next" type="button" data-bs-
target="#carousel" data-bs-slide="next">
    <span class="carousel-control-next-icon"></span></button>
</div>
```

程序运行结果如图 11-8 所示。

图 11-8 轮播交叉淡入淡出效果

2. 设置自动循环间隔时间

在幻灯片框中的每个项目上添加 data-bs-interval=" "来设置自动循环间隔时间。

```
<!--幻灯片框-->
<div class="carousel-inner">
    <div class="carousel-item active" data-bs-interval="2000">
        <img src="1.jpg" class="d-block w-100" alt="">
    </div>
    <div class="carousel-item" data-bs-interval="4000">
        <img src="2.jpg" class="d-block w-100" alt="">
    </div>
    <div class="carousel-item" data-bs-interval="6000">
        <img src="3.jpg" class="d-block w-100" alt="">
    </div>
</div>
```

在上面的代码中设置间隔时间分别为 2s、4s 和 6s。

11.5 折　　叠

Bootstrap 折叠插件允许在网页中用 JavaScript 以及 CSS 类切换内容，控制内容的可见性，可以用它来创建折叠导航、折叠内容面板。

折叠插件需要 collapse.js 插件的支持，因此在使用插件之前，应该先导入 collapse.js 文件。

```
<script src="collapse.js"></script>
```

或者直接导入 Bootstrap 的集成包：

```
<script  src="bootstrap-5.1.3-dist/js/bootstrap.bundle.js"></script>
```

11.5.1　定义折叠效果

折叠的结构看起来很复杂，但调用起来是很简单的。具体分为以下两个步骤：

步骤 1：定义折叠的触发器，使用<a>或者<button>标签。在触发器中添加触发属性 data-bs-toggle="collapse"，并在触发器中使用 id 或 class 指定触发的内容。如果使用的是<a>标签，可以让 href 属性值等于 id 或 class 值；如果是<button>标签，在<button>中添加 data-bs-target 属性，属性值为 id 或 class 值。

步骤 2：定义折叠包含框，折叠内容包含在折叠框中。在包含框中设置 id 或 class 值，该值等于触发器中对应的 id 或 class 值。最后还需要在折叠包含框中添加下面三个类之一：

(1) .collapse：隐藏折叠内容。

(2) .collapsing：隐藏折叠内容，切换时带动态效果。

(3) .collapse.show：显示折叠内容。

完成以上两个步骤便可实现折叠效果。

实例 8： 定义折叠效果(案例文件：ch11\11.8.html)

```
<h2 align="center">定义折叠效果</h2>
<p>
   <a class="btn btn-primary" data-bs-toggle="collapse" href="#collapse">&lt;
a &gt;触发折叠</a>
   <button class="btn btn-danger" type="button" data-bs-toggle="collapse"
data-bs-target="#collapse1">&lt; button &gt;触发折叠</button>
</p>
<div class="collapsing" id="collapse">
   <div class="card card-body">
      这是&lt; a &gt;触发的折叠内容
   </div>
</div>
<div class="collapse" id="collapse1">
   <div class="card card-body">
      这是&lt; button &gt;触发的折叠内容
   </div>
</div>
```

程序运行结果如图 11-9 所示。

图 11-9　折叠效果

11.5.2　控制多目标

在触发器上，可以通过选择器来显示或隐藏多个折叠包含框(一般使用 class 值)，也可用多个触发器来控制显示或隐藏一个折叠包含框。

实例 9： 控制多目标(案例文件：ch11\11.9.html)

```
<h3 class="mb-4">一个触发器切换多个目标</h3>
<p>
   <button class="btn btn-primary" type="button" data-bs-toggle="collapse"
data-bs-target=".multi-collapse">切换下面 3 个目标</button>
</p>
<div class="collapse multi-collapse">
   <div class="card card-body">
      折叠内容一
   </div>
</div>
<div class="collapse multi-collapse">
   <div class="card card-body">
      折叠内容二
   </div>
</div>
<div class="collapse multi-collapse">
   <div class="card card-body">
      折叠内容三
   </div>
</div>
<hr class="my-4">
<h3 class="mb-4">多个触发器切换一个目标</h3>
<p>
   <button class="btn btn-primary" type="button" data-bs-toggle="collapse"
data-bs-target="#multi-collapse">触发器 1</button>
   <button class="btn btn-primary" type="button" data-bs-toggle="collapse"
data-bs-target="#multi-collapse">触发器 2</button>
</p>
<div class="collapse" id="multi-collapse">
   <div class="card card-body">
      多个触发器触发的内容
   </div>
</div>
```

程序运行结果如图 11-10 所示。

图 11-10　控制多目标效果

11.5.3　设计手风琴效果

本节结合使用折叠组件和卡片组件来实现手风琴效果。

实例 10：设计手风琴效果(案例文件：ch11\11.10.html)

```
<h2 align="center">设计手风琴效果</h2>
<h4 class="">商品信息</h4>
<div id="Example">
    <div class="card">
        <div class="card-header">
            <button class="btn btn-link" type="button" data-bs-
toggle="collapse" data-bs-target="#one">商品名称</button>
        </div>
        <div id="one" class="collapse show" data-parent="#Example">
            <div class="card-body">
                风韵牌洗衣机
            </div>
        </div>
    </div>
    <div class="card">
        <div class="card-header">
            <button class="btn btn-link collapsed" type="button" data-bs-
toggle="collapse" data-bs-target="#two">商品产地</button>
        </div>
        <div id="two" class="collapse" data-parent="#Example">
            <div class="card-body">
                北京
            </div>
        </div>
    </div>
    <div class="card">
        <div class="card-header">
            <button class="btn btn-link collapsed" type="button" data-bs-
toggle="collapse" data-bs-target="#three">商品详情</button>
        </div>
        <div id="three" class="collapse" data-parent="#Example">
            <div class="card-body">
                该商品价格为 4668 元
            </div>
```

```
        </div>
    </div>
</div>
```

程序运行结果如图 11-11 所示。

图 11-11　手风琴效果

11.6　下 拉 菜 单

Bootstrap 通过 dropdown.js 支持下拉菜单交互，在使用之前要导入 jquery.js、util.js 和 dropdown.js 文件。下拉菜单组件还依赖第三方插件 popper.js 实现，popper.js 插件提供了动态定位和浏览器窗口大小监测，所以在使用下拉菜单时要确保导入了 popper.js 文件。

```
<script src="popper.js"></script>
<script src="dropdown.js"></script>
```

或者直接导入 Bootstrap 的集成包：

```
<script src="bootstrap-5.1.3-dist/js/bootstrap.bundle.js"></script>
```

11.6.1　调用下拉菜单

使用下拉菜单插件可以为所有对象添加下拉菜单，包括按钮、导航栏、标签页等。调用下拉菜单时需要使用 data 属性。在超链接或者按钮上添加 data-bs-toggle="dropdown"属性，即可激活下拉菜单交互行为。

实例 11： 通过 data 属性激活下拉菜单(案例文件：ch11\11.11.html)

```
<div class="dropdown">
    <button class="btn btn-primary dropdown-toggle" data-bs-toggle="dropdown"
type="button">热销水果</button>
    <div class="dropdown-menu">
        <a class="dropdown-item" href="#">苹果</a>
        <a class="dropdown-item" href="#">香蕉</a>
        <a class="dropdown-item" href="#">橘子</a>
        <a class="dropdown-item" href="#">葡萄</a>
    </div>
</div>
```

程序运行结果如图 11-12 所示。

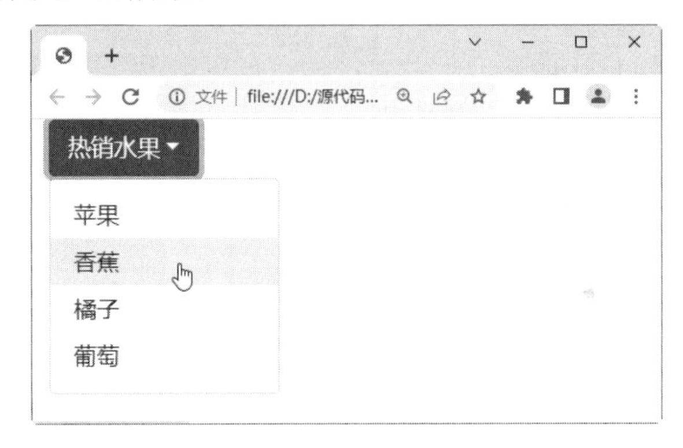

图 11-12　用 data 属性调用下拉菜单

11.6.2　设置下拉菜单

可以通过 data 属性配置参数，如表 11-1 所示。对于 data 属性，参数名称追加到 data-bs-的后面，如 data-bs-offset=" "。

表 11-1　下拉菜单配置参数

参　数	类　型	默认值	说　明
offset	number|string|function	0	下拉菜单相对于目标的偏移量
flip	boolean	True	允许下拉菜单在引用元素重叠的情况下翻转

实例 12：设置下拉菜单(案例文件：ch11\11.12.html)

```
<div class="dropdown">
   <button class="btn btn-primary dropdown-toggle" data-bs-toggle="dropdown"
data-bs-offset="50,30" type="button">热门电器</button>
   <div class="dropdown-menu">
      <a class="dropdown-item" href="#">洗衣机</a>
      <a class="dropdown-item" href="#">电视机</a>
      <a class="dropdown-item" href="#">空调</a>
   </div>
</div>
```

程序运行结果如图 11-13 所示。

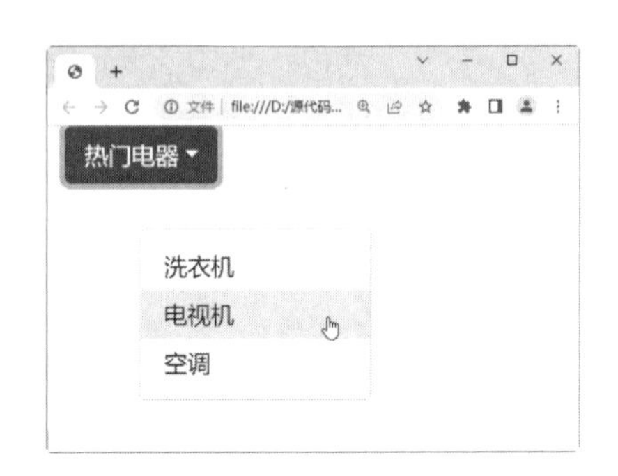

图 11-13　设置下拉菜单

11.6.3　添加用户行为

Bootstrap 为下拉菜单定义了事件，以响应特定操作阶段的用户行为，说明如表 11-2 所示。

表 11-2　下拉菜单事件

事　件	描　述
show.bs.dropdown	调用显示下拉菜单的方法时触发该事件
shown.bs.dropdown	当下拉菜单显示完毕后触发该事件
hide.bs.dropdown	当调用隐藏下拉菜单的方法时会触发该事件
hidden.bs.dropdown	当下拉菜单隐藏完毕后触发该事件

下面使用 show、shown、hide 和 hidden 这四个事件来监听下拉菜单，然后激活下拉菜单交互行为，下拉菜单在交互过程中，可以看到 4 个事件的执行顺序和发生节点。

实例 13：为下拉菜单添加用户行为(案例文件：ch11\11.13.html)

```
<div class="dropdown" id="dropdown">
    <button class="btn btn-primary dropdown-toggle" data-bs-toggle="dropdown"
type="button">下拉菜单</button>
    <div class="dropdown-menu">
        <a class="dropdown-item" href="#">家用电器</a>
        <a class="dropdown-item" href="#">电脑办公</a>
        <a class="dropdown-item" href="#">水果特产</a>
        <a class="dropdown-item" href="#">男装女装</a>
    </div>
</div>
</body>
<script>
    $(function(){
        $("#dropdown").on("show.bs.dropdown",function(){
            $(this).children("[data-bs-toggle='dropdown']").html("开始显示下拉菜单")
        })
        $("#dropdown").on("shown.bs.dropdown",function(){
            $(this).children("[data-bs-toggle='dropdown']").html("下拉菜单显示完成")
        })
        $("#dropdown").on("hide.bs.dropdown",function(){
            $(this).children("[data-bs-toggle='dropdown']").html("开始隐藏下拉菜单")
        })
        $("#dropdown").on("hidden.bs.dropdown",function(){
            $(this).children("[data-bs-toggle='dropdown']").html("下拉菜单隐藏完成")
        })
    })
</script>
```

程序运行，激活下拉菜单的效果如图 11-14 所示，隐藏下拉菜单的效果如图 11-15 所示。

图 11-14　激活下拉菜单效果

图 11-15　隐藏下拉菜单效果

11.7 模 态 框

模态框(Modal)是覆盖在父窗体上的子窗体。通常，其目的是显示一个单独的内容，可以在不离开父窗体的情况下有一些互动。子窗体可以自定义内容，可提供信息、交互等。

11.7.1 定义模态框

模态框插件需要 modal.js 插件的支持，因此在使用插件之前，应该先导入 modal.js 文件。

```
<script src="modal.js"></script>
```

或者直接导入 Bootstrap 的集成包：

```
<script src="bootstrap-5.1.3-dist/js/bootstrap.bundle.js"></script>
```

在页面中设计模态框的文档结构，并为页面的特定对象绑定行为，即可打开模态框。

实例 14：定义模态框(案例文件：ch11\11.14.html)

```
<h3 align="center" >定义模态框<h3>
<a href="#myModal" class="btn btn-default" data-bs-toggle="modal">打开模态框
</a>
<div id="myModal" class="modal">
    <div class="modal-dialog">
        <div class="modal-content">
            <h3>模态框</h3>
            <p>这是弹出的模态框内容</p>
        </div>
    </div>
</div>
```

程序运行结果如图 11-16 所示。

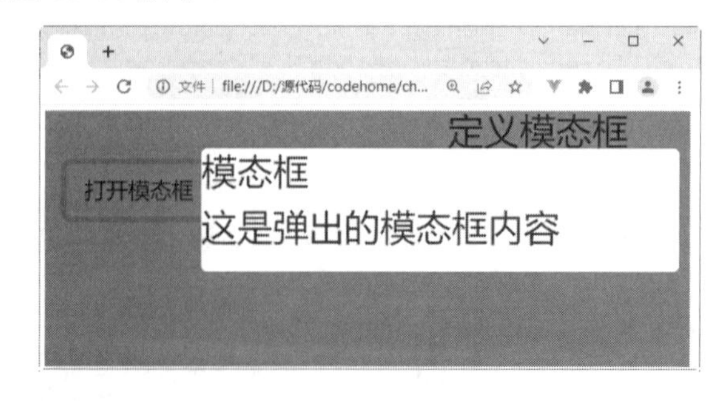

图 11-16　模态框

在模态框的 HTML 代码中，封装 div 嵌套在父模态框 div 内。这个 div 的类.modal-content 告诉 bootstrap.js 在哪里查找模态框的内容。在这个 div 内，需要放置前面提到的三个部分：头部、正文和页脚。

模态框有固定的结构，外层使用.modal 类样式定义弹出模态框的外框，内部嵌套两层结构，分别为<div class="modal-dialog">和<div class="modal-content">。<div class="modal-

dialog">定义模态对话框层，<div class="modal-content">定义模态对话框显示样式。

```
<div class="modal">
    <div class="modal-dialog">
        <div class="modal-content">模态框内容</div>
    </div>
</div>
```

模态框内容包括三个部分：头部、正文和页脚，分别使用.modal-header、.modal-body和.modal-footer 定义。

(1) 头部：用于给模态添加标题和关闭按钮等。标题使用.modal-title 来定义，关闭按钮中需要添加 data-bs-dismiss="modal"属性，用来指定关闭的模态框组件。

(2) 正文：可以在其中添加任何类型的数据，包括嵌入 YouTube 视频、图像或者任何其他内容。

(3) 页脚：该区域默认为右对齐。在这个区域，可以放置“保存”“关闭”“接受”等操作按钮，这些按钮与模态框需要表现的行为相关联。“关闭”按钮中也需要添加 data-bs-dismiss="modal"属性，用来指定关闭的模态框组件。

模态框的完整结构如下。

```
<!-- 模态框 -->
<div class="modal" id="Modal-test">
    <div class="modal-dialog">
        <div class="modal-content">
            <!--头部-->
            <div class="modal-header">
                <!--标题-->
                <h5 class="modal-title" id="modalTitle">模态框标题</h5>
                <!--关闭按钮-->
                <button type="button" class="btn-close" data-bs-
dismiss="modal">
                    <span>&times;</span>
                </button>
            </div>
            <!--正文-->
            <div class="modal-body">模态框正文</div>
            <!--页脚-->
            <div class="modal-footer">
                <!--关闭按钮-->
                <button type="button" class="btn btn-secondary" data-bs-
dismiss="modal">关闭</button>
                <button type="button" class="btn btn-primary">保存</button>
            </div>
        </div>
    </div>
</div>
```

设计完成模态框结构后，需要为特定对象(通常为按钮)绑定触发行为，才能通过该对象触发模态框。在这个特定对象中需要添加 data-bs-target="#Modal-test"属性来绑定对应的模态框，添加 data-bs-toggle="modal"属性指定要打开的模态框。

```
<button type="button" class="btn btn-primary" data-bs-toggle="modal" data-
bs-target="#Modal-test">
    打开模态框
</button>
```

程序运行结果如图 11-17 所示。

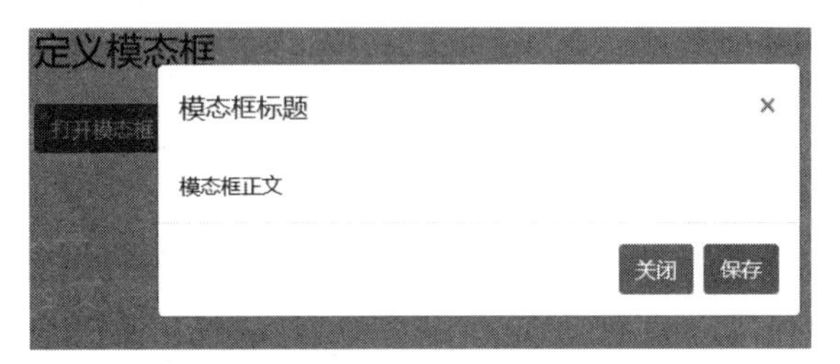

图 11-17　激活模态框效果

11.7.2　模态框的布局和样式

1. 设置模态框垂直居中

通过给<div class="modal-dialog">添加.modal-dialog-centered 样式，来设置模态框垂直居中显示。

实例 15：设置模态框垂直居中(案例文件：ch11\11.15.html)

```
<h3 align="center">模态框垂直居中</h3>
<button type="button" class="btn btn-primary" data-bs-toggle="modal" data-
bs-target="#Modal">打开模态框</button>
<div class="modal fade" id="Modal">
    <div class="modal-dialog modal-dialog-centered">
        <div class="modal-content">
            <div class="modal-header">
                <h5 class="modal-title" id="modalTitle">终南望余雪</h5>
                <button type="button" class="btn-close" data-bs-
dismiss="modal">
                    <span>&times;</span>
                </button>
            </div>
            <div class="modal-body">终南阴岭秀，积雪浮云端。</div>
            <div class="modal-body">林表明霁色，城中增暮寒。</div>
            <div class="modal-footer">
                <button type="button" class="btn btn-secondary" data-bs-
dismiss="modal">关闭</button>
                <button type="button" class="btn btn-primary">更多</button>
            </div>
        </div>
    </div>
</div>
```

程序运行结果如图 11-18 所示。

图 11-18　模态框垂直居中

2. 设置模态框的大小

模态框除了默认大小以外，还有三种可选值，如表 11-3 所示。这三种可选值在断点处还可以自动响应处理，以避免在较窄的视图上出现水平滚动条。通过给<div class="modal-dialog">添加.modal-sm、.modal-lg 和.modal-xl

样式，来设置模态框的大小。

表 11-3　模态框大小设置值

大　小	类	模态宽度
小尺寸	.modal-sm	300px
大尺寸	.modal-lg	800px
超大尺寸	.modal-xl	1140px
默认尺寸	无	500px

实例 16：设置模态框的大小(案例文件：ch11\11.16.html)

```
<h3 align="center">设置模态框大小</h3>
<!-- 大尺寸模态框 -->
<button type="button" class="btn btn-primary" data-bs-toggle="modal" data-
bs-target=".example-modal-lg">大尺寸模态框</button>
<div class="modal example-modal-lg">
    <div class="modal-dialog modal-lg">
        <div class="modal-content">
            <div class="modal-header">
                <h5 class="modal-title">大尺寸模态框</h5>
                <button type="button" class="btn-close" data-bs-
dismiss="modal">
                    <span>&times;</span>
                </button>
            </div>
            <div class="modal-body">莫笑农家腊酒浑，丰年留客足鸡豚。</div>
            <div class="modal-body">山重水复疑无路，柳暗花明又一村。</div>
        </div>
    </div>
</div>
<!-- 小尺寸模态框 -->
<button type="button" class="btn btn-primary" data-bs-toggle="modal" data-
bs-target=".example-modal-sm">小尺寸模态框</button>
<div class="modal example-modal-sm">
    <div class="modal-dialog modal-sm">
        <div class="modal-content">
            <div class="modal-header">
                <h5 class="modal-title">小尺寸模态框</h5>
                <button type="button" class="btn-close" data-bs-
dismiss="modal">
                    <span>&times;</span>
                </button>
            </div>
            <div class="modal-body">箫鼓追随春社近，衣冠简朴古风存。</div>
            <div class="modal-body">从今若许闲乘月，拄杖无时夜叩门。</div>
        </div>
    </div>
</div>
```

运行程序，大尺寸模态框效果如图 11-19 所示，小尺寸模态框效果如图 11-20 所示。

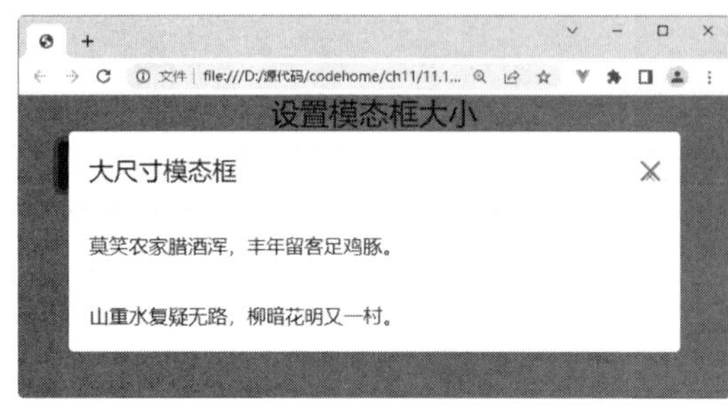

图 11-19　大尺寸模态框效果

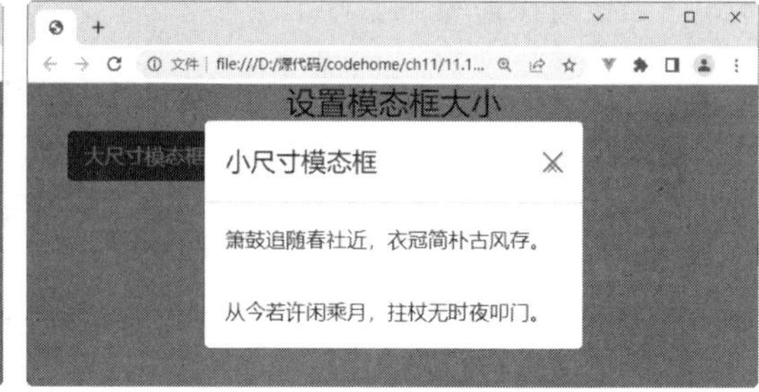

图 11-20　小尺寸模态框效果

3. 模态框网格

在<div class="modal-body">中嵌套一个<div class="container-fluid">容器，便可以在该容器中使用 Bootstrap 网格系统，像在其他地方一样使用常规网格系统类。

实例 17：设置模态框网格(案例文件：ch11\11.17.html)

```
<h2 align="center">模态框网格</h2>
<button type="button" class="btn btn-primary" data-bs-toggle="modal" data-
bs-target="#Modal">打开模态框</button>
<div class="modal" id="Modal">
    <div class="modal-dialog modal-dialog-centered">
        <div class="modal-content">
            <div class="modal-header">
                <h5 class="modal-title" id="modalTitle">模态框网格</h5>
                <button type="button" class="btn-close" data-bs-
dismiss="modal">
                    <span>&times;</span>
                </button>
            </div>
            <div class="modal-body">
                <div class="container">
                    <div class="row">
                        <div class="col-md-4 bg-success text-white">.col-md-4</div>
                        <div class="col-md-4 ms-auto bg-success text-
white">.col-md-4 .ms-auto</div>
                    </div>
                    <div class="row">
                        <div class="col-md-4 ms-md-auto bg-danger text-
white">.col-md-3 .ms-md-auto</div>
                        <div class="col-md-4 ms-md-auto bg-danger text-
white">.col-md-3 .ms-md-auto</div>
                    </div>
                    <div class="row">
                        <div class="col-auto me-auto bg-warning">.col-auto .me-
auto</div>
                        <div class="col-auto bg-warning">.col-auto</div>
                    </div>
                </div>
            </div>
            <div class="modal-footer">
                <button type="button" class="btn btn-secondary" data-bs-
dismiss="modal">关闭</button>
                <button type="button" class="btn btn-primary">更多</button>
            </div>
        </div>
```

```
    </div>
</div>
```

程序运行结果如图 11-21 所示。

图 11-21　模态框网格效果

4. 添加弹窗和工具提示

可以根据需要将工具提示和弹窗放置在模态框中。当模态框关闭时，包含的任何工具提示和弹窗都会同步关闭。

实例 18：添加弹窗和工具提示(案例文件：ch11\11.18.html)

```
<h3 align="center">弹窗和工具提示</h3>
<button type="button" class="btn btn-primary" data-bs-toggle="modal" data-
bs-target="#Modal">打开模态框</button>
<div class="modal" id="Modal">
    <div class="modal-dialog modal-dialog-centered">
        <div class="modal-content">
            <div class="modal-header">
                <h5 class="modal-title" id="modalTitle">模态框标题</h5>
                <button type="button" class="btn-close" data-bs-dismiss="modal">
                    <span>&times;</span>
                </button>
            </div>
            <div class="modal-body">
                <div class="modal-body">
                    <h5>弹窗</h5>
                    <p><a href="#" role="button" class="btn btn-secondary
popover-test" title="望岳" data-bs-content="荡胸生曾云，决眦入归鸟。会当凌绝顶，一览
众山小。">古诗</a></p><hr>
                    <h5>工具提示</h5>
                    <p><a href="#" class="tooltip-test" title="古诗一">古诗一
</a>、<a href="#" class="tooltip-test" title="古诗二">古诗二</a> 和 <a href="#"
class="tooltip-test" title="古诗三">古诗三</a></p>
                </div>
                <script>
                    $(document).ready(function(){
                        //找到对应的属性类别，添加弹窗和工具提示
                        $('.popover-test').popover();
                        $('.tooltip-test').tooltip();
                    });
                </script>
            </div>
            <div class="modal-footer">
                <button type="button" class="btn btn-secondary" data-bs-
```

```
dismiss="modal">关闭</button>
                <button type="button" class="btn btn-primary">提交</button>
            </div>
        </div>
    </div>
</div>
```

运行程序，单击“古诗”按钮，打开弹窗，将鼠标指针悬停在链接上，触发工具提示。最终效果如图 11-22 所示。

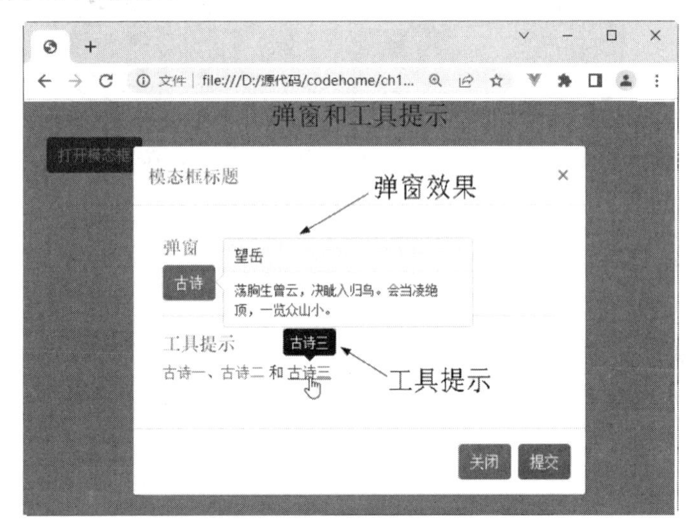

图 11-22　模态框添加弹窗和工具提示效果

11.8　案例实训——设计抢红包提示框

本案例使用 Bootstrap 模态框设计抢红包提示框。当页面加载完成后，页面自动弹出抢红包的提示框。

实例 19： 设计抢红包提示框(案例文件：ch11\11.19.html)

```
<style>
    .del{
        border: 2px solid white!important;          /*定义边框*/
        padding: 3px 8px 5px!important;             /*定义内边距*/
        border-radius: 50%;                         /*定义圆角边框*/
        display: inline-block;                      /*定义行内块级*/
        position: absolute;                         /*定义绝对定位*/
        right: 2px;                                 /*距离右侧 2px*/
        top: 2px;                                   /*距离顶部 2px*/
        background:#F72943!important;               /*定义背景色*/
    }
    .redWars{
        border: 1px solid white!important;          /*定义边框*/
        padding: 15px 26px!important;               /*定义内边距*/
        border-radius: 50%;                         /*定义圆角边框*/
        font-size: 40px;                            /*定义字体大小*/
        color: #F72943;                             /*定义字体颜色*/
```

```
            background: yellow;                    /*定义背景色*/
            display: inline-block;                 /*定义行内块级元素*/
            position: absolute;                    /*定义绝对定位*/
            left: 105px;                           /*距离左侧 105px*/
            top: 260px;                            /*距离顶部 260px*/
        }
</style>
</head>
<body class="container">
<div class="modal fade" id="myModal" >
    <div class="modal-dialog modal-dialog-centered" role="document"
style="width: 300px">
        <div class="modal-content">
            <button type="button" class="close del" data-bs-dismiss="modal">
                <span >&times;</span>
            </button>
            <img src="6.png" alt="" class="img-fluid rounded">
            <a href="#" class="btn redWars">抢</a>
        </div>
    </div>
</div>
<script>
    $(function(){
        $('#myModal').modal('show');
    });
</script>
</body>
```

程序运行结果如图 11-23 所示。

图 11-23　抢红包提示框

11.9　疑难问题解答

疑问 1：如何调用模态框？

模态框插件可以通过 data 属性调用。启动模态框无须编写 JavaScript 脚本，只需要在控制元素上设置 data-bs-toggle="modal"属性，以及 data-bs-target 或 href 属性。data-bs-toggle="modal"属性用来激活模态框插件，data-bs-target 或 href 属性用来绑定目标对象。

```
<button type="button" data-bs-toggle="modal" data-bs-target="#myModal">modal
```

```
</button>
<a href="#myModal" data-bs-target="modal" class="btn"></a>
```

疑问 2：使用模态框插件时需要注意什么？

模态框是一个多用途的 JavaScript 弹出窗口，可以使用它在网站中显示警告窗口、视频和图片。

在使用模态框插件时，应注意以下几点：

(1) 弹出模态框是用 HTML、CSS 和 JavaScript 构建的，模态框被激活时位于其他表现元素之上，并从<body>中删除滚动事件，以便模态框自身的内容能得到滚动。

(2) 点击模态框的灰色背景区域，将自动关闭模态框。

(3) 一次只支持一个模态窗口，不支持嵌套。

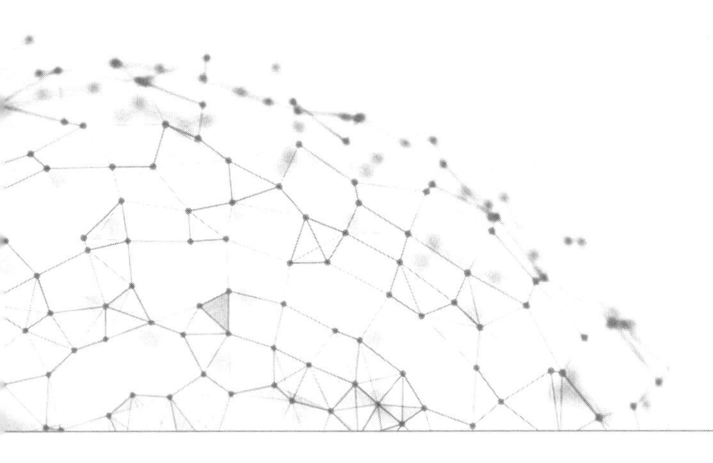

第12章

精通 JavaScript 插件

Bootstrap 定义了丰富的 JavaScript 插件。除了上一章讲解的常用插件以外，还有一些非常实用的插件，包括侧边栏导航、弹窗、滚动监听、标签页、吐司消息、提示框。本章将进一步深入解读这些 JavaScript 插件。

12.1 侧边栏导航

Bootstrap 5.X 新增的侧边栏导航类似于模态框，在移动端设备中比较常用。本节将详细讲述侧边栏导航的使用方法。

侧边栏导航插件需要 offcanvas.js 文件支持，在使用该插件之前，应先导入 offcanvas.js 文件。

```
<script src="offcanvas.js "></script>
```

或者直接导入 Bootstrap 的集成包：

```
<script src="bootstrap-5.1.3-dist/js/bootstrap.bundle.js"></script>
```

12.1.1 创建侧边栏导航

侧边栏导航可以通过 JavaScript 进行切换，在窗口的左、右或下边缘显示和隐藏，在项目中常用来构建可隐藏的侧边栏，用于导航、购物车等。

(1) .offcanvas：隐藏内容(默认)。

(2) .offcanvas.show：显示内容。

侧边栏导航的特点如下：

(1) 侧边栏导航与模态框共享一些相同的 JavaScript 代码。从概念上讲，它们非常相似，但它们是独立的插件。

(2) 当侧边栏导航显示时，默认有一个背景，可以通过单击隐藏背景。

(3) 一次只能显示一个侧边栏导航。

可以用链接元素的 href 属性或者按钮元素的 data-bs-target 属性来设置侧边栏。这两种情况都需要设置 data-bs-toggle="offcanvas"。

实例 1： 创建侧边栏导航(案例文件：ch12\12.1.html)

```
<a class="btn btn-primary" data-bs-toggle="offcanvas"
href="#offcanvasExample" role="button" aria-controls="offcanvasExample">
  使用链接的 href 属性</a>
<button class="btn btn-primary" type="button" data-bs-toggle="offcanvas"
data-bs-target="#offcanvasExample" aria-controls="offcanvasExample">
  按钮中使用 data-bs-target</button>
<div class="offcanvas offcanvas-start" tabindex="-1" id="offcanvasExample"
aria-labelledby="offcanvasExampleLabel">
  <div class="offcanvas-header">
    <h5 class="offcanvas-title" id="offcanvasExampleLabel">山中雪后</h5>
    <button type="button" class="btn-close text-reset" data-bs-
dismiss="offcanvas" aria-label="Close"></button>
  </div>
  <div class="offcanvas-body">
<div>晨起开门雪满山，雪晴云淡日光寒。檐流未滴梅花冻，一种清孤不等闲。</div>
    <div class="dropdown mt-3">
      <button class="btn btn-secondary dropdown-toggle" type="button"
id="dropdownMenuButton" data-bs-toggle="dropdown">更多古诗</button>
      <ul class="dropdown-menu" aria-labelledby="dropdownMenuButton">
        <li><a class="dropdown-item" href="#">古诗 1</a></li>
        <li><a class="dropdown-item" href="#">古诗 2</a></li>
        <li><a class="dropdown-item" href="#">古诗 3</a></li>
      </ul>
    </div>
  </div>
</div>
```

程序运行结果如图 12-1 所示。

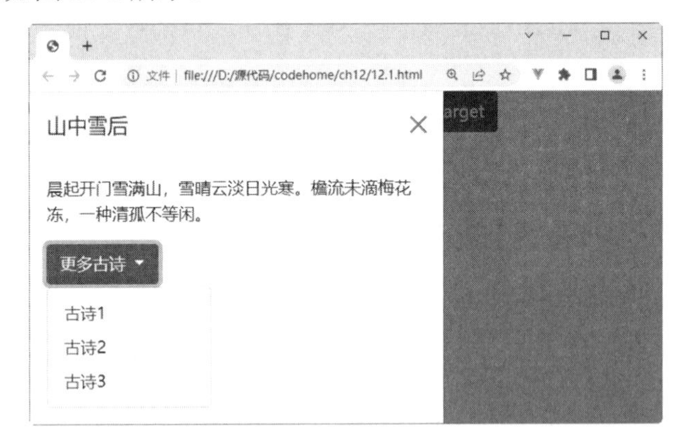

图 12-1　侧边栏导航

12.1.2　侧边栏导航的组件

侧边栏导航的组件包括容器、导航头、导航主体和导航按钮。

1. 容器

侧边栏导航的内容都在<div class="offcanvas offcanvas-start"> </div>中，容器就是侧边栏导航最外层的壳。

通过四个类来控制侧边栏在容器中的位置：

(1) .offcanvas-start：显示在左侧。

(2) .offcanvas-end：显示在右侧。

(3) .offcanvas-top：显示在顶部。

(4) .offcanvas-bottom：显示在底部。

2. 导航头

导航头包含一个导航标题和按钮，按钮就是导航右上角的关闭按钮，代码如下：

```
<div class="offcanvas-header">
   <h5 class="offcanvas-title" id="offcanvasExampleLabel">山中雪后</h5>
   <button type="button" class="btn-close text-reset" data-bs-
dismiss="offcanvas" aria-label="Close"></button>
</div>
```

3. 导航主体

所有包含在<div class="offcanvas-body"> <div>之间的内容都是导航主体，里面可以放置任意元素。

4. 导航按钮

导航按钮理论上来说不是导航的一部分，但是一般来说都要在页面设置一个按钮或者图标，当导航隐藏的时候，通过点击按钮或者滑动到某个区域来激活侧边栏导航。

```
<a class="btn btn-primary" data-bs-toggle="offcanvas"
href="#offcanvasExample" role="button" aria-controls="offcanvasExample">
  使用链接的 href 属性</a>
<button class="btn btn-primary" type="button" data-bs-toggle="offcanvas"
data-bs-target="#offcanvasExample" aria-controls="offcanvasExample">
  按钮中使用 data-bs-target</button>
```

上面有关导航按钮的分析如下：

(1) data-bs-toggle="offcanvas"表明对侧边导航起作用。

(2) href="　"或 data-bs-target="#offcanvasExample"是起关键作用的代码，其中#offcanvasExample 就是容器的 id。

(3) aria-controls="offcanvasExample"是设置键盘焦点的，可以不用设置。

12.1.3　设置背景及背景是否可滚动

在 Bootstrap 5.X 中，使用 data-bs-scroll 属性来设置侧边栏导航的<body>元素是否可滚动，使用 data-bs-backdrop 属性来设置是否显示背景画布。

实例 2：设置背景及背景是否可滚动(案例文件：ch12\12.2.html)

```
<button class="btn btn-primary" type="button" data-bs-toggle="offcanvas"
data-bs-target="#offcanvasScrolling" aria-controls="offcanvasScrolling">body
元素可以滚动</button>
<button class="btn btn-primary" type="button" data-bs-toggle="offcanvas"
data-bs-target="#offcanvasWithBackdrop" aria-
controls="offcanvasWithBackdrop">body 元素不能滚动，网页有灰色背景</button>
<button class="btn btn-primary" type="button" data-bs-toggle="offcanvas"
```

```
data-bs-target="#offcanvasWithBothOptions" aria-
controls="offcanvasWithBothOptions">body 元素不能滚动，网页有灰色背景</button>
<div class="offcanvas offcanvas-start" data-bs-scroll="true" data-bs-
backdrop="false" tabindex="-1" id="offcanvasScrolling" aria-
labelledby="offcanvasScrollingLabel">
  <div class="offcanvas-header">
    <h5 class="offcanvas-title" id="offcanvasScrollingLabel">正文内容可以滚动
</h5>
    <button type="button" class="btn-close text-reset" data-bs-
dismiss="offcanvas" aria-label="Close"></button>
  </div>
  <div class="offcanvas-body">
    <p>滚动页面查看效果。</p>
  </div>
</div>
<div class="offcanvas offcanvas-start" tabindex="-1"
id="offcanvasWithBackdrop" aria-labelledby="offcanvasWithBackdropLabel">
  <div class="offcanvas-header">
    <h5 class="offcanvas-title" id="offcanvasWithBackdropLabel">使用背景画布
</h5>
    <button type="button" class="btn-close text-reset" data-bs-
dismiss="offcanvas" aria-label="Close"></button>
  </div>
  <div class="offcanvas-body">
    <p>正文内容不可滚动</p>
  </div>
</div>
<div class="offcanvas offcanvas-start" data-bs-scroll="true" tabindex="-1"
id="offcanvasWithBothOptions" aria-
labelledby="offcanvasWithBothOptionsLabel">
  <div class="offcanvas-header">
    <h5 class="offcanvas-title" id="offcanvasWithBothOptionsLabel">使用背景画
布，正文内容可滚动</h5>
    <button type="button" class="btn-close text-reset" data-bs-
dismiss="offcanvas" aria-label="Close"></button>
  </div>
  <div class="offcanvas-body">
    <p>滚动页面查看效果。</p>
  </div>
</div>
<div class="container-fluid mt-3">
  <h3>侧边栏滚动测试</h3>
  <p>侧边栏滚动测试内容 </p>
  <p>侧边栏滚动测试内容 </p>
  <p>侧边栏滚动测试内容 </p>
  <p>侧边栏滚动测试内容</p> <br /><br /><br /><br /><br />
  <p>侧边栏滚动测试内容</p>
  <p>侧边栏滚动测试内容</p>
  <p>侧边栏滚动测试内容</p>
  <p>侧边栏滚动测试内容</p> <br /><br /><br /><br /><br />
  <p>侧边栏滚动测试内容</p>
  <p>侧边栏滚动测试内容</p>
  <p>侧边栏滚动测试内容</p>
  <p>侧边栏滚动测试内容</p>
  <br /><br /><br /><br /><br />
  <p>侧边栏滚动测试内容</p>
  <p>侧边栏滚动测试内容</p>
  <p>侧边栏滚动测试内容</p>
```

```
  <p>侧边栏滚动测试内容</p><br /><br /><br /><br /><br />
</div>
```

程序运行结果如图 12-2 所示。

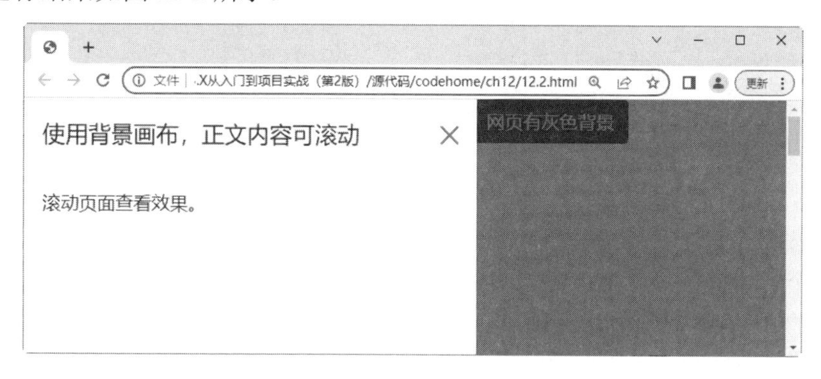

图 12-2　设置背景及背景是否可滚动

12.1.4　通过 JavaScript 控制侧边栏导航

前面都是通过操作数据属性 data 来控制侧边栏导航，下面来讲述如何通过 JavaScript 控制侧边栏导航，代码如下：

```
var offcanvasElementList =
[].slice.call(document.querySelectorAll('.offcanvas'))
var offcanvasList = offcanvasElementList.map(function (offcanvasEl) {
   return new bootstrap.Offcanvas(offcanvasEl)
})
```

12.2　弹　　窗

弹窗依赖提示框插件，因此需要先加载提示框插件 tooltip.js。另外，弹窗插件还需要 popover.js 文件支持，所以需要导入 tooltip.js 和 popover.js 文件。

```
<script src="tooltip.js"></script>
<script src="popover.js"></script>
```

或者直接导入 Bootstrap 的集成包：

```
<script src="bootstrap-5.1.3-dist/js/bootstrap.bundle.js"></script>
```

12.2.1　创建弹窗

弹窗类似于提示框，它在单击按钮或链接后显示，与提示框不同的是它可以显示更多的内容。

使用 data-bs-toggle="popover"属性为元素添加弹窗，使用 title 属性设置弹窗的标题，使用 data-bs-content 属性设置弹窗的内容。例如下面代码定义一个超链接，添加 data-bs-toggle="popover"属性，再定义 title 和 data-bs-content 属性内容：

```
<a href="#" type="button" class="btn btn-primary"data-bs-toggle="popover"
title="弹窗标题" data-bs-content="弹窗的内容">弹窗</a>
```

出于性能原因，Bootstrap 中无法通过 data 属性激活弹窗插件，因此必须手动通过 JavaScript 脚本方式调用。代码如下：

```
<script>
   var popoverTriggerList = [].slice.call(document.querySelectorAll('[data-
bs-toggle="popover"]'))
   var popoverList = popoverTriggerList.map(function (popoverTriggerEl) {
     return new bootstrap.Popover(popoverTriggerEl)
})
</script>
```

禁用的按钮元素是不能交互的，无法通过悬浮或单击来触发提示框。可以通过为禁用元素包裹一个容器，在该容器上触发弹窗。

在下面的例子中，为禁用按钮包裹一个<span>标签，在该标签上添加弹窗。

实例 3：禁用按钮的弹窗(案例文件：ch12\12.3.html)

```
<span data-bs-toggle="popover" title="雪晴晚望" data-bs-content="倚杖望晴雪，溪
云几万重。樵人归白屋，寒日下危峰。野火烧冈草，断烟生石松。却回山寺路，闻打暮天钟。">
  <button class="btn btn-primary" type="button" disabled>古诗欣赏</button>
</span>
<script>
   var popoverTriggerList = [].slice.call(document.querySelectorAll('[data-
bs-toggle="popover"]'))
   var popoverList = popoverTriggerList.map(function (popoverTriggerEl) {
       return new bootstrap.Popover(popoverTriggerEl)
})
</script>
```

程序运行结果如图 12-3 所示。

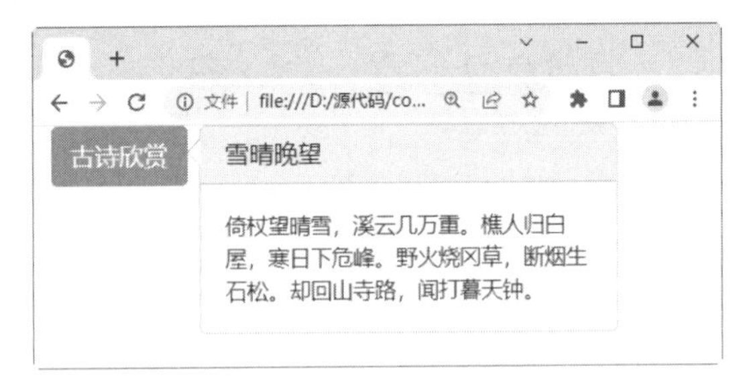

图 12-3　禁用按钮的弹窗效果

12.2.2　设置弹窗方向

与提示框默认的显示位置不同，弹窗默认的显示位置在目标对象的右侧。通过 data-bs-placement 属性可以设置提示信息的显示位置，取值有 top(顶部)、end(右侧)、bottom(底部)和 start(左侧)。

在下面的案例中，使用 data-bs-placement 属性为 4 个按钮设置不同的弹窗位置。

实例 4：设置弹窗的方向(案例文件：ch12\12.4.html)

```
<h3 align="center">弹窗的 4 个方向</h2>
<button type="button" class="btn btn-lg btn-danger ml-5" data-bs-
toggle="popover" data-bs-placement="left" title="雪晴晚望" data-bs-content="倚
```

```
杖望晴雪">向左</button>
<button type="button" class="btn btn-lg btn-danger ml-5" data-bs-
toggle="popover" data-bs-placement="right" title="雪晴晚望" data-bs-content="
倚杖望晴雪">向右</button>
<div class="mt-5 mb-5"><hr></div>
<button type="button" class="btn btn-lg btn-danger ml-5 " data-bs-
toggle="popover" data-bs-placement="top" title="雪晴晚望" data-bs-content="倚
杖望晴雪">向上</button>
<button type="button" class="btn btn-lg btn-danger ml-5" data-bs-
toggle="popover" data-bs-placement="bottom" title="雪晴晚望" data-bs-content="
倚杖望晴雪">向下</button>
<script>
   var popoverTriggerList = [].slice.call(document.querySelectorAll('[data-
bs-toggle="popover"]'))
   var popoverList = popoverTriggerList.map(function (popoverTriggerEl) {
      return new bootstrap.Popover(popoverTriggerEl)
})
</script>
```

程序运行结果如图 12-4 所示。

图 12-4 弹窗方向效果

在上面的示例中，使用共有的 data-bs-toggle="popover"属性来触发所有弹窗。

12.2.3 关闭弹窗

默认情况下，弹窗显示后，再次单击指定元素后弹窗就会关闭。如果需要单击元素的外部区域来关闭弹窗，可以设置属性 data-bs-trigger="focus"。代码如下：

```
<a href="#" title="取消弹窗" data-bs-toggle="popover" data-bs-trigger="focus"
data-bs-content="点击文档的其他地方关闭我">点我</a>
```

如果想实现在鼠标移动到元素上显示弹窗、移开后消失的效果，可以设置属性 data-bs-trigger="hover"。代码如下：

```
<a href="#" title="标题" data-bs-toggle="popover" data-bs-trigger="hover"
data-bs-content="一些内容">鼠标移动到我这</a>
```

实例 5: 关闭弹窗(案例文件：ch12\12.5.html)

```
<div class="container mt-3">
    <h3>关闭弹窗</h3>
    <a href="#" title="山中雪后" data-bs-toggle="popover" data-bs-
trigger="focus" data-bs-content="晨起开门雪满山，雪晴云淡日光寒。">点我
</a></div><br><br>
<div class="container mt-3">
    <h3>关闭弹窗</h3>
    <a href="#" title="山中雪后" data-bs-toggle="popover" data-bs-
trigger="hover" data-bs-content="檐流未滴梅花冻，一种清孤不等闲。">鼠标移动到我这
</a>
</div>
<script>
    var popoverTriggerList = [].slice.call(document.querySelectorAll('[data-
bs-toggle="popover"]'))
    var popoverList = popoverTriggerList.map(function (popoverTriggerEl) {
        return new bootstrap.Popover(popoverTriggerEl)
})
</script>
```

程序运行结果如图 12-5 所示。

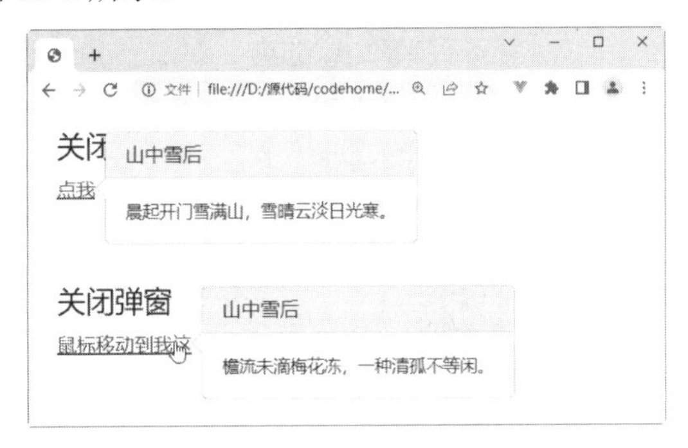

图 12-5　弹窗效果

12.3　滚 动 监 听

滚动监听(Scrollspy)是 Bootstrap 提供的很实用的 JavaScript 插件，能自动更新导航栏组件或列表组组件，可以根据滚动条的位置自动更新对应的目标，基于滚动条的位置向导航栏或列表组中添加.active 类。

在使用滚动监听插件之前，应在页面中导入 scrollspy.js 文件：

```
<script src="scrollspy.js"></script>
```

或者直接导入 Bootstrap 的集成包：

```
<script src="bootstrap-5.1.3-dist/js/bootstrap.bundle.js"></script>
```

12.3.1　导航栏中的滚动监听

滚动导航栏下方的区域，并观看活动列表的变化，选择的下拉菜单项也会突出显示。

实例 6： 设计导航栏中的滚动监听(案例文件：ch12\12.6.html)

具体设计步骤如下：

第 1 步：首先设计导航栏，在导航栏中添加一个下拉菜单。分别为导航栏列表项和下拉菜单项目设计锚点链接，锚记分别为“#list1”“#list2”“#menu1”“#menu2”“#menu3”。同时为导航栏定义一个 ID 值(id="navbar")，以方便滚动监听控制。具体代码如下：

```
<h3 align="center">在导航栏中的滚动监听</h3>
<nav id="navbar" class="navbar navbar-light bg-light">
   <ul class="nav nav-pills">
      <li class="nav-item">
         <a class="nav-link" href="#list1">首页</a>
      </li>
      <li class="nav-item">
         <a class="nav-link" href="#list2">热门蔬菜</a>
      </li>
      <li class="nav-item dropdown">
         <a class="nav-link dropdown-toggle" data-bs-toggle="dropdown"
href="#">热销水果</a>
         <div class="dropdown-menu">
            <a class="dropdown-item" href="#menu1">精品葡萄</a>
            <a class="dropdown-item" href="#menu2">精品苹果</a>
            <a class="dropdown-item" href="#menu3">精品香蕉</a>
         </div>
      </li>
   </ul>
</nav>
```

第 2 步：设计监听对象。这里设计一个包含框(class="Scrollspy")，其中存放多个子容器。在内容框中，为每个标题设置锚点位置，即为每个<h4>标签定义 ID 值，对应值分别为 list1、list2、menu1、menu2、menu3。为监听对象设置被监听的 Data 属性：data-bs-spy="scroll"，指定监听的导航栏：data-bs-target="#navbar"，定义监听过程中滚动条的偏移位置：data-bs-offset="80"。代码如下：

```
<div data-bs-spy="scroll" data-bs-target="#navbar" data-bs-offset="80"
class="Scrollspy">
   <h4 id="list1">惠丰商城</h4>
   <p><img src="1.jpg" alt="" class="img-fluid"></p>
   <h4 id="list2">热门蔬菜</h4>
   <p><img src="2.jpg" alt="" class="img-fluid"></p>
   <h4 id="menu1">精品葡萄</h4>
   <p><img src="3.jpg" alt="" class="img-fluid"></p>
   <h4 id="menu2">精品苹果</h4>
   <p><img src="4.jpg" alt="" class="img-fluid"></p>
   <h4 id="menu3">精品香蕉</h4>
   <p><img src="5.jpg" alt="" class="img-fluid"></p>
</div>
```

第 3 步：为监听对象<div class="Scrollspy">自定义样式，设计包含框为固定大小，并显示滚动条。代码如下：

```
<style>
  .scrollspy{
   width: 500px;     /*定义宽度*/
```

```
    height: 300px;    /*定义高度*/
    overflow: scroll;/*定义当内容溢出元素框时，浏览器显示滚动条以便查看其余的内容*/
    }
</style>
```

运行程序，则可以看到当拖动<div class="Scrollspy">容器的滚动条时，导航栏会实时监听并更新当前被激活的菜单项，效果如图 12-6 所示。

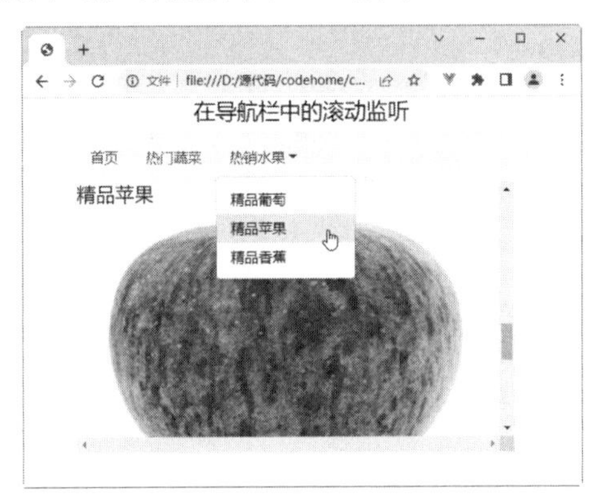

图 12-6　滚动监听效果

12.3.2　嵌套导航栏中的滚动监听

嵌套的导航栏可以实现左侧是导航栏，右侧是监听对象。

实例 7： 嵌套导航栏中的滚动监听(案例文件：ch12\12.7.html)

第 1 步：设计布局。使用 Bootstrap 的网格系统进行设计，左侧占 3 份，右侧占 9 份。

```
<div class="row">
    <div class="col-3"></div>
    <div class="col-9"></div>
</div>
```

第 2 步：设计嵌套的导航栏，分别为嵌套的导航栏列表项添加锚链接，同时为导航栏添加一个 ID 值(id="navbar1")。

```
<h3 align="center">嵌套导航栏中的滚动监听</h3>
<div class="row">
    <div class="col-3">
        <nav id="navbar1 " class="navbar navbar-light bg-light">
            <nav class="nav nav-pills flex-column">
                <a class="nav-link" href="#item-1">首页</a>
                <nav class="nav nav-pills flex-column">
                    <a class="nav-link ms-3 my-1" href="#item-1-1">精品香蕉</a>
                    <a class="nav-link ms-3 my-1" href="#item-1-2">精品苹果</a>
                </nav>
                <a class="nav-link" href="#item-2">最新活动</a>
                <a class="nav-link" href="#item-3">新品上架</a>
                <nav class="nav nav-pills flex-column">
                    <a class="nav-link ms-3 my-1" href="#item-3-1">精品蔬菜</a>
                    <a class="nav-link ms-3 my-1" href="#item-3-2">精品葡萄</a>
                </nav>
            </nav>
        </nav>
```

```
    </div>
    <div class="col-9">
        <div data-bs-spy="scroll" data-bs-target="#navbar1" data-bs-
offset="80" class="Scrollspy">
            <h4 id="item-1">首页</h4>
            <h5 id="item-1-1">精品香蕉</h5>
            <p><img src="5.jpg" alt="" class="img-fluid"></p>
            <h5 id="item-1-2">精品苹果</h5>
            <p><img src="4.jpg" alt="" class="img-fluid"></p>
            <h4 id="item-2">最新活动</h4>
             <h4 id="item-3">新品上架</h4>
            <p><img src="1.jpg" alt="" class="img-fluid"></p>
            <h5 id="item-3-1">精品蔬菜</h5>
            <p><img src="2.jpg" alt="" class="img-fluid"></p>
            <h5 id="item-3-2">精品葡萄</h5>
            <p><img src="3.jpg" alt="" class="img-fluid"></p>
        </div>
    </div>
</div>
```

第 3 步：为监听对象<div class="Scrollspy">自定义样式，设计包含框为固定大小，并显示滚动条。

```
<style>
  .Scrollspy{
   width: 500px;       /*定义宽度*/
   height: 600px;      /*定义高度*/
   overflow: scroll;  /*定义当内容溢出包含框时，浏览器显示滚动条以便查看其余的内容*/
   }
</style>
```

运行程序，可以看到当拖动<div class="Scrollspy">容器的滚动条时，导航条会实时监听并更新当前被激活的菜单项，效果如图 12-7 所示。

图 12-7　嵌套的导航栏监听效果

12.3.3　列表组中的滚动监听

列表组采用上面案例中相同的布局，只是把嵌套导航栏换成列表组。

实例 8：列表组中的滚动监听(案例文件：ch12\12.8.html)

这里为监听对象<div class="Scrollspy">自定义样式，设计包含框为固定大小，并显示滚动条。

```
<style>
  .Scrollspy{
    width: 500px;       /*定义宽度*/
    height: 500px;      /*定义高度*/
    overflow: scroll; /*定义当内容溢出元素框时，浏览器显示滚动条以便查看其余的内容*/
        }
</style>
<h3 align="center">列表组中的滚动监听</h3>
<div class="row">
    <div class="col-3">
        <div id="list" class="list-group">
            <a class="list-group-item list-group-item-action" href="#list-
item-1">最新活动</a>
            <a class="list-group-item list-group-item-action" href="#list-
item-2">精品蔬菜</a>
            <a class="list-group-item list-group-item-action" href="#list-
item-3">精品葡萄</a>
            <a class="list-group-item list-group-item-action" href="#list-
item-4">精品苹果</a>
            <a class="list-group-item list-group-item-action" href="#list-
item-5">精品香蕉</a>
        </div>
    </div>
    <div class="col-9">
        <div data-bs-spy="scroll" data-bs-target="#list" data-bs-offset="0"
class="Scrollspy">
            <h4 id="list-item-1">最新活动</h4>
            <p><img src="1.jpg " alt="" class="img-fluid"></p>
            <h4 id="list-item-2">精品蔬菜</h4>
            <p><img src="2.jpg " alt="" class="img-fluid"></p>
            <h4 id="list-item-3">精品葡萄</h4>
            <p><img src="3.jpg " alt="" class="img-fluid"></p>
            <h4 id="list-item-4">精品苹果</h4>
            <p><img src="4.jpg " alt="" class="img-fluid"></p>
            <h4 id="list-item-5">精品香蕉</h4>
            <p><img src="5.jpg " alt="" class="img-fluid"></p>
        </div>
    </div>
</div>
```

运行程序，可以看到当拖动<div class="Scrollspy">容器的滚动条时，列表会实时监听并更新当前被激活的列表项，效果如图 12-8 所示。

图 12-8　列表滚动监听效果

12.4 标 签 页

标签页插件需要 tab.js 文件支持，因此在使用该插件之前，应先导入 tab.js 文件。

```
<script src="tab.js"></script>
```

或者直接导入 Bootstrap 的集成包：

```
<script src="bootstrap-5.1.3-dist/js/bootstrap.bundle.js"></script>
```

在使用标签页插件之前，首先来了解一下标签页的 HTML 结构。

标签页分为两部分：导航区和内容区域。导航区使用 Bootstrap 导航组件设计，在导航区，把每个超链接定义为锚点链接，锚点值指向对应的标签内容框的 ID 值。内容区域需要使用.tab-content 类定义外包含框，使用.tab-pane 类定义每个 Tab 内容框。

最后，在导航区域为每个超链接定义 data-bs-toggle="tab"，激活标签页插件。对于下拉菜单选项，也可以通过该属性激活它们对应的行为。

实例 9： 定义标签页(案例文件：ch12\12.9.html)

```
<ul class="nav nav-tabs">
   <li class="nav-item">
      <a class="nav-link active" data-bs-toggle="tab" href="#image1">首页
</a>
   </li>
   <li class="nav-item">
      <a class="nav-link" data-bs-toggle="tab" href="#image2">精品蔬菜</a>
   </li>
   <li  class="dropdown nav-item">
      <a href="#" class="nav-link dropdown-toggle" data-bs-
toggle="dropdown">精品水果</a>
      <ul class="dropdown-menu">
         <li class="nav-item">
           <a class="nav-link" data-bs-toggle="tab" href="#image3">葡萄</a>
          </li>
          <li class="nav-item">
           <a class="nav-link" data-bs-toggle="tab" href="#image4">苹果</a>
          </li>
      </ul>
   </li>
   <li class="nav-item">
      <a class="nav-link" data-bs-toggle="tab" href="#image5">热销水果</a>
   </li>
</ul>
<div class="tab-content">
   <div class="tab-pane fade show active" id="image1"><img src="1.jpg"
alt="" class="img-fluid"></div>
   <div class="tab-pane fade" id="image2"><img src="2.jpg" alt=""
class="img-fluid"></div>
   <div class="tab-pane fade" id="image3"><img src="3.jpg" alt=""
class="img-fluid"></div>
   <div class="tab-pane fade" id="image4"><img src="4.jpg" alt=""
class="img-fluid"></div>
   <div class="tab-pane fade" id="image5"><img src="5.jpg" alt=""
class="img-fluid"></div>
</div>
```

程序运行结果如图 12-9 所示。

图 12-9 标签页效果

12.5 提 示 框

在 Bootstrap 5.X 中，提示框插件需要 tooltip.js 文件支持，所以在使用之前，应该导入 tooltip.js 文件。提示框插件还依赖第三方插件 popper.js 实现，所以在使用提示框时要确保引入了 popper.js 文件。

```
<script src="popper.js"></script>
<script src="tooltip.js"></script>
```

或者直接导入 Bootstrap 的集成包：

```
<script src="bootstrap-5.1.3-dist/js/bootstrap.bundle.js"></script>
```

12.5.1 创建提示框

提示框是一个小小的弹窗，在鼠标指针移动到元素上时显示，鼠标移到元素外就消失。使用 data-bs-toggle="tooltip"属性为元素添加提示框，提示的内容使用 title 属性设置。例如下面代码定义一个超链接，添加 data-bs-toggle="tooltip"属性，并定义 title 内容：

```
<a href="#" type="button" class="btn btn-primary" data-bs-toggle="tooltip"
title="将跳转到注册页面">注册</a>
```

出于性能的原因，Bootstrap 未支持通过 data 属性激活提示框插件，因此必须手动通过 JavaScript 脚本方式调用。

```
var tooltipTriggerList = [].slice.call(document.querySelectorAll('[data-bs-
toggle="tooltip"]'))
var tooltipList = tooltipTriggerList.map(function (tooltipTriggerEl) {
  return new bootstrap.Tooltip(tooltipTriggerEl)
})
```

程序运行结果如图 12-10 所示。

对于禁用的按钮元素，是不能交互的，无法通过悬浮或单击来触发提示框。但可以通过为禁用元素包裹一个容器，在该容器上触发提示框。

在下面代码中，为禁用按钮包裹一个<span>标签，在它上面添加提示框。

```
<span data-bs-toggle="tooltip" title="禁用的按钮">
   <button class="btn btn-primary" type="button" disabled>禁用按钮</button>
</span>
```

程序运行结果如图 12-11 所示。

图 12-10　提示框效果

图 12-11　禁用按钮设置提示框效果

12.5.2　设置提示框的显示位置

使用 data-bs-placement=""属性设置提示框的显示方向，可选值有四个：start、end、top 和 bottom，分别表示向左、向右、向上和向下。

下面定义 4 个按钮，使用 data-bs-placement 属性为每个提示框设置不同的显示位置。

实例 10： 设置提示框的显示位置(案例文件：ch12\12.10.html)

```
<body class="container">
<h2 align="center">设置提示框的显示位置</h2>
<button type="button" class="btn btn-lg btn-danger ml-5" data-bs-
toggle="tooltip" data-bs-placement="left" data-bs-trigger="click" title="提示
框信息">向左</button>
<button type="button" class="btn btn-lg btn-danger ml-5" data-bs-
toggle="tooltip" data-bs-placement="right" data-bs-trigger="click" title="提
示框信息">向右</button>
<div class="mt-5 mb-5"><hr></div>
<button type="button" class="btn btn-lg btn-danger ml-5 " data-bs-
toggle="tooltip" data-bs-placement="top" data-bs-trigger="click" title="提示
框信息">向上</button>
<button type="button" class="btn btn-lg btn-danger ml-5" data-bs-
toggle="tooltip" data-bs-placement="bottom" data-bs-trigger="click" title="提
示框信息">向下</button>
</body>
<script>
   var tooltipTriggerList = [].slice.call(document.querySelectorAll('[data-
bs-toggle="tooltip"]'))
   var tooltipList = tooltipTriggerList.map(function (tooltipTriggerEl) {
      return new bootstrap.Tooltip(tooltipTriggerEl)
   })
</script>
```

程序运行结果如图 12-12 所示。

图 12-12　提示框的显示位置

12.5.3 调用提示框

使用 JavaScript 脚本触发提示框：

```
$('#example').tooltip(options);
```

$('#example')表示匹配的页面元素，options 是一个参数对象，可以设置提示框的相关配置参数，说明如表 12-1 所示。

表 12-1 tooltip()的配置参数

名称	类型	默认值	说 明
animation	boolean	true	提示工具是否应用 CSS 淡入淡出过渡特效
container	string|element|false	false	将提示工具附加到特定元素上，例如“<body>”
delay	number|object	0	设置提示工具显示和隐藏的延迟时间，不适用于手动触发类型；如果只提供了一个数字，则表示显示和隐藏的延迟时间。语法结构如下: delay:{show:1000,hide:500}
html	boolean	false	是否插入 HTML 字符串。如果为 true，提示框标题中的 HTML 标记将在提示框中呈现；如果设置为 false，则使用 jQuery 的 text()方法插入内容，不用担心 XSS 攻击
placement	string|function	top	设置提示框的位置，包括 auto|top|bottom|left|right。当设置为 auto 时，将动态地重新定位提示框
selector	string	false	设置一个选择器字符串，针对选择器匹配的目标进行显示
title	string|element|function	无	如果 title 属性不存在，则需要显示提示文本
trigger	string	click	设置提示框的触发方式，包括单击(click)、鼠标经过(hover)、获取焦点(focus)和手动(manual)。可以指定多种方式，多种方式之间通过空格进行分割
offset	number|string	0	提示框内容相对于提示框的偏移量

可以通过 data 属性或 JavaScript 脚本传递参数。对于 data 属性，将参数名附着到 data-bs-的后面即可，如 data-bs-container=""。也可以为每个提示框指定单独的 data 属性。

下面通过 JavaScript 设置提示框的参数，让提示信息以 HTML 文本格式显示一幅图片，同时延迟 1 秒钟显示，推迟 1 秒钟隐藏，通过 click(单击)触发弹窗，偏移量设置为 100px，支持 HTML 字符串，应用 CSS 淡入淡出过渡特效。

实例 11： 在提示框中显示图片(案例文件：ch12\12.11.html)

```
<h3 align="center">在提示框中显示图片</h3>
<button type="button" class="btn btn-lg btn-danger ml-5" data-bs-
toggle="tooltip">提示框</button>
```

```
<script>
    $(function () {
        $('[data-bs-toggle="tooltip"]').tooltip({
            animation:true,                     //应用 CSS 淡入淡出过渡特效
            html:true,                          //支持 HTML 字符串
            offset:"100px",                     //设置偏移位置
            title:"<img src='2.jpg' width='300' class='img-fluid'>",  //提示内容
            placement:"right",                  //显示位置
            trigger:"click",                    //鼠标单击时触发
            delay:{show:1000,hide:1000}         //显示和延迟的时间
        });
    })
</script>
```

程序运行结果如图 12-13 所示。

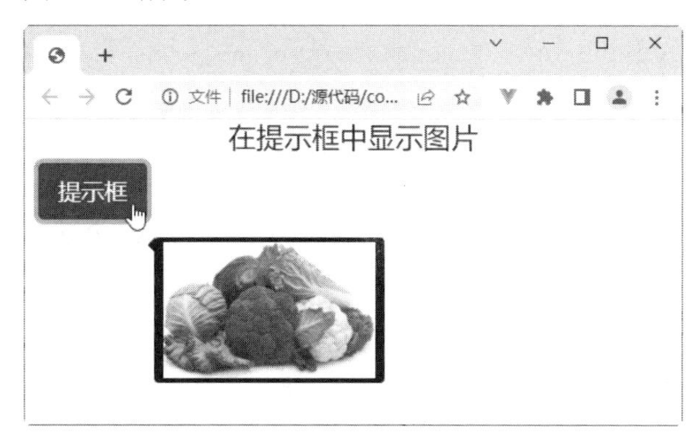

图 12-13　在提示框中显示图片效果

12.6　吐 司 消 息

吐司消息(Toasts)是一种轻量级通知，旨在模仿移动和桌面操作系统已经普及的推送通知。它们是用 flexbox 构建的，所以很容易对齐和定位。

吐司插件需要 toast.js 文件支持，因此在使用该插件之前，应先导入 toast.js 文件。

```
<script src="toast.js"></script>
```

或者直接导入 Bootstrap 的集成包：

```
<script src="bootstrap-5.1.3-dist/js/bootstrap.bundle.js"></script>
```

12.6.1　创建吐司消息

使用 data-bs-dismiss="toast"属性为元素添加吐司消息。出于性能的原因，Bootstrap 不支持通过 data 属性激活吐司插件，因此必须手动通过 JavaScript 脚本方式调用。

```
document.querySelector("#liveToastBtn").onclick = function() {
  new bootstrap.Toast(document.querySelector('.toast')).show();
}
```

实例 12： 创建吐司消息(案例文件：ch12\12.12.html)

```
<div><br>
    <button type="button" class="btn btn-primary" id="liveToastBtn">吐司消息</button>
    <div class="position-fixed bottom-0 end-0 p-3" style="z-index: 5">
      <div id="liveToast" class="toast hide" data-bs-animation="false"
role="alert" aria-live="assertive" aria-atomic="true">
        <div class="toast-header">
        <strong class="me-auto">吐司消息提示</strong>
        <small>5 秒之前</small>
        <button type="button" class="btn-close" data-bs-dismiss="toast" aria-
label="Close"></button>
        </div>
        <div class="toast-body"> 您有一条新短消息！ </div></div>
    </div>
  </div>
<script>
   document.querySelector("#liveToastBtn").onclick = function() {
    new bootstrap.Toast(document.querySelector('.toast')).show();
  }
</script>
```

程序运行结果如图 12-14 所示。

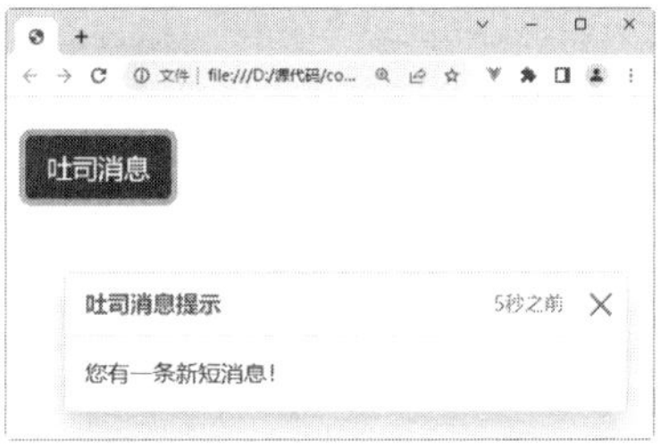

图 12-14　吐司消息效果

12.6.2　堆叠吐司消息

可以通过将吐司消息包装在 toast-container 容器中来堆叠它们，这将会在垂直方向上增加一些间距。

实例 13： 堆叠吐司消息(案例文件：ch12\12.13.html)

```
<div> <br>
    <button type="button" class="btn btn-primary" id="liveToastBtn1">吐司消息
1</button>
    <button type="button" class="btn btn-primary" id="liveToastBtn2">吐司消息
2</button>
    <div class="toast-container">
      <div class="toast" id="toast1" role="alert" aria-live="assertive" aria-
atomic="true">
      <div class="toast-header">
      <strong class="me-auto">吐司消息</strong>
      <small class="text-muted">刚刚发送</small>
      <button type="button" class="btn-close" data-bs-dismiss="toast" aria-
label="Close"></button>
      </div>
      <div class="toast-body">第一条消息</div>
     </div>
     <div class="toast"  id="toast2" role="alert" aria-live="assertive" aria-
atomic="true">
     <div class="toast-header">
     <strong class="me-auto">吐司消息</strong>
     <small class="text-muted">3 分钟前</small>
     <button type="button" class="btn-close" data-bs-dismiss="toast" aria-
label="Close"></button>
     </div>
     <div class="toast-body">第二条消息</div>
```

```
    </div>
    </div>
</div>
<script>
    document.querySelector("#liveToastBtn1").onclick = function() {
      new bootstrap.Toast(document.querySelector('#toast1')).show();
    }
    document.querySelector("#liveToastBtn2").onclick = function() {
       new bootstrap.Toast(document.querySelector('#toast2')).show();
    }
</script>
```

程序运行结果如图 12-15 所示。

图 12-15　堆叠吐司消息效果

12.6.3　自定义吐司消息

通过移除子元件、调整通用类或者增加标记可以自定义吐司消息。

实例 14：自定义吐司消息(案例文件：ch12\12.14.html)

```
<div> <br><br>
    <button type="button" class="btn btn-primary" id="liveToastBtn">吐司消息
</button>
    <div class="toast" role="alert" aria-live="assertive" aria-atomic="true">
        <div class="toast-body">
        平山阑槛倚晴空，山色有无中。
        <div class="mt-2 pt-2 border-top">
        <button type="button" class="btn btn-primary btn-sm">更多古诗欣赏
</button>
        <button type="button" class="btn btn-secondary btn-sm" data-bs-
dismiss="toast">关闭</button>
        </div>
        </div>
      </div>
</div>
<script>
    document.querySelector("#liveToastBtn").onclick = function() {
      new bootstrap.Toast(document.querySelector('.toast')).show();
   }
</script>
```

程序运行结果如图 12-16 所示。

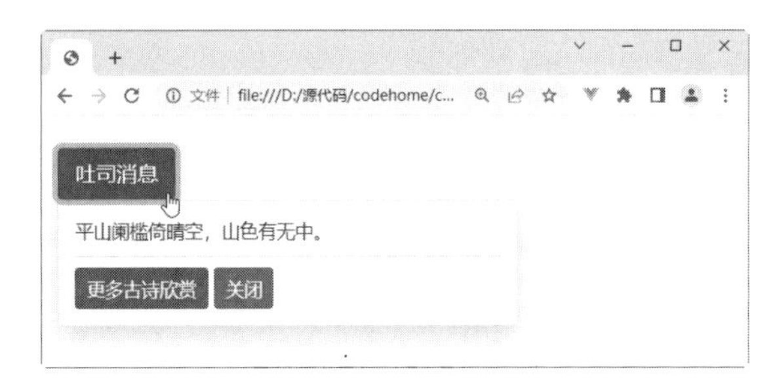

图 12-16　自定义吐司消息效果

12.6.4　设置吐司消息的颜色

通过颜色通用类可以为吐司消息设置不同的颜色。将 bg-danger 与 text-white 添加到 toast，再把 text-white 添加到关闭按钮上。为了让边缘清晰显示，可以设置 border-0，从而移除预设的边框。

实例 15：设置吐司消息的颜色(案例文件：ch12\12.15.html)

```
<div> <br><br>
    <button type="button" class="btn btn-primary" id="liveToastBtn">显示吐司消
息</button>
    <div class="toast align-items-center text-white bg-danger border-0"
role="alert" aria-live="assertive" aria-atomic="true">
        <div class="d-flex">
        <div class="toast-body">
        这里是红色背景的
        </div>
        <button type="button" class="btn-close btn-close-white me-2 m-auto"
data-bs-dismiss="toast" aria-label="Close"></button>
        </div>
<script>
    document.querySelector("#liveToastBtn").onclick = function() {
      new bootstrap.Toast(document.querySelector('.toast')).show();
    }
</script>
```

程序运行结果如图 12-17 所示。

图 12-17　设置吐司消息的颜色

12.7　案例实训——设计热销商品推荐区

本案例使用 Bootstrap 标签页插件，辅以网格系统和 Flex 布局技术设计热销商品推荐区。

实例 16：设计热销商品推荐区(案例文件：ch12\12.16.html)

```
<style>
        .custom .active{
           border-radius: 0!important;
           background: #ff5774 !important;
        }
        .color1{
           color:#FF4466;
        }
        .color2{
           color: #ff9797;
        }
        .value{
           font-size: 0.8rem;
        }
    </style>
</head>
<body class="container">
<h3>热销商品推荐 <small class="ms-2 text-muted">HOT</small></h3>
<ul class="nav nav-pills nav-fill custom">
    <li class="nav-item border flex-fill text-center">
        <a class="nav-link active" data-bs-toggle="tab" href="#image1">水果</a>
    </li>
    <li class="nav-item border flex-fill text-center">
        <a class="nav-link" data-bs-toggle="tab" href="#image2">蔬菜</a>
    </li>
    <li class="nav-item border flex-fill text-center">
        <a class="nav-link" data-bs-toggle="tab" href="#image3">海鲜</a>
    </li>
    <li class="nav-item border flex-fill text-center">
        <a class="nav-link" data-bs-toggle="tab" href="#image4">糕点</a>
    </li>
</ul>

<div class="tab-content">
    <div class="tab-pane fade show active" id="image1">
        <div class="row g-0">
            <div class="col-3 p-3 border">
                <img src="images/01.png" alt="" class="img-fluid">
                <p class="my-2 value text-center">精品草莓</p>
                <div class="row text-center">
                    <div class="col-6 border-end value color1">¥20</div>
                    <div class="col-6 value"><a href="#" class="text-dark"><i
class="fa fa-weixin me-1 color2"></i>200 评价</a></div>
                </div>
            </div>
            <div class="col-3 p-3 border">
                <img src="images/02.png" alt="" class="img-fluid">
                <p class="my-2 value text-center">精品石榴</p>
                <div class="row text-center">
                    <div class="col-6 border-end value color1">¥16</div>
                    <div class="col-6 value"><a href="#" class="text-dark"><i
class="fa fa-weixin me-1 color2"></i>401 评价</a></div>
                </div>
            </div>
            <div class="col-3 p-3 border">
                <img src="images/03.png" alt="" class="img-fluid">
                <p class="my-2 value text-center">精品苹果</p>
                <div class="row text-center">
```

```
                    <div class="col-6 border-end value color1">¥18</div>
                    <div class="col-6 value"><a href="#" class="text-dark"><i
class="fa fa-weixin me-1 color2"></i>600 评价</a></div>
                </div>
            </div>
            <div class="col-3 p-3 border">
                <img src="images/04.png" alt="" class="img-fluid">
                <p class="my-2 value text-center">精品葡萄</p>
                <div class="row text-center">
                    <div class="col-6 border-end value color1">¥22</div>
                    <div class="col-6 value"><a href="#" class="text-dark"><i
class="fa fa-weixin me-1 color2"></i>230 评价</a></div>
                </div>
            </div>
          </div>
        </div>
 <div class="tab-pane fade" id="image2">
        <div class="row no-gutters">
            <div class="col-3 p-3 border">
                <img src="images/11.png" alt="" class="img-fluid">
                <p class="my-2 value text-center">精品辣椒</p>
                <div class="row text-center">
                    <div class="col-6 border-end value color1">¥28</div>
                    <div class="col-6 value"><a href="#" class="text-dark"><i
class="fa fa-weixin me-1 color2"></i>401 评价</a></div>
                </div>
            </div>
            <div class="col-3 p-3 border">
                <img src="images/12.png" alt="" class="img-fluid">
                <p class="my-2 value text-center">精品萝卜</p>
                <div class="row text-center">
                    <div class="col-6 border-end value color1">¥9</div>
                    <div class="col-6 value"><a href="#" class="text-dark"><i
class="fa fa-weixin me-1 color2"></i>160 评价</a></div>
                </div>
            </div>
            <div class="col-3 p-3 border">
                <img src="images/13.png" alt="" class="img-fluid">
                <p class="my-2 value text-center">精品菠菜</p>
                <div class="row text-center">
                    <div class="col-6 border-end value color1">¥6</div>
                    <div class="col-6 value"><a href="#" class="text-dark"><i
class="fa fa-weixin me-1 color2"></i>200 评价</a></div>
                </div>
            </div>
            <div class="col-3 p-3 border">
                <img src="images/14.png" alt="" class="img-fluid">
                <p class="my-2 value text-center">精品黄瓜</p>
                <div class="row text-center">
                    <div class="col-6 border-end value color1">¥199</div>
                    <div class="col-6 value"><a href="#" class="text-dark"><i
class="fa fa-weixin me-1 color2"></i>1100 评价</a></div>
                </div>
            </div>
            </div>
    </div>
    <div class="tab-pane fade" id="image3">
```

```
    </div>
    <div class="tab-pane fade" id="image4">
     </div>
</div>
</body>
```

程序运行结果如图 12-18 所示。

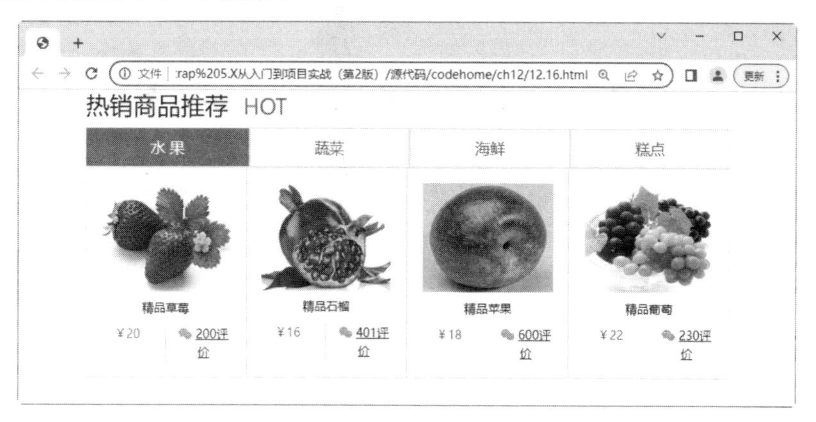

图 12-18　热销商品推荐区

12.8　疑难问题解答

疑问 1：如何设置侧边栏导航自动显示？

直接在容器上添加一个参数 show 即可。这样打开页面不用点击按钮就会出现导航。例如：

```
<div class="offcanvas offcanvas-start show" tabindex="-1"
id="offcanvasExample" aria-labelledby="offcanvasExampleLabel">
```

在容器中添加 data-bs-keyboard="true"可以实现按 escape 键时关闭 offcanvas。

疑问 2：控制侧边栏导航的事件有哪些？

Bootstrap 的.offcanvas 类公开了一些事件，用于控制侧边栏导航。

(1) show.bs.offcanvas：调用 show instance 方法时，此事件立即触发。

(2) shown.bs.offcanvas：当 offcanvas 元素对用户可见时，将触发此事件。

(3) hide.bs.offcanvas：调用 hide 方法后，会立即触发此事件。

(4) hidden.bs.offcanvas：当对用户隐藏 offcanvas 元素时，将触发此事件。

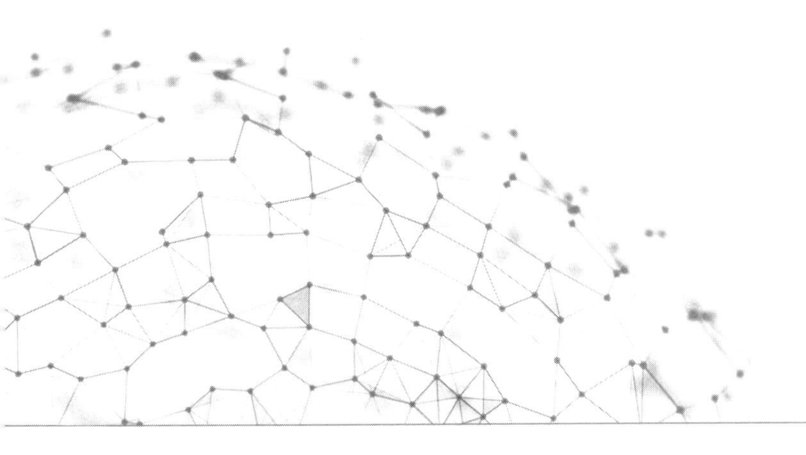

第 13 章

项目实训 1——招聘网中的简历模板

本项目将制作一个响应式的个人简历模板，可用于向面试企业投递，展示应聘者的信息。该项目使用 Bootstrap 和 CSS 技术设计整个布局，以简洁明了、大方美观为主要风格。本项目适合初学者模仿学习，也可作为招聘网中的简历模板进行使用。

13.1 案例概述

本项目制作的响应式的个人简历模板主要包括三个页面，左侧信息栏和顶部导航条是固定设计，每个页面都相同。

13.1.1 案例结构

本项目的目录文件说明如下：

- bootstrap-5.1.3-dist：Bootstrap 框架文件夹。
- font-awesome：图标字体库文件。
- images：图片素材。
- style.css：样式表文件。
- index.html：主页面。
- contact.html：联系页面。
- photo.html：相册页面。

13.1.2 设计效果

本项目主要包括主页面、联系页面和相册页面。

首先运行 index.html 文件打开主页面。主页面内容区主要包括 4 个部分，使用 h5 标签定义标题，在中屏及以上设备(≥768px)上的显示效果如图 13-1、图 13-2 所示。

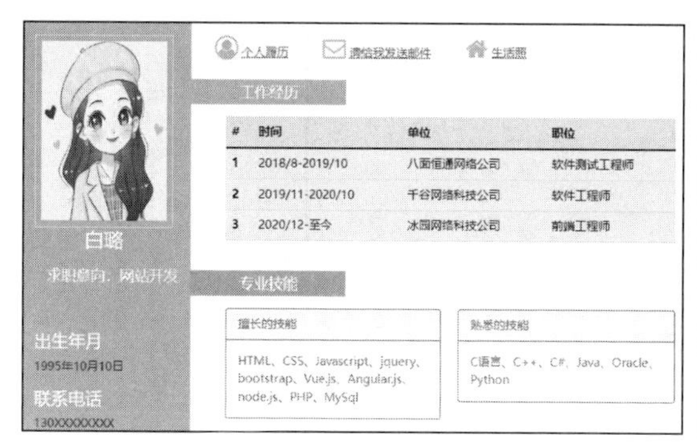

图 13-1　主页面宽屏效果(上)

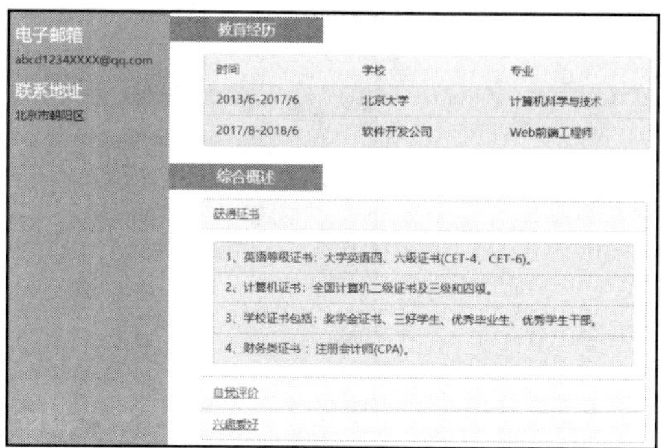

图 13-2　主页面宽屏效果(下)

主页使用了响应式布局，在中屏以下设备(<768px)中将响应式地进行排列，显示效果如图 13-3 所示。

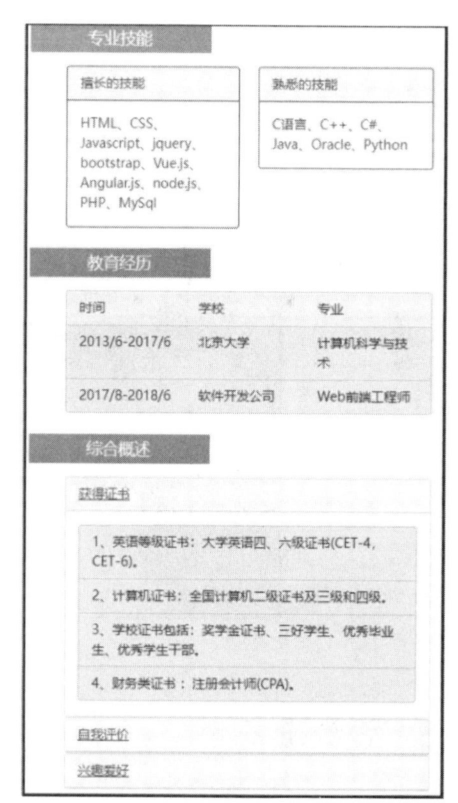

图 13-3　主页面窄屏效果

在主页面中单击导航条中的“请给我发送邮件”链接，可跳转到联系页面。联系页面是一组表单，效果如图 13-4 所示。

当单击“生活照”链接时，页面跳转到相册页面，显示效果如图 13-5 所示。

图 13-4　联系页面效果

图 13-5　相册页面效果

13.1.3　设计准备

应用 Bootstrap 框架的页面建议设置为 HTML5 文档类型，同时在页面头部区域导入框架的基本样式文件、脚本文件和自定义的 CSS 样式文件。本案例的配置文件如下：

```
<!DOCTYPE html>
<html>
<head>
    <meta charset="UTF-8">
    <title>Title</title>
    <meta name="viewport" content="width=device-width,initial-scale=1,
shrink-to-fit=no">
    <link rel="stylesheet" href="bootstrap-5.1.3-dist/css/bootstrap.css">
    <script src="bootstrap-5.1.3-dist/js/bootstrap.bundle.js"></script>
```

```
    <!--css 文件-->
    <link rel="stylesheet" href="style.css">
    <!--字体图标文件-->
    <link rel="stylesheet" href="font-awesome/css/font-awesome.css">
</head>
<body class="container-fluid">
</body>
</html>
```

13.2　设计布局

本项目中 3 个页面的布局是相同的，左侧是信息栏，右侧由导航条和内容区组成。整个页面使用网格系统进行布局，在中大屏设备中，左右部分分别占 3 份和 9 份，如图 13-6 所示；左侧信息栏和右侧内容区在小屏设备中各占一行，如图 13-7 所示。布局代码如下：

```
<div class="row">
    <div class="col-sm-12 col-md-3 left">信息栏</div>
    <div class="col-sm-12 col-md-9 right p-0">导航条和内容区</div>
</div>
```

提示

本章后面介绍的所有内容都包含在上面的布局中。

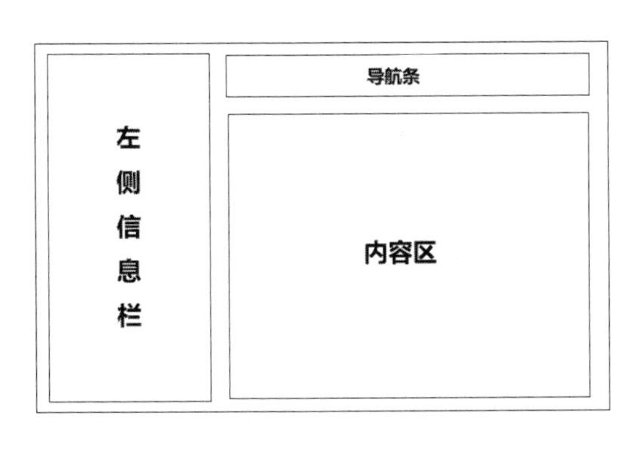

图 13-6　中大屏设备中的布局效果

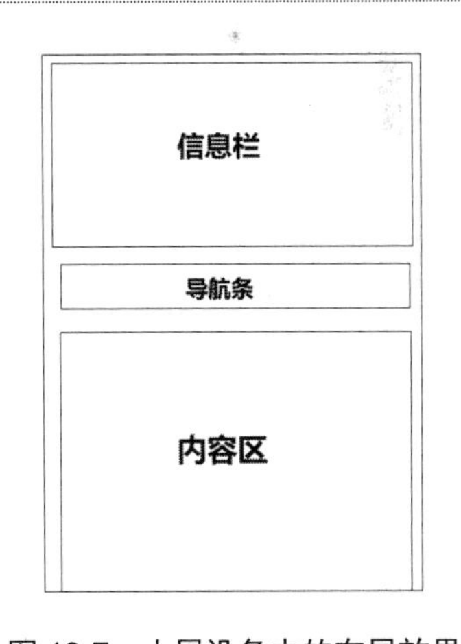

图 13-7　小屏设备中的布局效果

对于页面的布局，还添加了自定义的样式。设置 HTML 的最小宽度 min-width，当页面缩小到 400px 时，页面不再缩小。在不同宽度的设备中，为了使页面更友好，使用媒体查询技术来设置根字体的大小，在中大屏设备中设置为 15px，在小屏设备中设置为 14px，这样在不同的设备中将会自动调整元素。中大屏设备中，为信息栏添加了固定定位，使用 margin-left:25%设置右侧内容栏的位置。具体样式代码如下：

```
html{
    min-width: 400px;
}
.left{
```

```
    background:#4BCFE9;
    top:0px;
}
.right{
    margin-bottom: 120px;
}
@media (max-width: 768px){
    /*使用媒体查询定义字体大小*/
    /*当屏幕尺寸小于 768px 时，页面的根字体大小为 14px*/
    html{
        font-size: 14px;
    }
}
@media (min-width: 768px){
    /*当屏幕尺寸大于等于 768px 时，页面的根字体大小为 15px*/
    html{
        font-size: 15px;
    }
    .left {
        position: fixed;
        bottom: 0;
        left: 0;
    }
    .right{
        margin-left:25% ;
    }
}
```

13.3 设计左侧信息栏

左侧信息栏包含上下两部分。上面部分由<img>和两个<h>标签组成。<img>标签用来设置个人照片，并且添加响应式类.img-fluid 和边框类.border 类；<h3>标签标明姓名，<h5>标签标明求职意向。下面部分使用<h4>标签和<p>标签标明个人信息。

```
<div class="col-sm-12 col-md-3 left">
        <div class="row justify-content-between">
          <div class="col-6 col-sm-5 col-md-12 p-4">
              <img src="images/c.jpg" alt="userPhoto" class="img-fluid p-2
border">
              <h3 class="text-white text-center">白璐</h3>
              <h5>求职意向：网站开发</h5>
          </div>
          <div class="col-6 col-sm-5 col-md-12 p-5 p-md-4">
              <h4>出生年月</h4>
              <p>1995 年 10 月 10 日</p>
              <h4>联系电话</h4>
              <p>130XXXXXXXX</p>
              <h4>电子邮箱</h4>
              <p>abcd1234XXXX@qq.com</p>
              <h4>联系地址</h4>
              <p>北京市朝阳区</p>
          </div>
        </div>
    </div>
```

左侧信息栏使用网格系统进行布局，在小屏设备和超小屏设备中用一行显示，如图 13-8 所示；在中屏及以上设备(≥768px)中，占一行的四分之一，如图 13-9 所示。

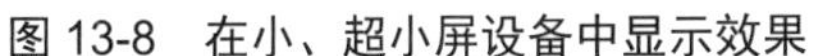

图 13-8　在小、超小屏设备中显示效果

图 13-9　在中、大屏设备上显示效果

13.4　设计导航条

导航条使用无序列表进行定义，使用 Bootstrap 响应式浮动类来设置列表项目，在小屏设备中左浮动，使用<li class="float-sm-start">定义，清除浮动使用<ul class="clearfix">定义。

```
<div class="my-4">
    <ul class="clearfix">
        <li class="float-sm-start">
            <i class="fa fa-user-circle-o fa-2x"></i>
            <a href="index.html" class="ml-2">个人履历</a>
        </li>
        <li class="float-sm-start mx-sm-5">
           <i class="fa fa-envelope-o fa-2x"></i>
           <a href="contact.html" class="ml-2">请给我发送邮件</a>
        </li>
        <li class="float-sm-start">
           <i class="fa fa-home fa-2x"></i>
           <a href="photo.html" class="ml-2">生活照</a>
        </li>
    </ul>
</div>
```

为每个列表项目添加字体图标，程序运行结果如图 13-10 所示。

图 13-10　导航条效果

使用 CSS 样式去掉无序列表的项目符号，为字体图标添加颜色。

```
ul{list-style: none;}
i{color: #6ecadc;}
```

13.5　设计主页

主页内容除了左侧信息栏和导航条外，还包括工作经历、专业技能、教育经历和综合概述 4 个部分，每个部分使用不同的 Bootstrap 组件来设计。

13.5.1　工作经历

工作经历主要包含以下内容：

- 用< h5>表示的标题，添加自定义的.color1 颜色类。
- 使用 Bootstrap 表格组件进行布局的工作经历信息栏。

工作经历信息栏使用 Bootstrap 表格组件进行设计，使用<table class="table">定义。表头背景色使用<thead class="table-success">定义，表身背景色使用<tbody class="table-info">定义。

```
<!--工作经历-->
<h5 class="color1">工作经历</h5>
    <div class="px-5 py-2">
        <table class="table">
            <thead class="table-success"> <tr>
                <th scope="col">#</th>
                <th scope="col">时间</th>
                <th scope="col">单位</th>
                <th scope="col">职位</th> </tr>
            </thead>
            <tbody class="table-info"> <tr>
                <th>1</th>
                <td>2018/8-2019/10</td>
                <td>八面恒通网络公司</td>
                <td>软件测试工程师</td></tr><tr>
             <th>2</th>
                 <td>2019/11-2020/10</td>
                 <td>千谷网络科技公司</td>
                 <td>软件工程师</td>
              </tr>
              <tr>
              <th>3</th>
                 <td>2020/12-至今</td>
                 <td>冰园网络科技公司</td>
```

```
                <td>前端工程师</td>
            </tr>
        </tbody>
    </table>
</div>
```

程序运行结果如图 13-11 所示。

工作经历

#	时间	单位	职位
1	2018/8-2019/10	八面恒通网络公司	软件测试工程师
2	2019/11-2020/10	千谷网络科技公司	软件工程师
3	2020/12-至今	冰园网络科技公司	前端工程师

图 13-11　工作经历

13.5.2　专业技能

专业技能主要包含以下内容：

- 用< h5>表示的标题，添加自定义的.color2 颜色类。
- 使用 Bootstrap 网格系统进行布局的专业技能信息栏。

专业技能信息栏使用网格系统进行布局设计，一行两列。

```
<!--专业技能-->
    <h5 class="color2">专业技能</h5>
    <div class="px-5 py-2">
        <!--嵌套栅格-->
        <div class="row">
            <div class="col-6">
                <!--使用卡片组件-->
                <div class="card border-primary text-primary">
                    <div class="card-header border-primary">擅长的技能</div>
                    <div class="card-body">
                        <p class="card-text">HTML、CSS、Javascript、jquery、
bootstrap、Vue.js、Angular.js、node.js、PHP、MySql</p>
                    </div>
                </div>
            </div>
            <div class="col-6">
                <div class="card border-success text-success">
                    <div class="card-header border-success">熟悉的技能</div>
                    <div class="card-body">
                        <p class="card-text">C 语言、C++、C#、Java、Oracle、
Python</p>
                    </div>
                </div>
            </div>
        </div>
    </div>
```

程序运行结果如图 13-12 所示。

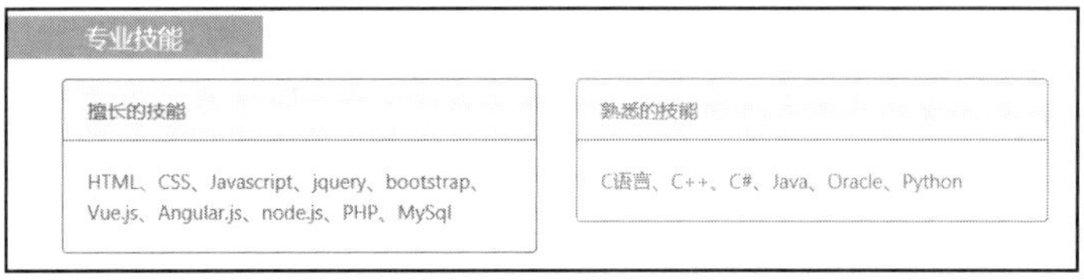

图 13-12　专业技能

13.5.3　教育经历

工作经历主要包含以下内容：

- 用< h5>表示的标题，添加自定义的.color3 颜色类。
- 使用 Bootstrap 列表组件进行布局的教育经历信息栏。

教育经历信息栏使用 Bootstrap 列表组组件进行设计。列表组使用<ul class="list-group">定义，列表组项目使用<li class="list-group-item">定义。然后在列表组中嵌套网格系统，布局为每行三列。

```
<h5 class="color3">教育经历</h5>
<div class="px-5 py-2">
   <ul class="list-group">
      <li class="list-group-item list-group-item-warning">
         <div class="row">
            <div class="col-4">时间</div>
             <div class="col-4">学校</div>
             <div class="col-4">专业</div>
          </div>
       </li>
       <li class="list-group-item list-group-item-info">
          <div class="row">
             <div class="col-4">2013/6-2017/6</div>
             <div class="col-4">北京大学</div>
             <div class="col-4">计算机科学与技术</div>
          </div>
       </li>
       <li class="list-group-item list-group-item-info">
          <div class="row">
             <div class="col-4">2017/8-2018/6</div>
             <div class="col-4">软件开发公司</div>
             <div class="col-4">Web 前端工程师</div>
          </div>
       </li>
   </ul>
</div>
```

程序运行结果如图 13-13 所示。

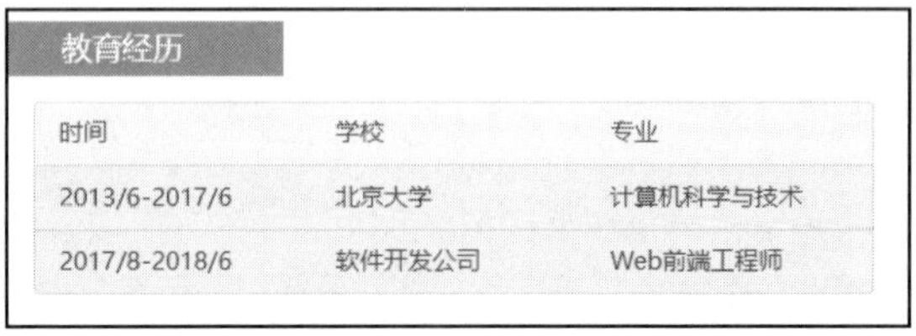

图 13-13　教育经历

13.5.4　综合概述

综合概述主要包含以下内容：

- 用< h5>表示的标题，添加自定义的.color4 颜色类。
- 主要使用 Bootstrap 折叠组件进行设计的手风琴式信息栏。

手风琴式信息栏是用折叠组件、卡片组件和列表组结合设计完成的。首先使用<div id="accordion">定义手风琴折叠框。在折叠框中定义 3 个卡片容器，使用<div class="card">定义。然后在卡片中设计折叠选项面板。每个面板包含两个部分：第一部分是标题部分，使用<div class="card-header">定义，在其中添加一个超链接，通过 id 绑定内容主体部分；第二部分是内容主体部分，使用<div id="#id" data-bs-parent="#accordion">定义。通过定义 data-bs-parent="#accordion"属性设置折叠包含框，以便在该框内只显示一个单元项目。

```
<h5 class="color4">综合概述</h5>
    <div class="px-5 py-2">
        <div id="accordion">
            <div class="card">
                <div class="card-header">
                    <a class="card-link" data-bs-toggle="collapse"
href="#collapseOne">
                        获得证书</a>
                </div>
                <div id="collapseOne" class="collapse show" data-bs-
parent="#accordion">
                    <div class="card-body">
                        <ul class="list-group">
                            <li class="list-group-item list-group-item-info">
                                1、英语等级证书：大学英语四、六级证书(CET-4，CET-6)。</li>
                                <li class="list-group-item list-group-item-info">
                                2、计算机证书：全国计算机二级证书及三级和四级。</li>
                          <li class="list-group-item list-group-item-info">
                                3、学校证书包括：奖学金证书、三好学生、优秀毕业生、优秀学生干部。</li>
                           <li class="list-group-item list-group-item-info">
                               4、财务类证书 ：注册会计师(CPA)。</li>
                       </ul>
                    </div>
                </div>
            </div>
            <div class="card">
              <div class="card-header">
                    <a class="collapsed card-link" data-bs-toggle="collapse"
href="#collapseTwo">
                        自我评价</a>
                </div>
                <div id="collapseTwo" class="collapse" data-bs-
parent="#accordion">
                    <div class="card-body">
                            本人热爱学习，工作态度严谨认真，责任心强,有很好的团队合作能力。
有良好的分析、解决问题的思维。诚实、稳重、勤奋、积极上进，拥有丰富的大中型企业管理经验，有较
强的团队管理能力，良好的沟通协调组织能力，敏锐的洞察力。
                    </div>
                </div>
            </div>
            <div class="card">
                <div class="card-header">
```

```
                <a class="collapsed card-link" data-bs-toggle="collapse"
href="#collapseThree">
                    兴趣爱好</a>
            </div>
            <div id="collapseThree" class="collapse" data-bs-
parent="#accordion">
                <div class="card-body">
                    <ul class="list-group">
                        <li class="list-group-item list-group-item-info">
                            阅读类：读报、看杂志。</li>
                        <li class="list-group-item list-group-item-info">
                            运动类：篮球、足球、乒乓球。</li>
                        <li class="list-group-item list-group-item-info">
                            饮食类：西餐、川菜。</li>
                        <li class="list-group-item list-group-item-info">
                           音乐类：古典、轻音乐。</li>
                        <li class="list-group-item list-group-item-info">
                           服饰类：正式、休闲。</li>
                    </ul>
                </div>
            </div>
        </div>
    </div>
  </div>
  </div>
</div>
```

完成以上步骤后，在页面中单击任意一个标题，便可激活下方的主体部分，效果如图 13-14 所示。

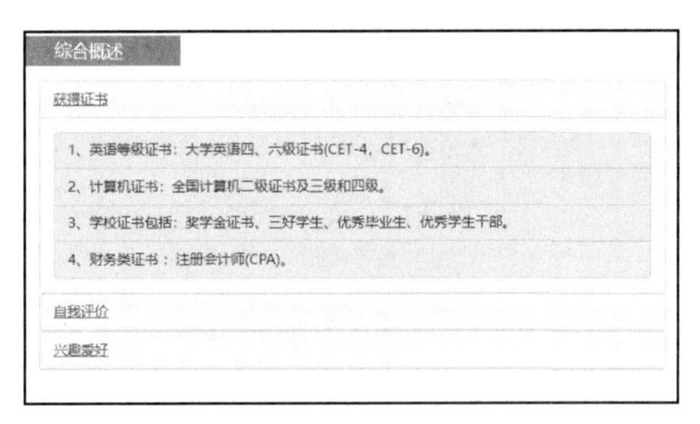

图 13-14　综合概述

13.6　设计联系页

联系页面效果如图 13-4 所示，左侧信息栏、顶部导航条与主页面是相同的，这里不再介绍。联系页面提供了联系简历作者的平台。联系页面使用 Bootstrap 表单组件进行设计，使用<div class="form-group">定义表单框，并设置 1rem 的底边距。

```
<h5 class="color1">联系我</h5>
<div class="px-5 py-5">
    <div class="pr-5">
       <div class="form-group">
          <input type="text" class="form-control form-control-lg"
placeholder="收件人">
```

```
        </div>
        <div class="form-group">
          <input type="email" class="form-control form-control-lg"
placeholder="收件人邮箱">
        </div>
        <div class="form-group">
            <textarea class="form-control form-control-lg" rows="6"
placeholder="发送的内容"></textarea>
        </div>
        <button type="submit" class="btn btn-lg btn-primary">发送</button>
    </div>
</div>
```

在窄屏设备上的运行效果如图 13-15 所示。

图 13-15　窄屏设备上的联系页面效果

13.7　设计相册页

相册页效果如图 13-5 所示。相册页用来展示简历作者的生活状态、生活习惯、兴趣爱好等，让招聘人员更好地了解他。

相册页使用多列卡片浮动排版方式进行设计。首先使用<div class="card-columns">定义多列卡片浮动排版框，然后在其中定义不同背景颜色的卡片，在卡片中添加生活照片。

```
<h5 class="color1">生活照</h5>
<div class="px-6 py-6 photo">
    <div class="card-group">
        <div class="card bg-primary p-3">
            <img src="images/001.jpg" class="card-img-top" alt="">
        </div>
        <div class="card bg-dark p-3">
                <img src="images/002.jpg" class="card-img-top" alt="">
        </div>
        <div class="card bg-info p-3">
                <img src="images/003.jpg" class="card-img-top" alt="">
        </div>
    </div>
<div class="card-group">
```

```
        <div class="card bg-success p-3">
                <img src="images/004.jpg" class="card-img-top" alt="">
        </div>
        <div class="card bg-danger p-3">
                <img src="images/005.jpg" class="card-img-top" alt="">
        </div>
    </div>
</div>
```

在窄屏设备上运行的效果如图 13-16 所示。

图 13-16　窄屏设备上的相册页面效果

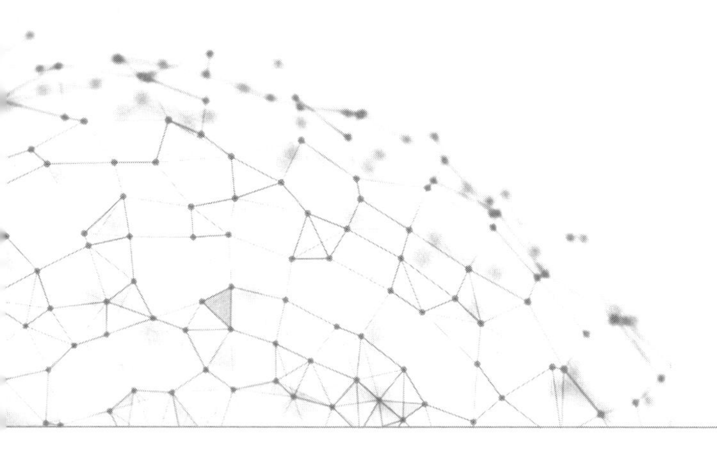

第14章

项目实训2——开发连锁咖啡网站

本项目制作一个咖啡销售网站，通过网站介绍咖啡的理念和文化，页面采用两栏的布局形式，设计风格简洁、时尚，让人心情舒畅。

14.1 网站概述

本网站的设计思路和设计风格与Bootstrap框架风格完美融合，下面就来介绍具体的实现步骤。

14.1.1 网站结构

本项目目录文件说明如下：

(1) bootstrap-5.1.3-dist：Bootstrap框架文件夹。

(2) font-awesome：图标字体库文件。

(3) css：样式表文件夹。

(4) images：图片素材。

(5) index.html：首页。

14.1.2 设计效果

本项目主要设计首页效果，其他页面设计可以套用首页模板。首页在大屏(≥992px)设备中显示，效果如图14-1、图14-2所示。

使用小屏(<768px)设备时，首页底边栏导航的显示效果如图14-3所示。

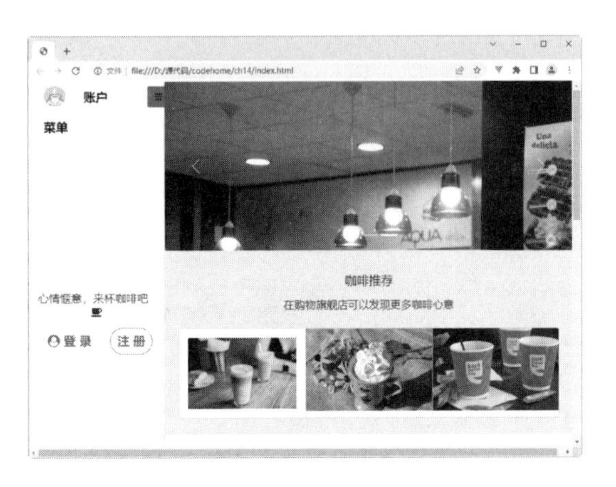

图 14-1　大屏上首页上半部分效果

图 14-2　大屏上首页下半部分效果

图 14-3　小屏上首页效果

14.1.3　设计准备

应用 Bootstrap 框架的页面建议保存为 HTML5 文档类型，同时在页面头部区域导入框架的基本样式文件、脚本文件和自定义的 CSS 样式及 JavaScript 文件。本项目的配置文件如下：

```
<!DOCTYPE html>
<html>
    <head>
        <meta charset="UTF-8">
        <title>Title</title>
        <meta name="viewport" content="width=device-width,initial-scale=1,
shrink-to-fit=no">
        <link rel="stylesheet" href="bootstrap-5.1.3-dist/css/bootstrap.css">
        <script src="bootstrap-5.1.3-dist/js/bootstrap.bundle.js"></script>
        <!--css 文件-->
        <link rel="stylesheet" href="css/style.css">
        <!--字体图标文件-->
        <link rel="stylesheet" href="font-awesome/css/font-awesome.css">
        <script src="js/index.js"></script>
        <!--Font Awesome 是一套专为 Twitter Bootstrap 设计的图标字体，几乎囊括了网页中
可能用到的所有图标，这些图标通过 Web Font 的方式来显示，可以被任意缩放、改变颜色，可以像修
改文字样式那样来修改图标样式。 -->
    </head>
    <body class="container-fluid">
</body>
</html>
```

14.2　设计首页布局

本项目首页分为三个部分：左侧可切换导航、右侧主体内容和底部隐藏导航栏，如图 14-4 所示。

图 14-4　首页布局效果

左侧可切换导航和右侧主体内容使用 Bootstrap 框架的网格系统进行设计，在大屏(≥992px)设备中，左侧可切换导航占网格系统的 3 份，右侧主体内容占 9 份；在中、小屏(<992px)设备中左侧可切换导航和右侧主体内容各占一行。

底部隐藏导航栏使用无序列表进行设计，添加了.d-block d-sm-none 类，只在小屏设备上显示。

```
<div class="row">
    <!--左侧导航-->
    <div class="col-12 col-lg-3 left "></div>
    <!--右侧主体内容-->
    <div class="col-12 col-lg-9 right"></div>
</div>
<!--隐藏导航栏-->
<div >
    <ul>
        <li><a href="index.html"></a></li>
    </ul>
</div>
```

添加一些自定义样式来调整页面布局，代码如下：

```
@media (max-width: 992px){
    /*在小屏设备中，设置外边距，上下外边距为 1rem，左右为 0*/
    .left{
        margin:1rem 0;
    }
}
@media (min-width: 992px){
    /*在大屏设备中，左侧导航设置固定定位，右侧主体内容设置左侧外边距 25%*/
    .left {
        position: fixed;
        top: 0;
        left: 0;
    }
    .right{
        margin-left:25% ;
    }
}
```

14.3　设计可切换导航

本项目左侧导航设计很复杂，在不同宽度的设备上有三种显示效果。

设计步骤：

第 1 步：设计切换导航的布局。可切换导航使用网格系统进行设计，在大屏设备(≥

992px)上占网格系统的 3 份，如图 14-5 所示；在中、小屏设备(<992px)上占满整行，如图 14-6 所示。

图 14-5　大屏设备布局效果

图 14-6　中、小屏设备布局效果

第 2 步：设计导航展示内容。导航展示内容包括导航条和登录、注册按钮两部分。导航条用网格系统布局，嵌套 Bootstrap 导航组件进行设计，使用<ul class="nav">定义；登录、注册按钮使用 Bootstrap 的按钮组件进行设计，使用<a href="#" class="btn">定义。在小屏设备上隐藏登录、注册按钮，如图 14-7 所示，包裹在<div class="d-none d-sm-block">容器中。

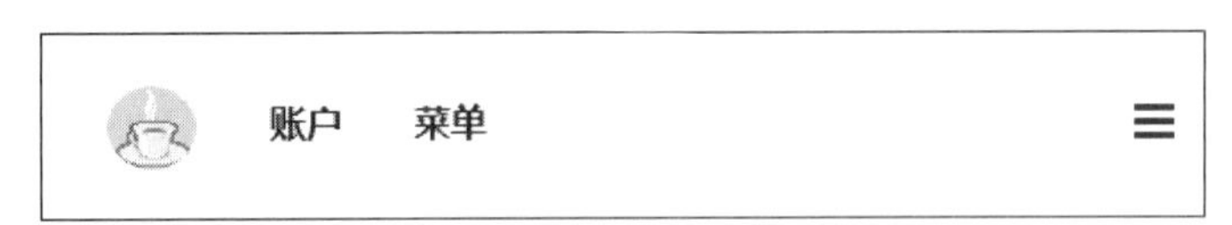

图 14-7　小屏设备上隐藏登录、注册按钮

```
<div class="col-sm-12 col-lg-3 left ">
<div id="template1">
<div class="row">
    <div class="col-10">
        <!--导航条-->
        <ul class="nav">
            <li class="nav-item">
                <a class="nav-link active" href="index.html">
                    <img width="40" src="images/logo.png" alt="" class="rounded-
circle">
                </a>
            </li>
            <li class="nav-item mt-1">
                <a class="nav-link" href="#">账户</a>
            </li>
```

```
            <li class="nav-item mt-1">
                <a class="nav-link" href="#">菜单</a>
            </li>
        </ul>
    </div>
    <div class="col-2 mt-2 font-menu text-right">
        <a id="a1" href="# "><i class="fa fa-bars"></i></a>
    </div>
</div>
<div class="margin1">
    <h5 class="ml-3 my-3 d-none d-sm-block text-lg-center">
        <b>心情惬意，来杯咖啡吧</b>  <i class="fa fa-coffee"></i>
    </h5>
    <div class="ml-3 my-3 d-none d-sm-block text-lg-center">
        <a href="#" class="card-link btn  rounded-pill text-success"><i
class="fa fa-user-circle"></i> 登 录</a>
        <a href="#" class="card-link btn btn-outline-success rounded-pill
text-success">注 册</a>
    </div>
</div>
</div>
</div>
```

第 3 步：设计隐藏导航内容。隐藏导航使用侧边栏导航功能来实现。内容包括导航条、菜单栏和登录注册按钮。菜单栏使用<h6>标签和超链接进行设计，使用<h6><a href="a.html">定义。登录注册按钮使用按钮组件进行设计，用<a href="#" class="btn">定义。

```
<div class="col-2 mt-2 font-menu text-right">
    <a class="btn btn-primary" data-bs-toggle="offcanvas"
href="#offcanvasExample" role="button" aria-controls="offcanvasExample">
    <i class="fa fa-bars"></i></a>
    </div>
    <div class="offcanvas offcanvas-start" tabindex="-1"
id="offcanvasExample" aria-labelledby="offcanvasExampleLabel">
    <div class="offcanvas-header">
        <h5 class="offcanvas-title" id="offcanvasExampleLabel"> <a class="nav-
link mt-2 a"  href="index.html">咖啡俱乐部</a>
        </h5>
        <button type="button" class="btn-close text-reset" data-bs-
dismiss="offcanvas" aria-label="Close"></button>
        </div>
    <div class="offcanvas-body">
        <div class="ms-5 mt-5">
          <h6><a href="index.html">门店</a></h6>
          <h6><a href="index.html">俱乐部</a></h6>
          <h6><a href="index.html">菜单</a></h6><hr />
          <h6><a href="index.html">移动应用</a></h6>
          <h6><a href="index.html">臻选精品</a></h6>
          <h6><a href="index.html">专星送</a></h6>
          <h6><a href="index.html">咖啡讲堂</a></h6>
          <h6><a href="index.html">烘焙工厂</a></h6>
          <h6><a href="index.html">帮助中心</a></h6><hr />
          <a href="index.html" class="card-link btn rounded-pill text-success
ps-0"><i class="fa fa-user-circle"></i> 登 录</a>
          <a href="index.html"  class="card-link btn btn-outline-success
rounded-pill text-success">注 册</a>
    </div>
  </div>
```

```
</div>
```

第 4 步：设计自定义样式，使页面更加美观。

```
.left{
   border-right: 2px solid #eeeeee;
}
.left a{
   font-weight: bold;
   color: #000;
}
@media (min-width: 992px){
   /*使用媒体查询定义导航的高度，当屏幕宽度大于等于 992px 时，导航高度为 100vh*/
   .left{
      height:100vh;
   }
}
@media (max-width: 992px){
   /*使用媒体查询定义字体大小*/
   /*当屏幕尺寸小于 992px 时，页面的根字体大小为 14px*/
   .left{
      margin:1rem 0;
   }
}
@media (min-width: 992px){
   /*当屏幕尺寸大于等于 992px 时，页面的根字体大小为 15px*/
   .left {
      position: fixed;
      top: 0;
      left: 0;
   }
    .margin1{
      margin-top:40vh;
   }
}
.margin2 h6{
   margin: 20px 0;
   font-weight:bold;
}
```

第 5 步：在大屏设备中，为了使页面更友好，设计在大屏设备上切换导航时，显示右侧主体内容，默认隐藏的导航内容如图 14-8 所示。当单击<i class="fa fa-bars">图标时，显示导航的内容，如图 14-9 所示。在中、小屏设备(<992px)上，隐藏右侧主体内容，单击 <i class="fa fa-bars">图标时，如图 14-10、图 14-12 所示，切换隐藏的导航内容；在隐藏的导航内容中，单击<i class="fa fa-times">图标时，如图 14-11、图 14-13 所示，可切回导航展示内容。

图 14-8　大屏设备上隐藏的导航内容

图 14-9　大屏设备切回导航展示的内容

图 14-10　中屏设备上切换隐藏的导航内容

图 14-11　中屏设备上切回导航展示的内容

图 14-12　小屏设备切换隐藏的导航内容

图 14-13　小屏设备上切回导航展示的内容

14.4 主体内容

使页面排版具有可读性、可理解性及清晰明了至关重要。好的排版可以让网站感觉清爽而令人眼前一亮；反之，糟糕的排版会让人心烦。排版是为了内容更好地呈现，应以不会增加用户认知负荷的方式来尊重内容。

本项目的主体内容包括轮播广告区、产品推荐区、公司名称以及注册登录链接、公司 Logo 展示区、特色展示区和产品生产流程区几个部分，页面排版设计如图 14-14 所示。

图 14-14　主体内容排版设计

14.4.1　设计轮播广告区

Bootstrap 轮播插件的结构比较固定，轮播广告区需要指明 ID 值和.carousel、.slide 类。框内包含 3 部分组件：指示图标(carousel-indicators)、图文内容框(carousel-inner)和左右导航按钮(carousel-control-prev、carousel-control-next)。通过 data-bs-target="#carousel"属性启动轮播，使用 data-bs-slide-to="0"、data-bs-slide ="pre"、data-bs-slide ="next"定义交互按钮的行为。完整的代码如下：

```
<!-- 轮播 -->
<div id="carousel" class="carousel slide" data-bs-ride="carousel">
    <!-- 指示图标 -->
    <div class="carousel-indicators">
        <button type="button" data-bs-target="#carousel" data-bs-slide-to="0"
class="active"></button>
        <button type="button" data-bs-target="#carousel" data-bs-slide-
to="1"></button>
        <button type="button" data-bs-target="#carousel" data-bs-slide-
to="2"></button>
    </div>
    <!-- 轮播图片和文字 -->
    <div class="carousel-inner max-h">
        <div class="carousel-item active">
            <img src="images/001.jpg" class="d-block w-100">
        </div>
        <div class="carousel-item">
            <img src="images/002.jpg" class="d-bloc kw-100">
        </div>
        <div class="carousel-item">
            <img src="images/003.jpg" class="d-block kw-100">
        </div>
        </div>
    <!-- 左右切换按钮 -->
        <button class="carousel-control-prev" type="button" data-bs-
target="#carousel" data-bs-slide="prev">
            <span class="carousel-control-prev-icon"></span> </button>
```

```
        <button class="carousel-control-next" type="button" data-bs-
target="#carousel" data-bs-slide="next">
            <span class="carousel-control-next-icon"></span></button>
</div>
```

为了避免轮播中的图片过大而影响整个页面，这里为轮播区设置一个最大高度.max-h 类。

```
.max-h{
    max-height:300px;                  /*定义最大高度*/
}
```

轮播效果如图 14-15 所示。

图 14-15　轮播效果

14.4.2　设计产品推荐区

产品推荐区使用 Bootstrap 中的卡片组件进行设计。卡片组件有三种排版方式，分别为卡片组、卡片阵列和多列卡片浮动排版。本案例使用多列卡片浮动排版。多列卡片浮动排版使用<div class="card-columns">进行定义。

```
<!--多列卡片排版-->
<div class="p-4 list">
    <h5 class="text-center my-3 a">咖啡推荐</h5>
    <h5 class="text-center mb-4 a"><small>在购物旗舰店可以发现更多咖啡心意
</small></h5>
    <div class="card-group">
    <div class="card my-4 my-sm-1">
    <div class="card-body">
        <img class="card-img-top" src="images/006.jpg" alt=""></div>
    </div>
    <div class=" card my-4 my-sm-1">
        <img class="card-img-top" src="images/004.jpg" alt="">
    </div>
    <div class="card my-4 my-sm-1">
        <img class="card-img-top" src="images/005.jpg" alt="">
    </div>
    </div>
</div>
```

为推荐区添加自定义 CSS 样式，包括颜色和圆角效果。

```
.list{
    background: #eeeeee;              /*定义背景颜色*/
}
.list-border{
    border: 2px solid #DBDBDB;        /*定义边框*/
    border-top:1px solid #DBDBDB ;    /*定义顶部边框*/
}
```

产品推荐区效果如图 14-16 所示。

图 14-16　产品推荐区效果

14.4.3　设计登录、注册按钮和 Logo

登录、注册按钮和 Logo 使用网格系统布局，并添加响应式设计。在中、大屏设备(≥768px)中，左侧是登录、注册按钮，右侧是公司 Logo，如图 14-17 所示；在小屏设备(<768px)中，登录、注册按钮和 Logo 将各占一行显示，如图 14-18 所示。

图 14-17　中、大屏设备显示效果

图 14-18　小屏设备显示效果

对于左侧的登录、注册按钮，使用卡片组件进行设计，并且添加了响应式的对齐方式.text-center 和.text-sm-left。在小屏设备(<768px)中，内容居中对齐；在中、大屏设备(≥768px)中，内容居左对齐。代码如下：

```
<!--网格系统布局-->
   <div class="row py-5">
     <div class="col-12 col-sm-6 pt-2">
        <div class="card border-0 text-center text-sm-start">
           <div class="card-body ms-5">
```

```
                <h4 class="card-title">咖啡俱乐部</h4>
                <p class="card-text a">开启您的星享之旅，星星越多、会员等级越高、好礼
越丰富。</p>
                <a href="#" class="card-link btn btn-outline-success a">注册</a>
                <a href="#" class="card-link btn btn-outline-success a">登录</a>
            </div>
        </div>
    </div>
    <div class="col-12 col-sm-6 text-center mt-5">
        <a href=""><img src="images/007.png" alt="" class="img-fluid"></a>
    </div>
</div>
```

14.4.4 设计特色展示区

特色展示内容使用网格系统进行设计，并添加响应类。在中、大屏设备(≥768px)上显示为一行四列，如图 14-19 所示；在小屏设备(<768px)上显示为一行两列，如图 14-20 所示；在超小屏设备(<576px)上显示为一行一列，如图 14-21 所示。

特色展示区实现代码如下：

```
<div class="p-4 list">
<h5 class="text-center my-3">咖啡精选</h5>
<h5 class="text-center mb-4 text-secondary">
<small>在购物旗舰店可以发现更多咖啡心意</small>
</h5>
<div class="row">
    <div class="col-12 col-sm-6 col-md-3 mb-3 mb-md-0">
    <div class="bg-light p-4 list-border rounded">
      <img class="img-fluid" src="images/008.jpg" alt="">
      <h6 class="text-secondary text-center mt-3">套餐一</h6>
    </div>
    </div>
    <div class="col-12 col-sm-6 col-md-3 mb-3 mb-md-0">
       <div class="bg-white p-4 list-border rounded">
       <img class="img-fluid" src="images/009.jpg" alt="">
       <h6 class="text-secondary text-center mt-3">套餐二</h6>
       </div>
    </div>
    <div class="col-12 col-sm-6 col-md-3 mb-3 mb-md-0">
    <div class="bg-light p-4 list-border rounded">
    <img class="img-fluid" src="images/010.jpg" alt="">
    <h6 class="text-secondary text-center mt-3">套餐三</h6>
    </div>
    </div>
    <div class="col-12 col-sm-6 col-md-3 mb-3 mb-md-0">
       <div class="bg-light p-4 list-border rounded">
          <img class="img-fluid" src="images/011.jpg" alt="">
          <h6 class="text-secondary text-center mt-3">套餐四</h6>
       </div>
    </div>
    </div>
</div>
```

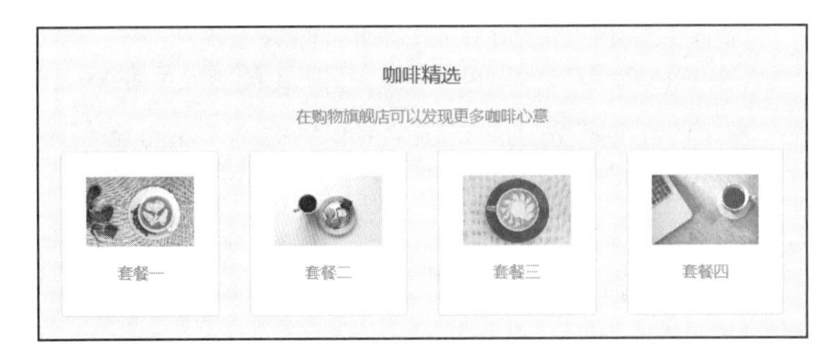

图 14-19　中、大屏设备显示效果

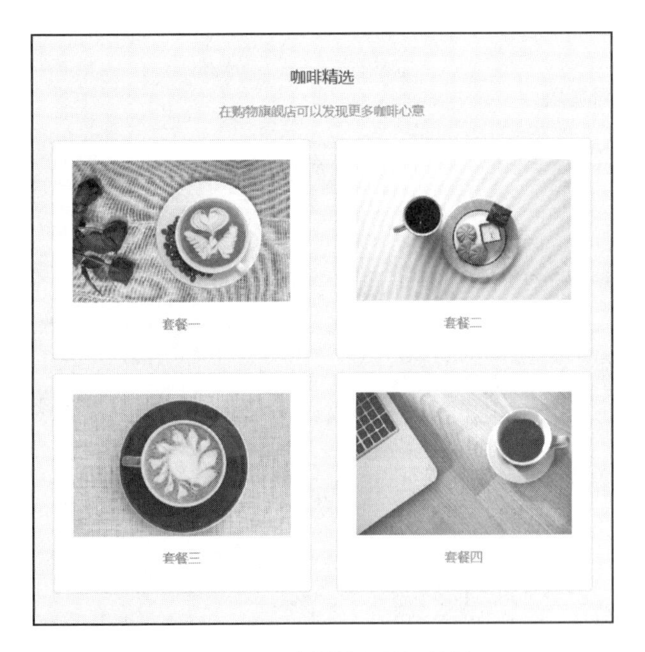

图 14-20　小屏设备显示效果

图 14-21　超小屏设备显示效果

14.4.5　设计产品生产流程区

第 1 步：设计结构。产品生产流程区主要由标题和图片展示组成。标题使用<h>标签设计，图片展示使用<ul>标签设计。在图片展示部分还添加了左右两个箭头，使用 font-awesome 字体图标进行设计。代码如下：

```
<div class="p-4">
    <h5 class="text-center my-3">咖啡讲堂</h5>
    <h5 class="text-center mb-4 a"><small>了解更多咖啡文化</small></h5>
```

```
    <div class="box">
      <ul id="ulList" class="clearfix">
          <li class="list-border rounded">
            <img src="images/015.jpg" alt="" width="300">
            <h6 class="text-center mt-3 a">咖啡种植</h6>
          </li>
          <li class="list-border rounded">
            <img src="images/014.jpg" alt="" width="300">
            <h6 class="text-center mt-3 a">咖啡调制</h6>
          </li>
          <li class="list-border rounded">
            <img src="images/013.jpg" alt="" width="300">
            <h6 class="text-center mt-3 a">咖啡烘焙</h6>
          </li>
          <li class="list-border rounded">
            <img src="images/012.jpg" alt="" width="300">
            <h6 class="text-center mt-3 a">手冲咖啡</h6>
          </li>
      </ul>
      <div id="left">
          <i class="fa fa-chevron-circle-left fa-2x text-success"></i>
      </div>
      <div id="right">
          <i class="fa fa-chevron-circle-right fa-2x text-success"></i>
      </div>
    </div>
</div>
```

第 2 步：设计自定义样式。

```
.box{
    width:100%;                      /*定义宽度*/
    height: 300px;                   /*定义高度*/
    overflow: hidden;                /*超出隐藏*/
    position: relative;              /*相对定位*/
}
#ulList{
    list-style: none;                /*去掉无序列表的项目符号*/
    width:1400px;                    /*定义宽度*/
    position: absolute;              /*定义绝对定位*/
}
#ulList li{
    float: left;                     /*定义左浮动*/
    margin-left: 15px;               /*定义左边外边距*/
    z-index: 1;                      /*定义堆叠顺序*/
}
#left{
    position:absolute;               /*定义绝对定位*/
    left:20px;top: 30%;              /*距离左侧和顶部的距离*/
    z-index: 10;                     /*定义堆叠顺序*/
    cursor:pointer;                  /*定义鼠标指针显示形状*/
}
#right{
    position:absolute;               /*定义绝对定位*/
    right:20px; top: 30%;            /*距离右侧和顶部的距离*/
    z-index: 10;                     /*定义堆叠顺序*/
    cursor:pointer;                  /*定义鼠标指针显示形状*/
 }
.font-menu{
```

```
    font-size: 1.3rem;                               /*定义字体大小*/
}
```

第 3 步：添加用户行为。

```
<script src="jquery.min.js"></script>
<script>
    $(function(){
        var nowIndex=0;                              //定义变量 nowIndex
        var liNumber=$("#ulList li").length;         //计算 li 的个数
        function change(index){
            var ulMove=index*300;                    //定义移动距离
            $("#ulList").animate({left:"-"+ulMove+"px"},500);
                                                     //定义动画,动画时间为 0.5 秒
        }
        $("#left").click(function(){
            nowIndex = (nowIndex > 0) ? (--nowIndex) :0;
                                                     //使用三元运算符判断 nowIndex
            change(nowIndex);                        //调用 change()方法
        })
        $("#right").click(function(){
      nowIndex=(nowIndex<liNumber-1) ? (++nowIndex) :(liNumber-1);
                                                     //使用三元运算符判断 nowIndex
            change(nowIndex);                        //调用 change()方法
        });
    })
</script>
```

运行效果如图 14-22 所示；单击右侧箭头，图片向左移动，效果如图 14-23 所示。

图 14-22　生产流程页面效果

图 14-23　滚动后效果

14.5　设计底部隐藏导航

设计步骤如下：

第 1 步：设计底部隐藏导航布局。首先定义一个容器<div id="footer">，用来包裹导航。在该容器上添加一些 Bootstrap 通用样式，使用.fixed-bottom 固定在页面底部，使用.bg-light 设置高亮背景，使用.border-top 设置上边框，使用.d-block 和.d-sm-none 设置导航只在小屏设备上显示。

```
<!--footer——在 sm 型设备尺寸下显示-->
<div class="row fixed-bottom d-block d-sm-none bg-light border-top py-1"
id="footer" >
  <ul class="text-center p-0" id="myTab">
     <li><a class="ab" href="index.html"><i class="fa fa-home fa-2x p-
1"></i><br/>主页</a></li>
     <li><a href="#"><i class="fa fa-calendar-minus-o fa-2x p-1"></i><br/>门店
</a></li>
     <li><a href="#"><i class="fa fa-user-circle-o fa-2x p-1"></i><br/>我的账户
</a></li>
     <li><a href="#"><i class="fa fa-bitbucket-square fa-2x p-1"></i><br/>菜单
</a></li>
     <li><a href="#"><i class="fa fa-table fa-2x p-1"></i><br/>更多</a></li>
    </ul>
</div>
```

第 2 步：设计字体颜色以及每个导航元素的宽度。

```
.ab{
    color:#00A862!important;       /*定义字体颜色*/
}
#myTab li{
    width: 20vw;                   /*定义宽度*/
    min-width: 30px;               /*定义最小宽度*/
    font-size: 0.8rem;             /*定义字体大小*/
    color: #919191;                /*定义字体颜色*/
}
```

第 3 步：为导航元素添加单击事件，为被单击元素添加.ab 类，其他元素则删除.ab 类。

```
$(function(){
    $("#footer ul li").click(function(){
        $(this).find("a").addClass("ab");
        $(this).siblings().find("a").removeClass("ab");
    })
})
```

运行程序，底部隐藏导航效果如图 14-24 所示。

图 14-24　底部隐藏导航效果

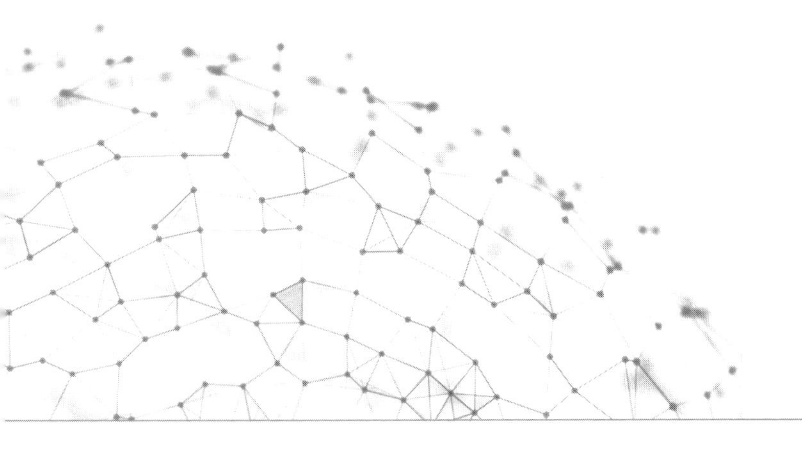

第15章

项目实训3——开发摄影相册类项目

本项目设计一个摄影相册，使用 Bootstrap+Swipebox 灯箱插件进行设计，页面简洁、精致，适合初学者模仿学习，以创建自己的摄影相册。

15.1 案 例 概 述

本项目包括4个页面：首页、分类页、博客和联系页，主要设计目标说明如下：

- 页面整体设计简洁精致、风格清新，富有 Web 应用特性。
- 首页中设计图片的左右滚动效果。
- 为首页和分类页设计 Swipebox 灯箱效果。
- 设计简洁的博客，高效地展示信息。
- 设计简洁可用性强的表单结构。
- 使用醒目的图标突出显示。

15.1.1 案例结构

本项目目录文件说明如下：

- bootstrap-5.1.3-dist：Bootstrap 框架文件夹。
- swipebox-master：灯箱插件文件夹。
- font-awesome：图标字体库文件夹。
- css：样式表文件夹。
- images：图片素材。
- index.html：首页。
- class.html：分类页。
- blog.html：博客。
- contact.html：联系页。

15.1.2　设计效果

本项目通过顶部导航栏来切换页面，每个页面都包括顶部导航栏。

首页是相册的滚动展示区，可通过下方的指示按钮来切换播放的方式(向左或向右)，效果如图 15-1 所示。

图 15-1　首页效果

相册分类展示页，通过时间对照片进行分类，使用分类导航可以选择查看某一年的相册，效果如图 15-2 所示。

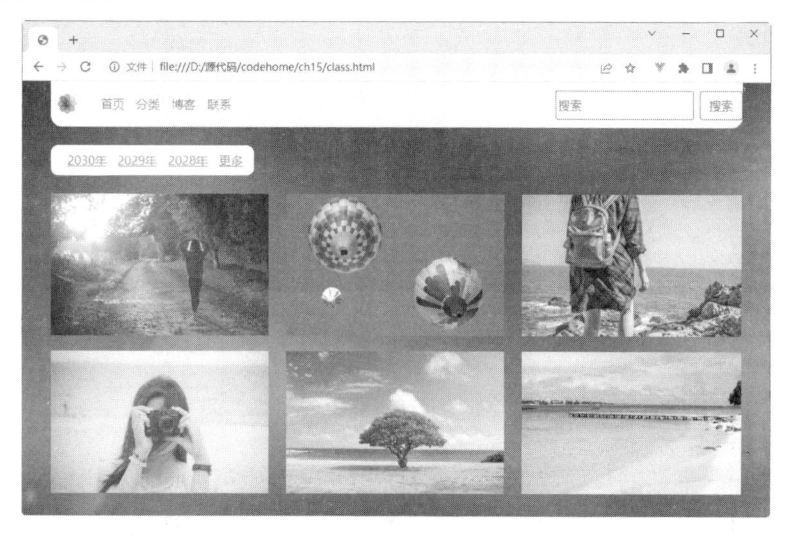

图 15-2　分类页效果

博客页是用来记录用户心情和感想的平台，还包括右侧的旅游推荐区，效果如图 15-3 所示。

联系页面的左侧部分是访问者留下联系方式的表单，右侧是作者的联系方式，效果如图 15-4 所示。

图 15-3　博客页效果

图 15-4　联系页效果

15.1.3　设计准备

应用 Bootstrap 框架的页面建议保存为 HTML5 文档类型，同时在页面头部区域导入框架的基本样式文件、脚本文件和自定义的 CSS 样式。另外，还使用了灯箱插件，所以还需要引入灯箱插件文件。本项目的配置文件如下：

```
<!DOCTYPE html>
<html>
<head>
    <meta charset="UTF-8">
    <meta name="viewport" content="width=device-width,initial-scale=1,
shrink-to-fit=no">
```

```
    <title>Title</title>
    <link rel="stylesheet" href="bootstrap-5.1.3-dist/css/bootstrap.css">
    <script src="bootstrap-5.1.3-dist/js/bootstrap.bundle.js"></script>
    <!--css 文件-->
    <link rel="stylesheet" href="css/style.css">
    <!--字体图标文件-->
    <link rel="stylesheet" href="font-awesome/css/font-awesome.css">
    <!--灯箱插件-->
    <link rel="stylesheet" href="swipebox-master/src/css/swipebox.css">
    <script src="swipebox-master/lib/jquery.min.js"></script>
    <script src="swipebox-master/src/js/jquery.swipebox.js"></script>
</head>
<body>
</body>
</html>
```

15.2　设计导航栏

本项目顶部的导航栏贯串整个网站，在每个页面都会出现。它是使用 Bootstrap 导航栏组件设计的。

导航栏中的.navbar-toggler 是切换触发器，默认为左对齐。.navbar-brand 类一般用于设计项目名称或 Logo，一般位于导航栏的左侧。

```
<nav class="navbar navbar-expand-lg navbar-light bg-light">
       <a class="navbar-brand" href="index.html"><img src="images/logo.jpg"
alt="" width="45"></a>
       <button class="navbar-toggler" type="button" data-bs-toggle="collapse"
data-bs-target="#navbarContent">
          <span class="navbar-toggler-icon"></span>
       </button>
       <div class="collapse navbar-collapse" id="navbarContent">
          <ul class="navbar-nav me-auto">
             <li class="nav-item active">
                <a class="nav-link" href="index.html">首页</a>
             </li>
             <li class="nav-item">
                <a class="nav-link" href="class.html">分类</a>
             </li>
             <li class="nav-item">
                <a class="nav-link" href="blog.html">博客</a>
             </li>
             <li class="nav-item">
                <a class="nav-link" href="contact.html">联系</a>
             </li>
          </ul>
          <form class="d-flex">
             <input class="me-sm-2" type="search" placeholder="搜索">
             <button class="btn btn-outline-success my-2 my-sm-0"
type="submit">搜索</button>
          </form>
       </div>
</nav>
```

导航栏中的.navbar-expand{-sm|-md|-lg|-xl}定义响应式折叠。本项目定义 navbar-expand-lg 类，在大屏(≥992px)设备中显示导航栏内容，如图 15-5 所示；在中小屏(<992px)

设备中隐藏导航栏内容，如图 15-6 所示。

提示

对于永不折叠的导航条，在导航栏上添加.navbar-expand 类；对于总是折叠的导航条，不在导航栏上添加任何.navbar-expand 类。

图 15-5 显示导航栏内容

图 15-6 隐藏导航栏内容

15.3 设 计 首 页

首页主要包括两个部分：导航栏和图片展示区。关于导航栏的设计请参考上一节的内容，接下来具体看一下图片展示区的设计。

15.3.1 设计相册展示区

相册展示区是由一组图片和两个按钮组成的，图片在默认状态下，自左向右滚动展示，可以通过下方的两个按钮控制滚动方向，如图 15-7 所示。

图 15-7 相册展示

设计步骤如下：

第 1 步：定义一个 Bootstrap 基本布局容器 container，所有设计内容都包含在其中。

第 2 步：设计相册展示区的图片和两个箭头。所有图片包含在无序列表中，使用超链接来定义左右箭头，箭头图标使用<i class="fa fa-hand-o-left fa-2x">和<i class="fa fa-hand-o-right fa-2x">定义。代码如下：

```
<div class="container">
<div id="div1" >
   <ul id="ul1" class="py-3">
      <li><img src="images/002.jpg" alt="image" class="img-fluid"></li>
      <li><img src="images/003.jpg" alt="image" class="img-fluid"></li>
      <li><img src="images/004.jpg" alt="image" class="img-fluid"></li>
      <li><img src="images/005.jpg" alt="image" class="img-fluid"></li>
      <li><img src="images/006.jpg" alt="image" class="img-fluid"></li>
      <li><img src="images/007.jpg" alt="image" class="img-fluid"></li>
      <li><img src="images/010.jpg" alt="image" class="img-fluid"></li>
      <li><img src="images/008.jpg" alt="image" class="img-fluid"></li>
      <li><img src="images/009.jpg" alt="image" class="img-fluid"></li>
      <li><img src="images/011.jpg" alt="image" class="img-fluid"></li>
      <li><img src="images/012.jpg" alt="image" class="img-fluid"></li>
      <li><img src="images/013.jpg" alt="image" class="img-fluid"></li>
      <li><img src="images/014.jpg" alt="image" class="img-fluid"></li>
      <li><img src="images/015.jpg" alt="image" class="img-fluid"></li>
   </ul>
   <div class="btn-box text-center mb-2">
      <a href="javascript:void(0);" id="btn1" class="me-5"><i class="fa fa-
hand-o-left fa-2x"></i></a>
      <a href="javascript:void(0);" id="btn2" class=""><i class="fa fa-hand-
o-right fa-2x"></i></a>
   </div>
</div>
</div>
```

第 3 步：设计自定义样式，代码如下：

```
#div1{
   width: 100%;                  /* 定义宽度*/
   height: 300px;                /* 定义高度*/
   margin: 150px auto;           /* 定义外边距，上下为 150px，左右自动*/
   position: relative;           /* 定义相对定位*/
   overflow: hidden;             /* 超出隐藏*/
   border: 2px solid white;      /* 定义边框*/
   background-color: white;      /* 定义背景色*/
}
#div1 ul{
   height:240px;                 /* 定义高度*/
   position:absolute;            /* 绝对定位*/
   left:0;                       /* 距离左侧为 0*/
   top:0;                        /* 距离顶部为 0*/
   overflow: hidden;             /* 超出隐藏*/
   background-color: white;      /* 定义背景颜色*/
}
#div1 ul li{
   float: left;                  /* 定义浮动*/
   width: 360px;                 /* 定义宽度*/
   list-style: none;             /* 删除无序列表的项目符号*/
   margin-left:1.1rem;           /* 左边外边距为 1.1rem*/
}
.btn-box{
    position: relative;          /* 定义相对定位*/
```

```
    left: 0;                          /* 距离左侧为 0px*/
    top: 255px;                       /* 距离顶部为 255px*/
}
```

第 4 步：编写 JavaScript 脚本来实现图片自动滚动和左右方向滚动的功能。代码如下：

```
<script>
    window.onload = function(){
        var oDiv = document.getElementById('div1');
        var oUl = document.getElementById('ul1');
        var speed = 2;                                  //初始化速度
        oUl.innerHTML += oUl.innerHTML;)
        var oLi= document.getElementsByTagName('li');
        oUl.style.width = oLi.length*160+'px';      //设置 ul 的宽度使图片可以放下
        var oBtn1 = document.getElementById('btn1');
        var oBtn2 = document.getElementById('btn2');
        function move(){
            if(oUl.offsetLeft<-(oUl.offsetWidth/2)){//向左滚动，当靠左的图片移出边框时
                oUl.style.left = 0;
            }
            if(oUl.offsetLeft > 0){                 //向右滚动，当靠右的图片移出边框时
                oUl.style.left = -(oUl.offsetWidth/2)+'px';
            }
            oUl.style.left = oUl.offsetLeft + speed + 'px';
        }
        oBtn1.addEventListener('click',function(){
            speed = -2;
        },false);
        oBtn2.addEventListener('click',function(){
            speed = 2;
        },false);
        var timer = setInterval(move,30);           //全局变量，保存返回的定时器
    }
</script>
```

15.3.2 添加 Swipebox 灯箱插件

Swipebox 是一个用于桌面、移动和平板电脑的 jQuery 灯箱插件。

Swipebox 插件具有以下特性：

- 支持手机的触摸手势。
- 支持桌面电脑的键盘导航。
- 通过 jQuery 调用 CSS 过渡效果。
- Retina 支持 UI 图标。
- CSS 样式容易定制。

Swipebox 插件的使用需完成以下三个条件：

只需要在<head>标签中引入 jQuery、swipebox.js 和 swipebox.css 文件，便可使用 Swipebox 插件的功能。

```
<link rel="stylesheet" href="swipebox-master/src/css/swipebox.css">
<script src="swipebox-master/lib/jquery.min.js"></script>
<script src="swipebox-master/src/js/jquery.swipebox.js"></script>
```

添加以下 HTML 结构代码：

```
<a href="big/image.jpg" class="swipebox" title="My Caption">
   <img src="small/image.jpg" alt="image">
</a>
```

为超链接标签使用指定的.Swipebox 类，使用 title 属性来指定图片的标题。超链接 href 属性指定大图的路径，img 标签指定小图的路径。

提示

有时为了避免一些麻烦，img 标签中的图片和超链接中的大图可指向相同的路径。通过设置 img 标签的 width 属性来设置小图片，以适应布局。

通过.swipebox 选择器来绑定灯箱插件的 swipebox 事件：

```
<script>
   // 绑定了.swipebox 类
   jQuery(function($) {
      $(".swipebox").swipebox();
   });
</script>
```

Swipebox 插件提供了丰富的选项配置，可满足大多数开发者的需求，具体说明如表 15-1 所示。

表 15-1 Swipebox 插件的选项配置

参 数	说 明
useCSS	设置为 false 时，强制使用 jQuery 动画
useSVG	设置为 false 时，使用 PNG 来制作按钮
initialIndexOnArray	使用数组时，用该参数来设置下标
hideCloseButtonOnMobile	设置为 true 时，将在移动设备上隐藏关闭按钮
hideBarsDelay	在桌面设备上隐藏信息条的延迟时间
videoMaxWidth	视频的最大宽度
beforeOpen	打开前的回调函数
afterOpen	打开后的回调函数
afterClose	关闭后的回调函数
loopAtEnd	设置为 true 时，将在播放到最后一张图片时接着返回到第一张图片播放

接下来使用 Swipebox 插件为图片展示区设计插件效果。其实很简单，只需要把相册展示区的代码改成符合插件的条件，即可实现插件的效果。代码更改如下：

```
<div id="div1" >
      <ul id="ul1" class="py-3">
         <li>
            <a href="images/002.jpg" class="swipebox" title="2028 年">
               <img src="images/002.jpg" alt="image" class="img-fluid">
            </a>
         </li>
         <li>
```

```
            <a href="images/003.jpg" class="swipebox" title="2028年">
                <img src="images/003.jpg" alt="image" class="img-fluid">
            </a>
        </li>
        <li>
            <a href="images/004.jpg" class="swipebox" title="2028年">
                <img src="images/004.jpg" alt="image" class="img-fluid">
            </a>
        </li>
        <li>
            <a href="images/005.jpg" class="swipebox" title="2028年">
                <img src="images/005.jpg" alt="image" class="img-fluid">
            </a>
        </li>
        <li>
            <a href="images/006.jpg" class="swipebox" title="2028年">
                <img src="images/006.jpg" alt="image" class="img-fluid">
            </a>
        </li>
        <li>
            <a href="images/007.jpg" class="swipebox" title="2028年">
                <img src="images/007.jpg" alt="image" class="img-fluid">
            </a>
        </li>
        <li>
            <a href="images/010.jpg" class="swipebox" title="2028年">
                <img src="images/010.jpg" alt="image" class="img-fluid">
            </a>
        </li>
        <li>
            <a href="images/008.jpg" class="swipebox" title="2028年">
                <img src="images/008.jpg" alt="image" class="img-fluid">
            </a>
        </li>
        <li>
            <a href="images/009.jpg" class="swipebox" title="2028年">
                <img src="images/009.jpg" alt="image" class="img-fluid">
            </a>
        </li>
        <li>
            <a href="images/011.jpg" class="swipebox" title="2028年">
                <img src="images/011.jpg" alt="image" class="img-fluid">
            </a>
        </li>
        <li>
            <a href="images/012.jpg" class="swipebox" title="2028年">
                <img src="images/012.jpg" alt="image" class="img-fluid">
            </a>
        </li>
        <li>
            <a href="images/013.jpg" class="swipebox" title="2028年">
                <img src="images/013.jpg" alt="image" class="img-fluid">
            </a>
        </li>
        <li>
            <a href="images/014.jpg" class="swipebox" title="2028年">
                <img src="images/014.jpg" alt="image" class="img-fluid">
            </a>
        </li>
        <li>
```

```
                <a href="images/015.jpg" class="swipebox" title="2028年">
                    <img src="images/015.jpg" alt="image" class="img-fluid">
                </a>
            </li>
        </ul>
        <div class="btn-box text-center mb-2">
            <a href="javascript:void(0);" id="btn1" class="me-5"><i class="fa
fa-hand-o-left fa-2x"></i></a>
        <a href="javascript:void(0);" id="btn2" class=""><i class="fa fa-hand-
o-right fa-2x"></i></a>
    </div>
</div>
```

调用 Swipebox 插件并配置参数，代码如下：

```
<script>
    // 绑定了.swipebox类
    jQuery(function($) {
        $(".swipebox").swipebox({
            useCSS : true,                          //不使用jQuery的动画效果
            useSVG : true,                          //不使用png制作按钮
            initialIndexOnArray : 0,                //传递数组时初始化图像索引
            hideCloseButtonOnMobile : false,        //显示移动设备上的关闭按钮
            removeBarsOnMobile : true,              //在移动设备上不显示顶部栏
            hideBarsDelay : 3000,                   //隐藏信息条的延迟时间为3秒
            loopAtEnd: false                        //到达最后一个图片后不返回到第一个图片
        });
    });
</script>
```

首页效果如图 15-8 所示；当单击图片展示区中的任意一张图片时，将调用插件，效果如图 15-9 所示。

图 15-8　首页效果

图 15-9　激活 Swipebox 插件效果

插件显示界面中，可以通过下方的箭头来查看之前或之后的图片，也可以通过右上角的关闭按钮来关闭插件效果。

15.4 分 类 页

分类页按时间来对图片进行分类，可以选择相应的年份查看图片。分类页中的图片也添加了 Swipebox 灯箱插件。

15.4.1 设计相册分类展示

用于相册分类展示的文件为 class.html，设计步骤如下：

第 1 步：设计分类展示区结构。外层是 Bootstrap 选项卡组件，选项卡组件包含导航部分和内容部分。导航部分使用 Bootstrap 的胶囊导航来定义，内容部分使用 Bootstrap 网格系统布局，一行设置 3 列。

```
<div class="container">
    <!--选项卡-->
    <ul class="nav">
       <li><a href="#pills-home"></a></li>
       <li><a href="#pills-profile" ></a></li>
       <li><a href="#pills-contact"></a></li>
    </ul>
    <!--选项卡内容-->
    <div class="tab-content">
      <div class="tab-pane fade active" id="pills-home">
          <div class="row list">
              <div class="col-4"></div>
          </div>
    </div>
     <div class="tab-pane fade" id="pills-profile">
          <div class="row list">
              <div class="col-4"></div>
          </div>
    </div>
      <div class="tab-pane fade" id="pills-contact">
          <div class="row list">
              <div class="col-4"></div>
          </div>
      </div>
  </div>
</div>
```

第 2 步：设计选项卡的导航部分。导航部分使用<ul class="nav nav-pills">来定义，每个项目中的超链接使用<a href="#pills-profile" data-bs-toggle="pill">来定义，并添加胶囊导航样式。外层添加一个容器，来控制导航的宽度和圆角效果。

```
<div class="menu bg-white">
    <!--选项卡-->
    <ul class="nav nav-pills my-4 p-2" id="myTab">
        <li>
            <a class="ab" href="#pills-home" data-bs-toggle="pill">2030 年</a>
        </li>
```

```
        <li>
            <a href="#pills-profile" data-bs-toggle="pill">2029 年</a>
        </li>
        <li>
            <a href="#pills-contact" data-bs-toggle="pill">2028 年</a>
        </li>
        <li>
            <a href="#">更多</a>
         </li>
    </ul>
</div>
```

第 3 步：设计选项卡的内容部分。选项卡的内容框使用<div class="tab-content">来定义。内容部分的项目使用<div class="tab-pane" id="pills-home">来定义。项目中的每个 id 值对应导航中超链接的 href 属性值。在内容部分的项目中使用 Bootstrap 网格系统来布局，一行三列。

```
<div class="tab-content">
    <div class="tab-pane fade show active" id="pills-home">
        <div class="row list">
            <div class="col-4">
                <img src="images/002.jpg" alt="image" class="img-fluid">
            </div>
            <div class="col-4">
                <img src="images/003.jpg" alt="image" class="img-fluid">
            </div>
            <div class="col-4">
                <img src="images/004.jpg" alt="image" class="img-fluid">
            </div>
            <div class="col-4">
                <img src="images/005.jpg" alt="image" class="img-fluid">
            </div>
            <div class="col-4">
                <img src="images/006.jpg" alt="image" class="img-fluid">
            </div>
            <div class="col-4">
                <img src="images/012.jpg" alt="image" class="img-fluid">
            </div>
        </div>
    </div>
    <div class="tab-pane fade" id="pills-profile">
        <div class="row list">
          <div class="col-4">
              <img src="images/007.jpg" alt="image" class="img-fluid">
          </div>
          <div class="col-4">
              <img src="images/008.jpg" alt="image" class="img-fluid">
          </div>
          <div class="col-4">
              <img src="images/009.jpg" alt="image" class="img-fluid">
          </div>
          <div class="col-4">
              <img src="images/014.jpg" alt="image" class="img-fluid">
          </div>
          <div class="col-4">
              <img src="images/011.jpg" alt="image" class="img-fluid">
          </div>
        </div>
    </div>
```

```
        <div class="tab-pane fade" id="pills-contact">
            <div class="row list">
                <div class="col-4">
                    <img src="images/012.jpg" alt="image" class="img-fluid">
                </div>
                <div class="col-4">
                    <img src="images/015.jpg" alt="image" class="img-fluid">
                </div>
                <div class="col-4">
                    <img src="images/010.jpg" alt="image" class="img-fluid">
                </div>
                <div class="col-4">
                    <img src="images/013.jpg" alt="image" class="img-fluid">
                </div>
                <div class="col-4">
                    <img src="images/001.jpg" alt="image" class="img-fluid">
                </div>
            </div>
        </div>
    </div>
```

第 4 步：调整页面，自定义样式代码。

```
.menu{
    width: 275px;                   /* 定义宽度*/
    border-radius:10px;             /* 定义圆角边框*/
}
#myTab{list-style: none;}
#myTab li{float: left;margin-left: 15px;}
#myTab li a{
    color: #919191;                 /* 定义字体颜色*/
}
.ab{
    color:#00A862!important;        /* 定义字体颜色*/
}
.list{
    min-width: 600px;               /* 定义最小宽度*/
}
.list div{
    margin-bottom: 20px;            /* 定义底外边距为 20px*/
}
```

运行 class.html 文件，效果如图 15-10 所示；选择导航条中的其他时间时，可切换到该时间对应的相册，效果如图 15-11 所示。

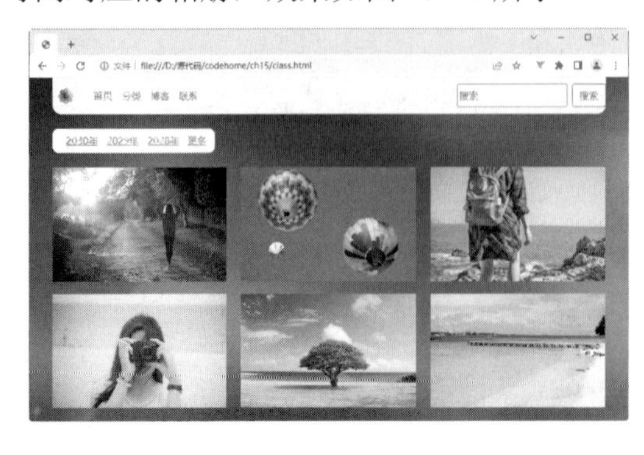

图 15-10　分类页效果

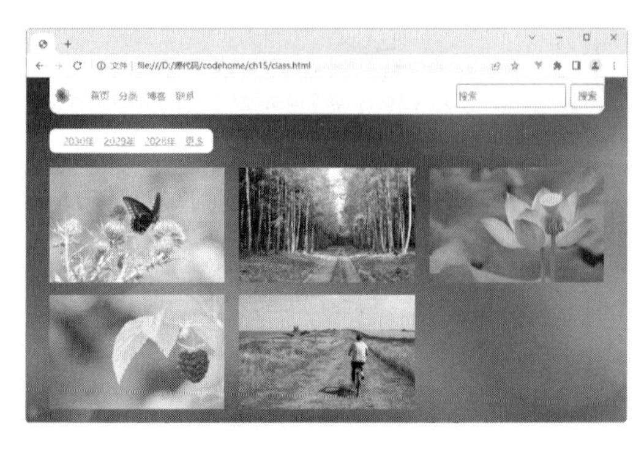

图 15-11　切换后效果

15.4.2　添加 Swipebox 灯箱插件

关于 Swipebox 灯箱插件的使用方法前面已经介绍了，这里就不具体说明了。

把相册展示区的代码，根据插件的条件进行更改，即可实现插件的效果。代码更改如下：

```
<div class="tab-content">
<div class="tab-pane fade show active" id="pills-home">
<div class="row list">
   <div class="col-4">
     <a href="images/002.jpg" class="swipebox" title="2030 年">
       <img src="images/002.jpg" alt="image" class="img-fluid">
     </a>
   </div>
</div>
</div>
<div class="tab-pane fade" id="pills-profile">
<div class="row list">
   <div class="col-4">
      <a href="images/007.jpg" class="swipebox" title="2029 年">
         <img src="images/007.jpg" alt="image" class="img-fluid">
      </a>
   </div>
</div>
</div>
<div class="tab-pane fade" id="pills-contact">
<div class="row list">
   <div class="col-4">
     <a href="images/012.jpg" class="swipebox" title="2028 年">
       <img src="images/012.jpg" alt="image" class="img-fluid">
      </a>
   </div>
</div>
</div>
```

最后调用 Swipebox 插件，并配置参数：

```
<script>
   jQuery(function($) {
      $(".swipebox").swipebox({
         useCSS : true,                      //不使用 jQuery 的动画效果
         useSVG : true,                      //不使用 png 制作按钮
         initialIndexOnArray : 0,            //传递数组时初始化图像索引
         hideCloseButtonOnMobile : false,    //显示移动设备上的关闭按钮
         removeBarsOnMobile : true,          //在移动设备上不显示顶部栏
         hideBarsDelay : 3000,               //隐藏信息条的延迟时间为 3 秒
         loopAtEnd: false                    //到达最后一个图片后不返回到第一个图片
      });
   });
</script>
```

运行 class.html 文件，效果如图 15-12 所示，单击分类展示区中的任意一张图片，调用 Swipebox 插件，效果如图 15-13 所示。

图 15-12　分类页效果

图 15-13　激活 Swipebox 插件效果

15.5　博　　客

博客页分为两部分，左侧是文章展示部分，右侧为推荐区。具体设计步骤如下：

第 1 步：使用 Bootstrap 网格系统来设计页面布局，左侧占网格的 8 份，右侧占 4 份。

```
<div class="row">
    <div class="col-8"></div>
    <div class="col-4"></div>
</div>
```

第 2 步：设计左侧文章展示部分。每篇文章都设计了标题、作者、发布时间、评价和感想，且使用 awesome 字体库来设置图标。代码如下：

```
<div class="border row bg-white m-0 px-3 pt-4 pb-5 blog-border">
<div class="col-8">
<div>
    <h4><i class="fa fa-smile-o me-2"></i><span>我的足迹</span></h4><hr/>
    <div class="mb-3">
        <i class="fa fa-user-o"></i><span class="ml-1 me-2">欢欢</span>
        <i class="fa fa-clock-o"></i><span class="ml-1 me-2">15 天前</span>
         <a href="javascript:void(0);" class="ml-1 me-2"><i class="fa fa-
commenting-o"></i>156 条</a>
      </div>
      <img class="img-fluid mb-3" src="images/005.jpg" alt="">
      <div>
          <p class="retract">
           一个人旅行，一台相机足以，不理会繁杂的琐事，自由自在地，去体验一个城市，一段故
事，留下一片欢笑。
          </p>
    </div>
</div>
</div>
</div>
```

第 3 步：设计右侧推荐区。推荐区的标题使用图片背景和自定义样式进行设计，内容使用 Bootstrap 的列表组组件进行设计，且添加字体图标。代码如下：

```
<div class="border row bg-white m-0 px-3 pt-4 pb-5 blog-border">
<div class="col-4">
<h4 class="shadow mb-4"><span class="mx-2">推荐旅游圣地</span><i class="fa fa-
```

```
bicycle"></i></h4>
    <ul class="list-group list-group-flush">
        <li class="list-group-item border-top-0">
             <i class="fa fa-hand-o-right me-3"></i>神秘奇幻、佳景荟萃的九寨沟
        </li>
        <li class="list-group-item">
            <i class="fa fa-hand-o-right me-3"></i>奇伟俏丽、灵秀多姿的黄山
        </li>
        <li class="list-group-item">
             <i class="fa fa-hand-o-right me-3"></i>青山碧水、银滩巨磊的三亚
         </li>
         <li class="list-group-item">
             <i class="fa fa-hand-o-right me-3"></i>山青、水秀、洞奇、石美的桂林山水
         </li>
         <li class="list-group-item border-bottom">
              <i class="fa fa-hand-o-right me-3"></i>山水秀丽、景色宜人的杭州西湖
         </li>
    </ul>
</div>
</div>
```

博客页自定义的样式代码如下：

```
.blog-border{
    border-radius: 10px;                        /*定义圆角边框*/
}
.retract{
    text-indent: 2rem;                          /* 定义首行缩进*/
}
.shadow{
    line-height: 48px;                          /* 定义行高*/
    padding: 0 10px;                            /* 定义内边距，上下为 0，左右为 10px*/
    margin-bottom: 20px;                        /* 定义底边外边距*/
    border-top: 2px solid #d7d7d7;              /* 定义上边边框*/
    border-bottom: 2px solid #ffffff;           /* 定义下边边框*/
    background: url(images/light-bg.png) repeat-x;/* 定义背景图片，X 轴方向平铺*/
    border-radius: 5px;                         /* 定义圆角边框*/
    -moz-border-radius: 5px;                    /*定义圆角边框*/
    -webkit-border-radius: 5px;                 /*定义圆角边框*/
}
```

15.6　联　系　页

联系表单页面分为两部分，一部分是访客预留信息的表单，另一部分是网站作者的信息。左侧表单还设计了 Bootstrap 工具提示效果。

步骤如下：

第 1 步：设计页面主体布局。页面主体区域使用 Bootstrap 网格系统进行设计，为了适应不同的设备，还添加了响应式的类。在大屏设备(≥992px)中分为一行两列，如图 15-14 所示；在中小屏设备(<992px)中显示为一列，如图 15-15 所示。

```
<div class="row">
    <div class="col-12 col-lg-8 "></div>
    <div class="col-12 col-lg-4"></div>
</div>
```

图 15-14　大屏上显示效果

图 15-15　小屏上显示效果

第 2 步：设计左侧表单。左侧表单使用 Bootstrap 表单组件来设计。每个表单元素都添加.form-control 类，并包含在<div class="form-group">容器中。使用通用样式类.w-75(75%)来设置表单宽度。代码如下：

```
<div class="row border bg-white m-0 px-3 pt-4 pb-5 blog-border">
<div class="col-12 col-lg-8 pb-5">
<h4><i class="fa fa-volume-control-phone me-2"></i><span>你的联系方式
</span></h4><hr/>
<form>
<div class="form-group">
   <input type="text" class="form-control w-75" placeholder="姓名">
</div>
<div class="form-group">
   <input type="email" class="form-control w-75" placeholder="邮箱" >
</div>
<div class="form-group">
   <input type="tel" class="form-control w-75" placeholder="手机号" >
</div>
<div class="form-group">
   <textarea class="form-control w-75" rows="5" placeholder="留言板
"></textarea>
</div>
<button type="submit" class="btn btn-primary">提交</button>
   </form>
</div>
</div>
```

第 3 步：设计右侧联系信息。右侧联系信息使用 Bootstrap 中的警告组件进行设计。每个警告框使用<div class="alert">定义，并根据需要添加不同的背景颜色类。代码如下：

```
<div class="col-12 col-lg-4">
   <h4 class="shadow mb-4"><i class="fa fa-phone-square mx-2"></i><span>联系
我们</span></h4>
```

```
    <div class="alert alert-primary" role="alert">
        <i class="fa fa-qq me-3"></i>
        <span>357975357</span>
    </div>
    <div class="alert alert-info" role="alert">
         <i class="fa fa-weixin me-3"></i>
         <span>codehome6</span>
    </div>
    <div class="alert alert-success" role="alert">
         <i class="fa fa-mobile fa-2x me-3"></i>
         <span>130XXXXXXXX</span>
    </div>
    <div class="alert alert-danger" role="alert">
         <i class="fa fa-map-marker fa-2x mr-3"></i>
         <span>北京千古摄影工作室</span>
    </div>
</div>
```

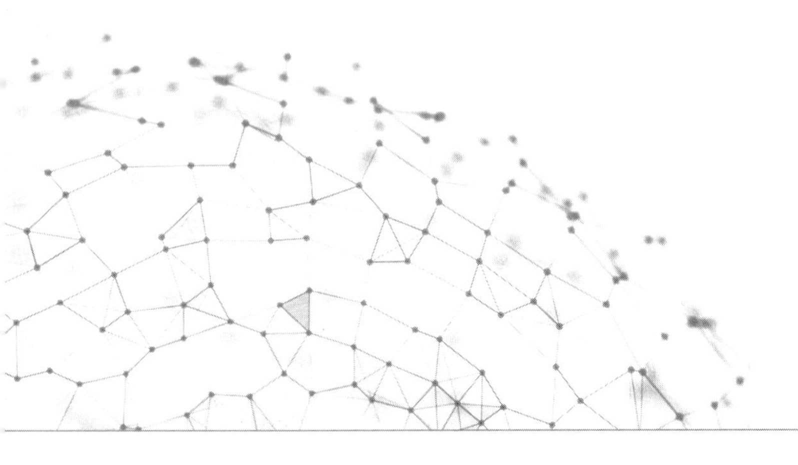

第16章

项目实训4——设计流行企业网站

当今是一个信息时代，企业信息可通过企业网站传达到世界各个角落，以此来宣传自己的产品、服务等。企业网站一般包括一个展示企业形象的首页、几个介绍企业资料的文章页、一个“关于”页面等。本章就来设计一个房产企业响应式网站。

16.1 网站概述

本项目将设计一个复杂的网站，主要设计目标说明如下：

(1) 完成复杂的页头区，包括左侧隐藏的导航以及Logo和右上角的实用导航(登录表单)。

(2) 实现企业风格的配色方案。

(3) 实现特色展示区的响应式布局。

(4) 实现特色展示图片的遮罩效果。

(5) 页脚设置多栏布局。

16.1.1 网站结构

本项目目录文件说明如下：

(1) bootstrap-5.1.3-dist：bootstrap框架文件夹。

(2) font-awesome：图标字体库文件。

(3) css：样式表文件夹。

(4) js：JavaScript脚本文件夹，包含index.js文件。

(5) images：图片素材。

(6) index.html：主页面。

16.1.2 设计效果

本项目是开发企业网站，主要设计主页效果。在桌面等宽屏设备中浏览主页，上半部分效果如图 16-1 所示，下半部分效果如图 16-2 所示。

图 16-1　上半部分效果

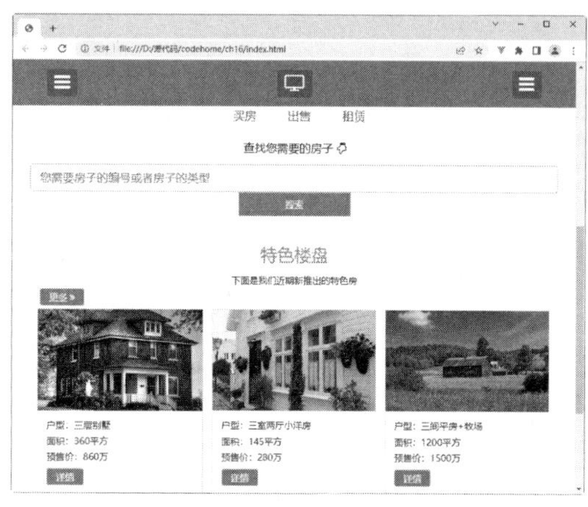

图 16-2　下半部分效果

页头中设计了隐藏的左侧导航和登录表单，左侧导航栏效果如图 16-3 所示，登录表单效果如图 16-4 所示。

图 16-3　左侧导航栏

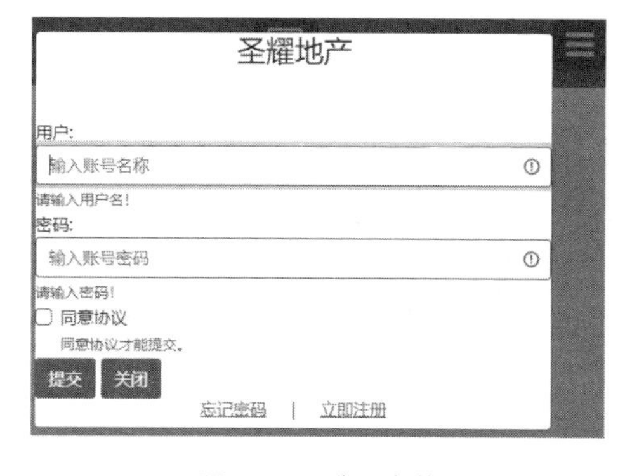

图 16-4　登录表单

16.1.3　设计准备

应用 Bootstrap 框架的页面建议保存为 HTML5 文档类型，同时在页面头部区域导入框架的基本样式文件、脚本文件和自定义的 CSS 样式及 JavaScript 文件。

```
<!DOCTYPE html>
<html>
<head>
    <meta charset="UTF-8">
    <meta name="viewport" content="width=device-width,initial-scale=1,
shrink-to-fit=no">
    <title>Title</title>
    <link rel="stylesheet" href="bootstrap-5.1.3-dist/css/bootstrap.css">
    <script src="bootstrap-5.1.3-dist/js/bootstrap.bundle.js"></script>
    <!--css 文件-->
    <link rel="stylesheet" href="css/style.css">
    <script src="js/index.js"></script>
    <!--字体图标文件-->
    <link rel="stylesheet" href="font-awesome/css/font-awesome.css">
```

```
<body>
</body>
</html>
```

16.2 设 计 主 页

在网站开发中，主页设计和制作将会占据整个制作时间的 30%～40%。主页的设计效果是一个网站设计成功与否的关键，应该让用户看到主页就会对整个网站有一个整体的感觉。

16.2.1 主页布局

本例主页主要包括页头导航条、轮播广告区、功能区、特色推荐和页脚区。就像搭积木一样，每个模块都是一个单位积木，如何拼凑出一个漂亮的房子，需要创意和想象力。本项目布局效果如图 16-5 所示。

图 16-5 主页布局效果

16.2.2 设计导航条

第 1 步，构建导航条的 HTML 结构。整个结构包含 3 个图标，图标的布局使用 Bootstrap 网格系统，代码如下：

```
<div class="row">
    <div class="col-4"></div>
    <div class="col-4 "></div>
    <div class="col-4 "></div>
    <div class="col-4 "></div>
</div>
```

第 2 步，应用 Bootstrap 的样式，设计导航条效果。在导航条外添加<div class="head fixed-top">包含容器，自定义的.head 控制导航条的背景颜色，.fixed-top 固定导航栏在顶部。然后为网格系统中的每列添加 Bootstrap 水平对齐样式.text-center 和.text-end，为中间 2 个容器添加 Display 显示属性。

```
<div class="main">
    <!--头部-->
    <div class="head fixed-top">
        <div class="mx-5 row py-3 ">
            <div class="col-4">
                <a class="btn btn-primary" data-bs-toggle="offcanvas"
href="#offcanvasExample" role="button" aria-controls="offcanvasExample"><i
class="fa fa-bars fa-2x"></i></a>
            </div>
            <div class="col-4 text-center d-none d-sm-block">
              <a class="btn btn-primary"  href="" role="button" aria-
```

```
controls="offcanvasExample"><i class="fa fa-television fa-2x"></i></a>
          </div>
          <div class="col-4 text-end">
              <a a href="#myModal" class="btn btn-primary" data-bs-
toggle="modal"><i class="fa fa-bars fa-2x"></i></a>
          </div>
      </div>
4</div>
```

自定义的背景色和字体颜色样式如下：

```
.head{
    background: #00aa88;  /*定义背景色*/
    z-index:50;           /*设置元素的堆叠顺序*/
}
.head a{
    color:white;          /*定义字体颜色*/
}
```

导航栏显示效果如图 16-6 所示。

图 16-6　导航栏显示效果

当拖动滚动条时，导航栏始终固定在顶部，效果如图 16-7 所示。

图 16-7　导航条固定效果

第 3 步，为左侧图标添加侧边栏效果。当单击左侧图标时，激活隐藏的侧边导航栏，效果如图 16-8 所示。

第 4 步，为右侧图标添加模态框效果。当单击右侧图标时，激活隐藏的登录页，效果如图 16-9 所示。

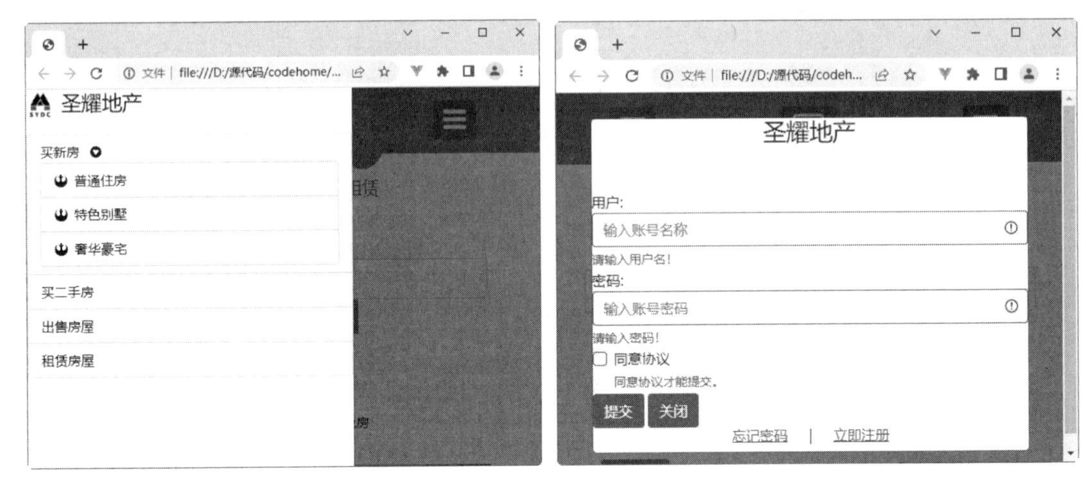

图 16-8　侧边导航栏激活效果　　　　图 16-9　登录页面激活效果

16.2.3　设计轮播广告

在 Bootstrap 框架中，轮播插件的结构比较固定：轮播包含框需要指明 ID 值和 carousel、slide 类。框内包含 3 部分组件：指示图标(carousel-indicators)、图文内容框(carousel-inner)和左右切换按钮(carousel-control-prev、carousel-control-next)。通过 data-bs-target="#carousel"属性启动轮播，使用 data-bs-slide-to="0"、data-bs-slide ="pre"、data-bs-slide ="next"定义交互按钮的行为。

```
<!--轮播-->
<div id="carousel" class="carousel slide" data-bs-ride="carousel">
    <!-- 指示图标 -->
    <div class="carousel-indicators">
      <button type="button" data-bs-target="#carousel" data-bs-slide-to="0"
class="active"></button>
      <button type="button" data-bs-target="#carousel" data-bs-slide-
to="1"></button>
     <button type="button" data-bs-target="#carousel" data-bs-slide-
to="2"></button>
    </div>
    <!-- 轮播图片和文字 -->
    <div class="carousel-inner">
        <div class="carousel-item active max-h">
           <img src="images/001.jpg" class="d-block w-100">
        <div class="carousel-caption">
        <h3>楼盘 1</h3>
        <p>楼盘外观图</p>
    </div>
    </div>
    <div class="carousel-item  max-h">
      <img src="images/002.jpg" class="d-block w-100">
      <div class="carousel-caption">
        <h3>楼盘 2</h3>
        <p>楼盘外观图</p>
      </div>
    </div>
    <div class="carousel-item  max-h">
```

```
      <img src="images/003.jpg" class="d-block w-100">
      <div class="carousel-caption">
        <h3>楼盘 3</h3>
        <p>楼盘外观图</p>
      </div>
    </div>
  </div>
  <!-- 左右切换按钮 -->
  <button class="carousel-control-prev" type="button" data-bs-
target="#carousel" data-bs-slide="prev">
    <span class="carousel-control-prev-icon"></span> </button>
  <button class="carousel-control-next" type="button" data-bs-
target="#carousel" data-bs-slide="next">
    <span class="carousel-control-next-icon"></span></button>
</div>
```

轮播的效果如图 16-10 所示。

图 16-10　轮播广告区页面效果

考虑到布局的设计，在图文内容框中添加了自定义的样式 max-h，用来设置图文内容框的最大高度，以免由于图片过大而影响整个页面布局。

```
.max-h{
   max-height:500px;
}
```

16.2.4　设计功能区

功能区包括欢迎区、功能导航区和搜索区 3 部分。

欢迎区的设计代码如下：

```
<div class="text-center">
    <h2 class="color">欢 迎 您 ! </h2>
    <h6 class="my-3">最专业、最权威的技术团队用心做事，为企业客户提供最领先的房产配套系
统服务</h6>
</div>
```

功能导航区使用了 Bootstrap 的导航组件。导航框使用<ul class="nav">定义，使用 justify-content-center 设置水平居中。导航中的每个项目使用<li class="nav-item">定义，每个项目中的链接添加 nav-link 类。设计代码如下：

```
<ul class="nav justify-content-center nav-head">
    <li class="nav-item">
      <a class="nav-link" href="">
        <i class="fa fa-home"></i>
```

```
          <h6 class="size">买房</h6>
        </a>
    </li>
    <li class="nav-item">
        <a class="nav-link" href="#">
          <i class="fa fa-university "></i>
          <h6 class="size">出售</h6>
        </a>
    </li>
    <li class="nav-item">
        <a class="nav-link" href="#">
            <i class="fa fa-hdd-o "></i>
            <h6 class="size">租赁</h6>
        </a>
    </li>
</ul>
```

搜索区使用了表单组件。搜索表单包含在<div class="container">容器中，代码如下：

```
<h5 class="text-center my-3">查找您需要的房子 <i class="fa fa-hand-o-down 
color1"></i> </h5>
<div class="container">
     <form>
        <div class="form-group">
          <input type="search" class="form-control form-control-lg" 
placeholder="您需要房子的编号或者房子的类型">
        </div>
     </form>
      <a href="" class="btn1 border d-block text-center py-2">搜索</a>
</div>
```

考虑到页面的整体效果，功能区自定义了一些样式代码，具体如下：

```
.nav-head li{
    text-align: center;                /*居中对齐*/
    margin-left: 15px;                 /*定义左边外边距*/
}
.nav-head li i{
    display: block;                    /*定义元素为块级元素*/
    width: 50px;                       /*定义宽度*/
    height: 50px;                      /*定义高度*/
    border-radius: 50%;                /*定义圆角边框*/
    padding-top: 10px;                 /*定义上边内边距*/
    font-size: 1.5rem;                 /*定义字体大小*/
    margin-bottom: 10px;               /*定义底边外边距*/
    color:white;                       /*定义字体颜色为白色*/
    background: #00aa88;               /*定义背景颜色*/
}
.size{font-size: 1.3rem;}              /*定义字体大小*/
.btn1{
    width: 200px;                      /*定义宽度*/
    background: #00aa88;               /*定义背景颜色*/
    color: white;                      /*定义字体颜色*/
    margin: auto;                      /*定义外边距自动*/
}
.btn1:hover{
    color:#8B008B;                     /*定义字体颜色*/
}
```

运行程序，功能区的效果如图 16-11 所示。

图 16-11　功能区页面效果

16.2.5　设计特色展示

第 1 步，使用网格系统设计布局，并添加响应类。在中屏及以上设备(≥768px)显示为 3 列，如图 16-12 所示；在小屏设备(<768px)上显示为每行一列，如图 16-13 所示。

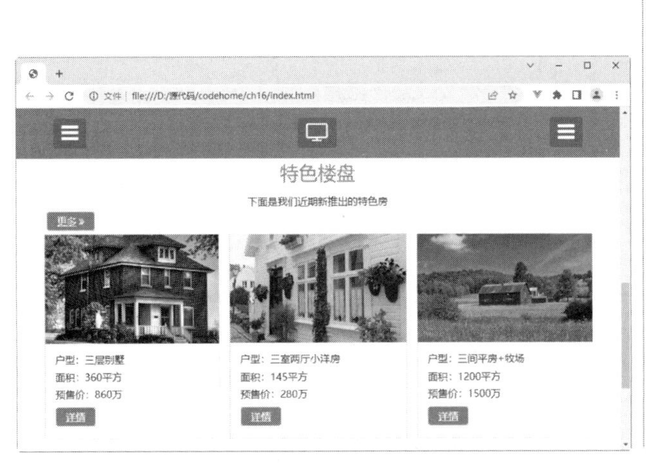

图 16-12　中屏及以上设备显示效果

图 16-13　小屏设备显示效果

```
<div class="row">
    <div class="col-12 col-md-4"></div>
    <div class="col-12 col-md-4 "></div>
    <div class="col-12 col-md-4"></div>
</div>
```

第 2 步，在每列中添加展示图片以及说明。说明框使用了 Bootstrap 框架的卡片组件，使用<div class="card">定义，主体内容框使用<div class="card-body">定义。代码如下：

```
<div class="box">
   <img src="images/004.jpg" class="img-fluid" alt="">
</div>
<div class="card border-0 pt-0">
   <div class="card-body">
      <h6>户型：三层别墅</h6>
      <h6>面积：360 平方</h6>
      <h6>预售价：860 万</h6>
      <h6 class="mt-3"><a href="" class="btn2 border py-1 px-3">详情
</a></h6>
   </div>
</div>
```

第 3 步，为展示图片设计遮罩效果。默认状态下，隐藏显示<div class="box-content">遮罩层，当鼠标经过图片时，渐渐显示遮罩层，并通过相对定位覆盖在展示图片的上面。HTML 代码如下：

```
<div class="box">
   <img src="images/005.jpg" class="img-fluid" alt="">
   <div class="box-content">
   <h3 class="title">地址</h3>
   <span class="post">北京五环商品房</span>
   <ul class="icon">
      <li><a href="#"><i class="fa fa-search"></i></a></li>
      <li><a href="#"><i class="fa fa-link"></i></a></li>
   </ul>
   </div>
</div>
```

CSS 代码如下：

```
.box{
   text-align: center;                     /*定义水平居中*/
   overflow: hidden;                       /*定义超出隐藏*/
   position: relative;                     /*定义相对定位*/
}
.box:before{
   content: "";                            /*定义插入的内容*/
   width: 0;                               /*定义宽度*/
   height: 100%;                           /*定义高度*/
   background: #000;                       /*定义背景颜色*/
   position: absolute;                     /*定义绝对定位*/
   top: 0;                                 /*定义距离顶部的位置*/
   left: 50%;                              /*定义距离左边 50%的位置*/
   opacity: 0;                             /*定义透明度为 0*/
                                           /*cubic-bezier 贝塞尔曲线 CSS3 动画工具*/
   transition: all 500ms cubic-bezier(0.47, 0, 0.745, 0.715) 0s;
}
.box:hover:before{
   width: 100%;                            /*定义宽度为 100%*/
   left: 0;                                /*定义距离左侧为 0px*/
   opacity: 0.5;                           /*定义透明度为 0.5*/
}
.box img{
```

```
    width: 100%;                              /*定义宽度为100%*/
    height: auto;                             /*定义高度自动*/
}
.box .box-content{
    width: 100%;                              /*定义宽度*/
    padding: 14px 18px;                       /*定义上下内边距为14px，左右内边距为
18px*/
    color: #fff;                              /*定义字体颜色为白色*/
    position: absolute;                       /*定义绝对定位*/
    top: 10%;                                 /*定义距离顶部为10% */
    left: 0;                                  /*定义距离左侧为0*/
}
.box .title{
    font-size: 25px;                          /* 定义字体大小*/
    font-weight: 600;                         /* 定义字体加粗*/
    line-height: 30px;                        /* 定义行高为30px*/
    opacity: 0;                               /* 定义透明度为0*/
    transition: all 0.5s ease 1s;             /* 定义过渡效果*/
}
.box .post{
    font-size: 15px;                          /* 定义字体大小*/
    opacity: 0;                               /* 定义透明度为0*/
    transition: all 0.5s ease 0s;             /* 定义过渡效果*/
}
.box:hover .title,
.box:hover .post{
    opacity: 1;                               /* 定义透明度为1*/
    transition-delay: 0.7s;                   /* 定义过渡效果延迟的时间*/
}
.box .icon{
    padding: 0;                               /* 定义内边距为0*/
    margin: 0;                                /* 定义外边距为0*/
    list-style: none;                         /* 去掉无序列表的项目符号*/
    margin-top: 15px;                         /* 定义上边外边距为15px*/
}
.box .icon li{
    display: inline-block;                    /* 定义行内块级元素*/
}
.box .icon li a{
    display: block;                           /* 设置元素为块级元素*/
    width: 40px;                              /* 定义宽度*/
    height: 40px;                             /* 定义高度*/
    line-height: 40px;                        /* 定义行高*/
    border-radius: 50%;                       /* 定义圆角边框*/
    background: #f74e55;                      /* 定义背景颜色*/
    font-size: 20px;                          /* 定义字体大小*/
    font-weight: 700;                         /* 定义字体加粗*/
    color: #fff;                              /* 定义字体颜色*/
    margin-right: 5px;                        /* 定义右边外边距*/
    opacity: 0;                               /* 定义透明度为0*/
    transition: all 0.5s ease 0s;             /* 定义过渡效果*/
}
.box:hover .icon li a{
    opacity: 1;                               /* 定义透明度为1 */
    transition-delay: 0.5s;                   /* 定义过渡延迟时间*/
}
.box:hover .icon li:last-child a{
```

```
    transition-delay: 0.8s;                /*定义过渡延迟时间*/
}
```

运行程序，鼠标经过特色展示区图片时，遮罩层显示效果如图 16-14 所示。

图 16-14　遮罩层效果

16.2.6　设计脚注

脚注部分由 3 行构成，前两行是联系和企业信息链接，使用 Bootstrap 导航组件来设计，最后一行是版权信息。设计代码如下：

```
<div class="bg-dark py-5">
    <ul class="nav justify-content-center list pb-3">
        <li class="nav-item">
            <a class="nav-link p-0" href="">
                <i class="fa fa-qq"></i>
            </a>
        </li>
        <li class="nav-item">
            <a class="nav-link p-0" href="#">
                <i class="fa fa-weixin"></i>
            </a>
        </li>
        <li class="nav-item">
            <a class="nav-link p-0" href="#">
              <i class="fa fa-twitter"></i>
            </a>
        </li>
        <li class="nav-item">
            <a class="nav-link p-0" href="#">
                <i class="fa fa-maxcdn"></i>
            </a>
        </li>
    </ul>
    <hr class="border-white my-0 mx-5" style="border:1px dotted red"/>
    <ul class="nav justify-content-center pt-0">
            <li class="nav-item">
                <a class="nav-link text-white" href="#">企业文化</a>
            </li>
```

```
            <li class="nav-item">
                <a class="nav-link text-white" href="#">企业特色</a>
            </li>
            <li class="nav-item">
                <a class="nav-link text-white" href="#">企业项目</a>
            </li>
            <li class="nav-item">
                <a class="nav-link text-white" href="#">联系我们</a>
            </li>
    </ul>
    <hr class="border-white my-0 mx-5" style="border:1px dotted red"/>
    <div class="text-center text-white mt-2">Copyright 2022-2-14 圣耀地产 版权所
有</div></div>
```

添加自定义样式代码如下：

```
.list a{
    display: block;
    width: 28px;
    height: 28px;
    font-size: 1rem;
    border-radius: 50%;
    background: white;
    text-align: center;
    margin-left: 10px;
}
```

程序运行结果如图 16-15 所示。

图 16-15　脚注效果

16.3　设计侧边导航栏

侧边导航栏包含一个关闭按钮、企业 Logo 和菜单栏。关闭按钮使用 awesome 字体库中的字体图标进行设计，企业 Logo 和名称包含在<h3>标签中。设计侧边栏导航效果，代码如下：

```
<!--侧边栏-->
<div class="offcanvas offcanvas-start" tabindex="-1" id="offcanvasExample"
aria-labelledby="offcanvasExampleLabel">
    <h3 class="mb-0 pb-3  pl-4"><img src="images/logo.jpg" alt="" class="img-
fluid me-2" width="35">圣耀地产</h3>
    <ul class="list-group">
        <!--折叠面板-->
        <li class="list-group-item" data-bs-toggle="collapse"
href="#collapse">
                买新房 <i class="fa fa-gratipay ms-2"></i>
            <div class="collapse border-bottom border-top border-white"
id="collapse">
                <ul class="list-group ">
```

```
                    <li class="list-group-item"><i class="fa fa-rebel me-2"></i>
普通住房</li>
                    <li class="list-group-item"><i class="fa fa-rebel me-2"></i>
特色别墅</li>
                    <li class="list-group-item"><i class="fa fa-rebel me-2"></i>
奢华豪宅</li>
                </ul>
            </div>
        </li>
        <li class="list-group-item">买二手房</li>
        <li class="list-group-item">出售房屋</li>
        <li class="list-group-item">租赁房屋</li>
    </ul>
</div>
```

关于侧边栏自定义的样式代码如下：

```
.sidebar{
    width:200px;                     /* 定义宽度*/
    background: #00aa88;             /* 定义背景颜色*/
    position: fixed;                 /* 定义固定定位*/
    left: -200px;                    /* 距离左侧为-200px*/
    top:0;                           /* 距离顶部为 0px*/
    z-index: 100;                    /* 定义堆叠顺序*/
}
.sidebar-header{
    background: #066754;             /* 定义背景颜色*/
}
.sidebar ul li{
   border: 0;                        /* 定义边框为 0*/
    background: #00aa88;             /* 定义背景颜色*/
}
.sidebar ul li:hover{
    background:#066754;              /* 定义背景颜色*/
}
.sidebar h3{
    background: #066754;             /* 定义背景颜色*/
    border-bottom: 2px solid white;  /* 定义底边框为 2px、实线、白色边框*/
}
```

16.4 设计登录页

登录页通过顶部导航条右侧图标来激活。表单的验证功能如图 16-16 所示。

图 16-16 表单的验证功能

本案例设计了一个复杂的登录页，使用 Bootstrap 的模态框组件进行设计。登录页的主要代码如下：

```
<!--登录表-->
<div id="myModal" class="modal">
   <div class="modal-dialog">
      <div class="modal-content">
                <h2 class="text-center mb-5">圣耀地产</h2>
                 <form action="" class="was-validated">
   <div class="form-group">
   <label for="uname">用户:</label>
   <input type="text" class="form-control" id="uname" placeholder="输入账号名
称" name="uname" required>
   <div class="valid-feedback">验证成功! </div>
   <div class="invalid-feedback">请输入用户名! </div>
   </div>
   <div class="form-group">
   <label for="pwd">密码:</label>
   <input type="password" class="form-control" id="pwd" placeholder="输入账号
密码" name="pswd" required>
   <div class="valid-feedback">验证成功! </div>
   <div class="invalid-feedback">请输入密码! </div>
   </div>
   <div class="form-group form-check">
   <label class="form-check-label">
     <input class="form-check-input" type="checkbox" name="remember"
required> 同意协议
     <div class="valid-feedback">验证成功! </div>
     <div class="invalid-feedback">同意协议才能提交。</div>
   </label>
   </div>
   <button type="submit" class="btn btn-primary">提交</button>
<button type="button" class="btn btn-primary" data-bs-dismiss="modal">关闭
</button>
  </form>
   <h6 class="text-center"><a href="">忘记密码</a><span class="mx-
4">|</span><a href="">立即注册</a></h6>
</div>
</div>
</div>
```

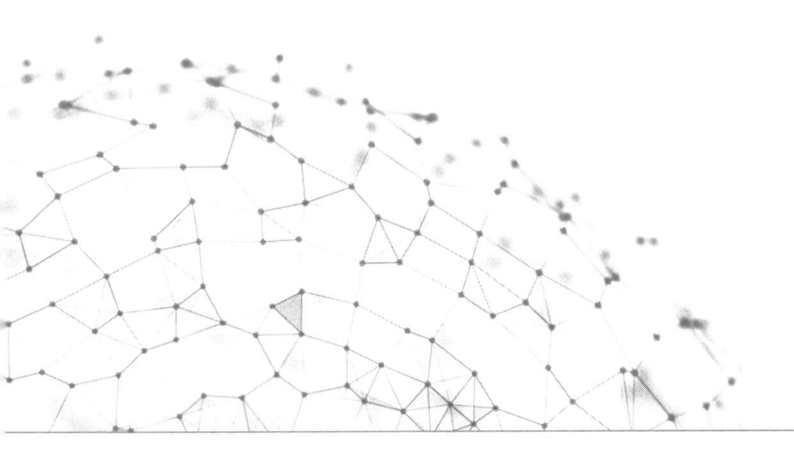

第17章

项目实训5——Web设计与定制网站

本项目开发一个Web设计与定制的平台，包括Logo、宣传品设计、包装设计、其他设计、策划、广告设计制作、品牌管理咨询、印刷服务等。通过Web设计与定制，可以使企业快速适应互联网生存，做全球生意。

17.1 网站概述

本项目主要使用Bootstrap中的滚动监听插件进行构思，通过顶部导航栏进行页面的切换，当拖动滚动条时，导航栏中的内容也相应地切换。

17.1.1 网站结构

本项目目录文件说明如下：

- bootstrap-5.1.3-dist：Bootstrap框架文件夹。
- font-awesome：图标字体库文件夹。
- css：样式表文件夹。
- images：图片素材文件夹。
- index.html：主页面。

17.1.2 网站布局

网站是单页面，布局效果如图17-1所示。导航栏固定在页面顶部，通过选择选项可切换内容。

导航栏

首页内容

关于我们

我们的团队

我们的服务

我们的博客

我们的定制

脚注

图 17-1　网站布局

17.1.3　设计准备

应用 Bootstrap 框架的页面建议保存为 HTML5 文档类型，同时在页面头部区域导入框架的基本样式文件、脚本文件和自定义的 CSS 样式文件。本项目的配置文件如下：

```
<!DOCTYPE html>
<html>
<head>
   <meta charset="UTF-8">
   <meta name="viewport" content="width=device-width,initial-scale=1,
shrink-to-fit=no">
   <title>Title</title>
   <link rel="stylesheet" href="bootstrap-5.1.3-dist/css/bootstrap.css">
   <link rel="stylesheet" href="font-awesome/css/font-awesome.css">
   <link rel="stylesheet" href="style.css">
   <script src="bootstrap-5.1.3-dist/js/bootstrap.bundle.js"></script>
</head>
<body data-bs-spy="scroll" data-bs-target="#navbar">
</body>
</html>
```

应用 Bootstrap 插件时，推荐使用 data 属性进行激活。

17.2　设计主页面导航

本项目是一个单页面项目，整个项目使用 Bootstrap 滚动监听插件进行设计，主页面导航使用导航栏组件设计。通过监听<body>，主页面导航可以自动更新主页面内容，根据滚动条的位置自动更新对应的导航栏内容，随着拖动滚动条的位置向导航栏添加.active 类。

下面看一下具体的实现步骤。

第 1 步：使用 Bootstrap 导航栏组件设计结构，把导航栏右侧的表单改成联系图标。

```
<nav class="navbar navbar-expand-lg navbar-light bg-light">
   <button class="navbar-toggler" type="button" data-bs-toggle="collapse"
```

```
data-bs-target="#navbarContent">
        <span class="navbar-toggler-icon"></span>
    </button>
    <div class="collapse navbar-collapse" id="navbarContent">
        <a class="navbar-brand" href="#">Web 设计</a>
        <ul class="navbar-nav me-auto mt-2 mt-lg-0 nav-list">
            <li class="nav-item active">
                <a class="nav-link" href="#">首页</a>
            </li>
            <li class="nav-item">
                <a class="nav-link" href="#">关于</a>
            </li>
            <li class="nav-item">
                <a class="nav-link" href="#">团队</a>
            </li>
            <li class="nav-item">
                <a class="nav-link" href="#">服务</a>
            </li>
            <li class="nav-item">
                <a class="nav-link" href="#">博客</a>
            </li>
            <li class="nav-item">
                <a class="nav-link" href="#">定制</a>
            </li>
        </ul>
        <div class="px-5">
            <a href="#"><i class="fa fa-weixin"></i></a>
            <a href="#"><i class="fa fa-qq"></i></a>
            <a href="#"><i class="fa fa-twitter"></i></a>
            <a href="#"><i class="fa fa-google-plus"></i></a>
            <a href="#"><i class="fa fa-github"></i></a>
        </div>
    </div>
</nav>
```

导航栏的效果如图 17-2 所示。

图 17-2　导航栏效果

第 2 步：添加滚动监听。为<body>设置被监听的 Data 属性：data-bs-spy="scroll"，指定监听的导航栏：data-bs-target=“#navbar”，当<body>滚动滚动条时，导航栏项目也会相应地切换。使用 Bootstrap 常用的类样式微调导航栏的内容，添加.fixed-top 类把导航栏固定在页面顶部。

在导航栏项目中添加对应的锚点：“#list1”“#list2”“#list3”“#list4”“#list5”和“#list6”，分别对应主页面的内容：

```
<h4 id="list1" class="list"></h4>
<h4 id="list2" class="list"></h4>
<h4 id="list3" class="list"></h4>
<h4 id="list4" class="list"></h4>
<h4 id="list5" class="list"></h4>
<h4 id="list6" class="list"></h4>
```

导航栏代码如下：

```
<body data-spy="scroll" data-bs-target="#navbar">
<nav class="navbar navbar-expand-md navbar-dark bg-dark fixed-top"
id="navbar">
   <a class="navbar-brand px-5" href="#">Web 设计</a>
   <button class="navbar-toggler" type="button" data-bs-toggle="collapse"
data-bs-target="#navbarContent">
      <span class="navbar-toggler-icon"></span> </button>
   <div class="collapse navbar-collapse ml-5" id="navbarContent">
      <ul class="navbar-nav me-auto mt-2 mt-lg-0 nav-list">
         <li class="nav-item active">
            <a class="nav-link" href="#list1">首页</a>
         </li>
         <li class="nav-item">
            <a class="nav-link" href="#list2">关于</a>
         </li>
         <li class="nav-item">
            <a class="nav-link" href="#list3">团队</a>
         </li>
         <li class="nav-item">
            <a class="nav-link" href="#list4">服务</a>
         </li>
         <li class="nav-item">
            <a class="nav-link" href="#list5">博客</a>
         </li>
         <li class="nav-item">
            <a class="nav-link" href="#list6">定制</a>
         </li>
      </ul>
      <div class="iconColor px-5">
         <a href="#"><i class="fa fa-weixin"></i></a>
         <a href="#"><i class="fa fa-qq"></i></a>
         <a href="#"><i class="fa fa-twitter"></i></a>
         <a href="#"><i class="fa fa-google-plus"></i></a>
         <a href="#"><i class="fa fa-github"></i></a>
      </div>
   </div>
</nav>
</body>
```

第 3 步：设计简单样式。

```
#navbar{
   height: 60px;                                /*定义高度*/
   box-shadow: 0 1px 10px red;                  /*定义阴影效果*/
}
.list{
   height: 50px;                                /*定义高度*/
}
.nav-list li{
   margin-left: 10px;                           /*定义左边外边距*/
}
.nav-list li:hover{
   border-bottom: 2px solid white;              /*定义底边边框*/
}
.iconColor a{
   color: white;                                /*定义字体颜色*/
}
.iconColor a:hover i{
   color:red;                                   /*定义字体颜色*/
```

```
    transform: scale(1.5);                      /*定义 2d 缩放*/
  }
.active{
    border-bottom: 2px solid red;               /*定义底边边框*/
}
```

其中以下两个类定义字体图标的样式，在后面的内容中，字体图标也是使用这些类来设计的，后续内容中将不再赘述。

```
.iconColor a{
    color: white;                               /*定义字体颜色*/
}
.iconColor a:hover i{
    color:red;                                  /*定义字体颜色*/
    transform: scale(1.5);                      /*定义 2d 缩放*/
  }
```

导航栏的最终效果如图 17-3 所示。

图 17-3　导航栏的最终效果

17.3　设计主页面内容

上一节已经介绍了滚动监听的导航栏，下面来介绍监听的主页面内容以及设计的步骤。

17.3.1　设计首页

首页内容首先使用 jumbotron 组件设计广告牌，展示网站主要内容；然后使用网格系统设计布局，介绍网页设计的发展、品牌化和创意。

```
<h4 id="list1" class="list"></h4>
<div class="img-b">
   <div class="jumbotron jumbotron-fluid text-white d-flex align-items-
center m-0">
      <div class="container">
         <h1 class="display-4">专业网页设计 10 年</h1>
         <p class="lead">我们让每一个品牌都更加出色</p>
         <a href="" class="btn btn-danger">了解更多>></a>
      </div>
   </div>
</div>
<div class="bg-dark py-5 text-white">
   <div class="container">
      <div class="row">
         <div class="col-lg-4">
            <h2><i class="fa fa-laptop me-2"></i> 网页设计与<span
class="text-white-50">发展</span></h2>
            <p>设计网页的目的不同，应选择不同的网页策划与设计方案</p>
         </div>
         <div class="col-lg-4">
            <h2><i class="fa fa-rocket me-2"></i> 网页设计与<span
class="text-white-50">品牌化</span></h2>
            <p>网页设计的工作目标，是通过使用更合理的颜色、字体、图片、样式进行页面设计
```

```
美化</p>
            </div>
            <div class="col-lg-4">
                <h2><i class="fa fa-camera me-2"></i>网页设计与<span class="text-
white-50">创意</span></h2>
                <p>在功能限定的情况下，尽可能给予用户完美的视觉体验</p>
            </div>
        </div>
    </div>
</div>
```

添加一个外包框，并设计背景图片。样式代码如下：

```
.img-b{
    background: url("images/0002.jpg") no-repeat;       /*定义背景图片，不平铺*/
    background-size: 1150px 568px;                       /*定义背景图片的大小*/
}
.jumbotron{
    height:500px;                                         /*定义高度*/
    background: rgba(0,0,255,0.6);                        /*定义背景色*/
}
```

首页的效果如图 17-4 所示。

图 17-4　首页效果

17.3.2　关于我们

“关于我们”页面包括上半部分和下半部分。

上半部分介绍我们的职责。首先创建一个响应式<div class="container">容器，在其中设计标题和文本，然后使用网格系统创建两列布局，左侧展示我们的职责，右侧是一张图片，展示我们的工作状态。

```
<h4 id="list2" class="list"></h4>
    <div class="container">
        <h1 class="text-center">__关于我们__</h1>
        <p class="my-4">运营平台的强大流量资源与用户资源，把企业信息即时地展现在有需求的
移动用户面前，促使用户关注您的企业产品与服务，并进一步与您的企业建立深入沟通，最终达成交易
```

```
</p>
        <div class="row">
            <div class="col-lg-6">
                <h3 class="mb-4">我们的职责</h3>
                <ul>
                    <li><i class="fa fa-angle-right"></i> 负责对网站整体表现风格的定
位，对用户视觉感受的整体把握。</li>
                    <li><i class="fa fa-angle-right"></i> 进行网页的具体设计制作。</li>
                    <li><i class="fa fa-angle-right"></i> 产品目录的平面设计。</li>
                    <li><i class="fa fa-angle-right"></i> 各类活动的广告设计。</li>
                    <li><i class="fa fa-angle-right"></i> 协助开发人员页面设计等工作。</li>
                </ul>
                <a class="btn btn-primary" href="#">开始你的工作吧</a>
            </div>
            <div class="col-lg-6">
                <img src="images/0001.png" alt="about" class="img-fluid img-
thumbnail">
            </div>
        </div>
    </div>
</div>
```

“关于我们”页面上半部分的效果如图 17-5 所示。

图 17-5 “关于我们”页面上半部分的效果

下半部分介绍我们的工作内容。使用网格系统创建两列。左侧是一张图片，展示我们的工作状态。其中添加了.no-gutters 类来删除网格系统的左右外边距。

```
<h4 id="list2" class="list"></h4>
    <div class="row no-gutters mt-5">
        <div class="col-md-6">
            <img src="images/0014.png" alt="" class="img-fluid">
        </div>
        <div class="col-md-6 bg-dark text-white px-5 pt-5">
            <h3 class="mb-4">工作的内容：</h3>
            <p class="">网页如门面，小到个人主页，大到公司、政府部门以及国际组织等在网络
上无不以网页作为自己的门面。当点击到网站时，首先映入眼帘的是该网页的界面设计，如内容的介绍、
按钮的摆放、文字的组合、色彩的应用、使用的引导等等。这一切都是网页设计的范畴，都是网页设计师
的工作。</p>
        </div>
    </div>
```

关于我们页面下半部分的效果如图 17-6 所示。

图 17-6　“关于我们”页面下半部分的效果

最后为图片添加过渡动画和 2D 缩放，为文本内容(<p>)添加首行缩进 2em。这里设置的内容对整个网页都起作用，所以在后续的内容中将不再赘述。

```
img{
   transition: all 0.2s ease-in;      /*定义过渡动画*/
}
img:hover{
   transform: scale(1.1);              /*定义 2D 缩放*/
}
p{
   text-indent: 2em;                   /*首行缩进 2 字符*/
}
```

17.3.3　我们的团队

“我们的团队”页面包括上半部分和下半部分。

上半部分介绍团队成员的照片、联系方式和姓名。使用网格系统设计布局，定义 3 列。每列中添加照片、联系方式图标和姓名。

```
<h4 id="list3" class="list"></h4>
   <div class="container">
      <h1 class="text-center">__我们的团队__</h1>
      <p class="my-4">每一天，我们都憧憬更高更远的未来，不断前行，加倍自信。团队协作是
通向成功的保证，专注则让我们更加优秀。我们有着从业超过十年的设计总监群，也有年轻而具有活力的
新生代力量，当业界顶尖的设计师同聚一堂，那一定可以创造奇迹。我们乐于接受新的挑战，也相信明天
会一定更好。</p>
      <div class="row">
         <div class="col-12 col-md-4">
            <div class="box"><img src="images/0006.png" alt="" class="img-
fluid w-100"></div>
            <div class="bg-primary text-center py-2 iconColor">
               <a href="#"><i class="fa fa-weixin"></i></a>
               <a href="#" class="mx-2"><i class="fa fa-qq"></i></a>
               <a href="#"><i class="fa fa-phone"></i></a>
            </div>
            <h2 class="text-center bg-dark text-white py-3">Wilson</h2>
         </div>
         <div class="col-12 col-md-4">
```

```
            <div class="box"><img src="images/0007.png" alt="" class="img-
fluid w-100"></div>
            <div class="bg-primary text-center py-2 iconColor">
               <a href="#"><i class="fa fa-weixin"></i></a>
               <a href="#" class="mx-2"><i class="fa fa-qq"></i></a>
               <a href="#"><i class="fa fa-phone"></i></a>
            </div>
            <h2 class="text-center bg-dark text-white py-3">Anne</h2>
         </div>
         <div class="col-12 col-md-4">
            <div class="box"><img src="images/0008.png" alt="" class="img-
fluid w-100"></div>
            <div class="bg-primary text-center py-2 iconColor">
               <a href="#"><i class="fa fa-weixin"></i></a>
               <a href="#" class="mx-2"><i class="fa fa-qq"></i></a>
               <a href="#"><i class="fa fa-phone"></i></a>
            </div>
            <h2 class="text-center bg-dark text-white py-3">Kevin</h2>
         </div>
      </div>
   </div>
```

“我们的团队”页面的上半部分效果如图 17-7 所示。

图 17-7 “我们的团队”页面的上半部分效果

下半部分介绍我们团队的成就，包括获奖、代码行、全球客户和交付的项目。使用网格进行布局，定义 4 列，每列中都添加了字体图标。

```
<h4 id="list3" class="list"></h4>
   <div class="mt-4 bg1">
      <div class="row text-white">
         <div class="col-md-3 text-center py-5">
            <div><i class="fa fa-trophy fa-3x i-circle rounded-
circle"></i></div>
            <h2 class="my-4">50</h2>
            <h5>获奖</h5>
         </div>
         <div class="col-md-3 text-center py-5">
            <div><i class="fa fa-code fa-3x i-circle rounded-
circle"></i></div>
            <h2 class="my-4">358000</h2>
```

```
            <h5>代码行</h5>
        </div>
        <div class="col-md-3 text-center py-5">
            <div><i class="fa fa-globe fa-3x i-circle rounded-
circle"></i></div>
            <h2 class="my-4">786</h2>
            <h5>全球客户</h5>
        </div>
        <div class="col-md-3 text-center py-5">
            <div><i class="fa fa-rocket fa-3x i-circle rounded-
circle"></i></div>
            <h2 class="my-4">1280</h2>
            <h5>交付的项目</h5>
        </div>
    </div>
</div>
```

添加背景色(.bg1)，并重新定义字体图标的大小类样式，并添加 2D 缩放效果。

```
.bg1{
   background:  #7870E8;                    /*定义背景色*/
   padding:30px 0;                          /*定义内边距*/
}
.i-circle{
   padding: 20px 22px;                      /*定义内边距*/
   background:white;                        /*定义背景颜色*/
   color: #7870E8;                          /*定义字体颜色*/
}
.i-circle1{
   padding: 20px 35px;                      /*定义内边距*/
   background:white;                        /*定义背景色*/
   color: #7870E8;                          /*定义字体颜色*/
}
.i-circle:hover{
   transform: scale(1.1);                   /*定义 2D 缩放*/
}
.i-circle1:hover{
   transform: scale(1.1);                   /*定义 2D 缩放*/
}
```

“我们的团队”页面的下半部分效果如图 17-8 所示。

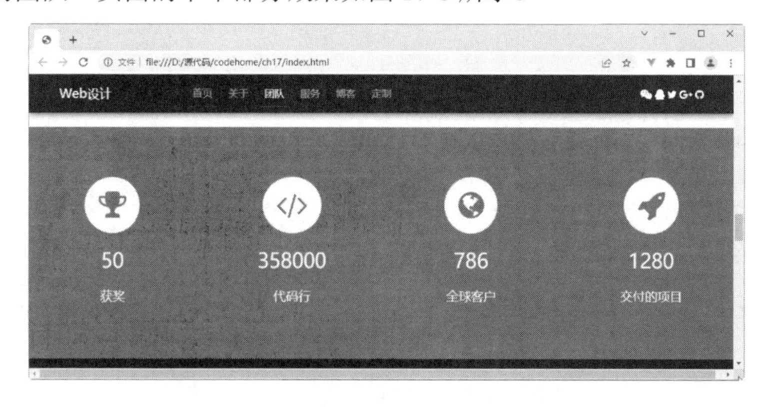

图 17-8　“我们的团队”页面的下半部分效果

17.3.4 我们的服务

“我们的服务”页面使用网格系统布局，首先定义 4 列，每列占 6 份，按两排显示；然后在每列中再嵌套网格系统，定义两列，分别占 4 份和 8 份，左侧是字体图标，右侧是服务内容。

```
<div class="bg-dark pb-5 text-white">
    <h4 id="list4" class="list"></h4>
    <div class="container">
       <h1 class="text-center">__我们的服务__</h1>
       <p class="my-4">我们可以为您的公司提供全面服务——从检验和审核，到测试和分析以及
认证。我们致力于为您的公司提供每个领域中的最佳解决方案。</p>
     </div>
    <div class="row">
       <div class="col-md-6">
          <div class="row">
             <div class="col-md-4 text-center"><i class="fa fa-diamond fa-
3x i-circle rounded-circle"></i></div>
             <div class="col-md-8">
                <h4>认证</h4>
               <p>在众多技术领域和国家地区，我们都已获得授信以验证您的体系、产品、人员
或资产满足特定要求，并颁发证书正式确认。</p>
                <a class="btn btn-primary" href="#">更多信息</a>
             </div>
          </div>
       </div>
       <div class="col-md-6 mb-5">
         <div class="row">
             <div class="col-md-4 text-center"><i class="fa fa-mobile fa-3x
i-circle1 rounded-circle"></i></div>
             <div class="col-md-8">
                <h4>咨询</h4>
                <p>我们可以为您提供质量、安全、环境和社会责任方面的建议、全球行业基准
和技术咨询服务。</p>
                <a class="btn btn-primary" href="">更多信息</a>
             </div>
          </div>
       </div>
       <div class="col-md-6">
          <div class="row">
             <div class="col-md-4 text-center"><i class="fa fa-rocket fa-3x
i-circle rounded-circle"></i></div>
             <div class="col-md-8">
                <h4>培训</h4>
                <p>我们提供全方位的培训服务，覆盖了与您业务活动相关的所有问题。从而帮
助您改进质量、安全、社会责任领域的能力，并且鼓励您考虑“人员因素”。</p>
                <a class="btn btn-primary" href="">更多信息</a>
             </div>
          </div>
       </div>
       <div class="col-md-6">
          <div class="row">
             <div class="col-md-4 text-center"><i class="fa fa-internet-
explorer fa-3x i-circle rounded-circle"></i></div>
            <div class="col-md-8">
               <h4>检查与审核</h4>
```

```
                    <p>在全世界的每个经济领域中，我们都能够依照本地或国际标准和法规，或自愿
要求，对您的设施、设备和产品实施检验——并审核您的系统与流程。</p>
                    <a class="btn btn-primary" href="">更多信息</a>
                </div>
            </div>
        </div>
    </div>
</div>
```

服务页面的效果如图 17-9 所示。

图 17-9　服务页面的效果

17.3.5　我们的博客

“我们的博客”页面直接使用网格系统进行布局，定义 6 列，每列占 4 份，所以按 2 行排列，在每列中添加一张图片。图片添加了过渡效果和 2D 缩放，具体参考“关于我们”一节中的样式代码。

```
<div class="container blog">
    <h4 id="list5" class="list"></h4>
    <h1 class="text-center">__我们的博客__</h1>
    <p class="my-4">“乐于分享，加速成长，共同进步，和谐共赢” ，不仅说到，并且做到了！知
识不是力量，知识只是潜能，应用改变自我和世界才有价值，知行合一！ 分享知识会得到更多知识以及
更多超越知识的东西！分享是人与人之间最基础的信任。</p>
    <div class="row">
        <div class="col-4">
            <img src="images/0009.png" alt="" class="img-fluid">
        </div>
        <div class="col-4">
            <img src="images/0010.png" alt="" class="img-fluid">
        </div>
        <div class="col-4 mb-4">
            <img src="images/0011.png" alt="" class="img-fluid">
        </div>
        <div class="col-4">
            <img src="images/0012.png" alt="" class="img-fluid">
        </div>
```

```
        <div class="col-4">
            <img src="images/0013.png" alt="" class="img-fluid">
        </div>
        <div class="col-4">
            <img src="images/0015.png" alt="" class="img-fluid">
        </div>
    </div>
</div>
```

博客页面的效果如图 17-10 所示。

图 17-10　博客页面的效果

17.3.6　我们的定制

“我们的定制”页面使用网格系统进行布局，定义 3 列，每列占 4 份。每列内容由两部分构成：套餐和说明，说明部分使用 Bootstrap 列表组组件进行设计。

```
<h4 id="list6" class="list"></h4>
    <div class="container px-5">
        <h1 class="text-center">__我们的定制__</h1>
        <p class="my-4">我们的定制内容包括以下 3 种，您可以根据需要进行选择，期待与您的合作。</p>
        <div class="row text-white">
            <div class="col-4">
                <div class="text-center">
                    <h5 class="bg-light py-3 m-0 text-success">创业基础</h5>
                    <h5 class="bg-primary py-2 m-0">服务标准</h5>
                </div>
                <ul class="list-group list-group-flush text-center ">
                    <li class="list-group-item list-group-item-secondary">1-3 年经验设计师</li>
                    <li class="list-group-item list-group-item-secondary">2 套LOGO 设计方案</li>
                    <li class="list-group-item list-group-item-secondary">3 个工作日出设计初稿</li>
```

```
                <li class="list-group-item list-group-item-secondary">5 个工
作日出设计稿</li>
                <li class="list-group-item list-group-item-secondary">12 项可
编辑矢量源文件</li>
                <li class="list-group-item list-group-item-secondary py-
4"><a href="#" class="btn btn-primary">现在定制</a></li>
            </ul>
        </div>
        <div class="col-4">
            <div class="text-center">
                <h5 class="bg-success py-3 m-0">豪华套餐</h5>
                <h5 class="bg-dark py-2 m-0">服务标准</h5>
            </div>
            <ul class="list-group list-group-flush text-center ">
                <li class="list-group-item list-group-item-secondary">3-5 年
经验设计师</li>
                <li class="list-group-item list-group-item-secondary">3 套
LOGO 设计方案</li>
                <li class="list-group-item list-group-item-secondary">2 个工
作日出 LOGO 设计初稿</li>
                <li class="list-group-item list-group-item-secondary">5-8 个
工作日出设计稿</li>
                <li class="list-group-item list-group-item-secondary">30 项可
编辑矢量源文件</li>
                <li class="list-group-item list-group-item-secondary py-
4"><a href="#" class="btn btn-primary">现在定制</a></li>
            </ul>
        </div>
        <div class="col-4">
            <div class="text-center">
                <h5 class="bg-light py-3 m-0 text-success">全部套餐</h5>
                <h5 class="bg-primary py-2 m-0">服务标准</h5>
            </div>
            <ul class="list-group list-group-flush text-center ">
                <li class="list-group-item list-group-item-secondary">5 年以
上经验设计师</li>
                <li class="list-group-item list-group-item-secondary">4 套
LOGO 设计方案</li>
                <li class="list-group-item list-group-item-secondary">5 个工
作日出 LOGO 设计初稿</li>
                <li class="list-group-item list-group-item-secondary">7-9 个
工作日出设计稿</li>
                <li class="list-group-item list-group-item-secondary">58 项可
编辑矢量源文件</li>
                <li class="list-group-item list-group-item-secondary py-
4"><a href="#" class="btn btn-primary">现在定制</a></li>
            </ul>
        </div>
    </div>
</div>
```

博客页面的效果如图 17-11 所示。

图 17-11　博客页面的效果

17.4　设 计 脚 注

首先定义脚注外包含框，设置黑色背景颜色、白色字体颜色。内容部分包括一组联系图标和版权说明。

```
<footer class="footer bg-dark text-white py-5 mt-5">
   <div class="iconColor text-center">
      <a href="#"><i class="fa fa-weixin fa-2x"></i></a>
      <a href="#" class=" mx-3"><i class="fa fa-qq fa-2x"></i></a>
      <a href="#"><i class="fa fa-twitter fa-2x"></i></a>
      <a href="#" class="mx-3"><i class="fa fa-google-plus fa-2x"></i></a>
      <a href="#"><i class="fa fa-github fa-2x"></i></a>
   </div>
   <div class="text-center my-3">
      <p>Copyright &copy; 2020.</p>
   </div>
</footer>
```

脚注页面的效果如图 17-12 所示。

图 17-12　脚注页面效果

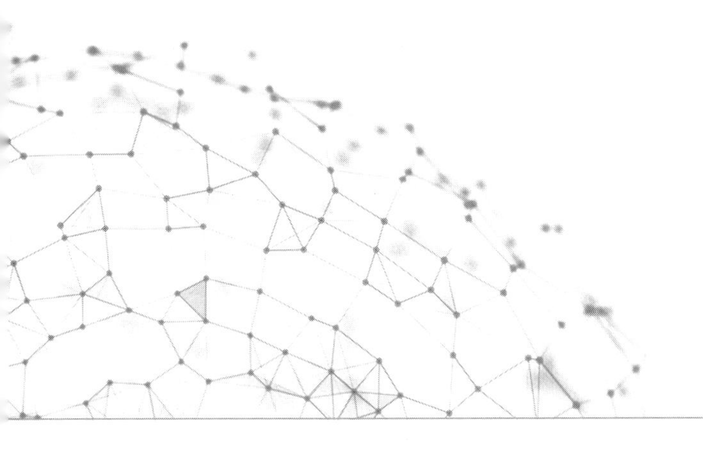

第18章

项目实训6——开发神影视频网站

视频网站是指在完善的技术平台支持下，让互联网用户在线流畅发布、浏览和分享视频作品的网络媒体。除了传统的对视频网站的理解外，近年来，无论是P2P直播网站、BT下载站，还是本地视频播放软件，都将向影视点播扩展作为自己的一块战略要地。影视点播已经成为各类网络视频运营商的兵家必争之地。本章将介绍一款视频网站的开发项目。

18.1 网站概述

本项目介绍神影视频网站主页面的制作，主要使用Bootstrap进行设计，页面简单、时尚，布局类似各大视频网站。

18.1.1 网站结构

本项目目录文件说明如下：

- bootstrap-5.1.3-dist：Bootstrap框架文件夹。
- font-awesome：图标字体库文件夹。
- css：样式表文件夹。
- image：图片素材文件夹。
- index.html：主页面。

18.1.2 网站布局

本项目视频网站主页面的布局如图18-1所示。

图18-1 网站布局

18.1.3 网站效果

运行index.html文件，页面效果如图18-2、图18-3所示。

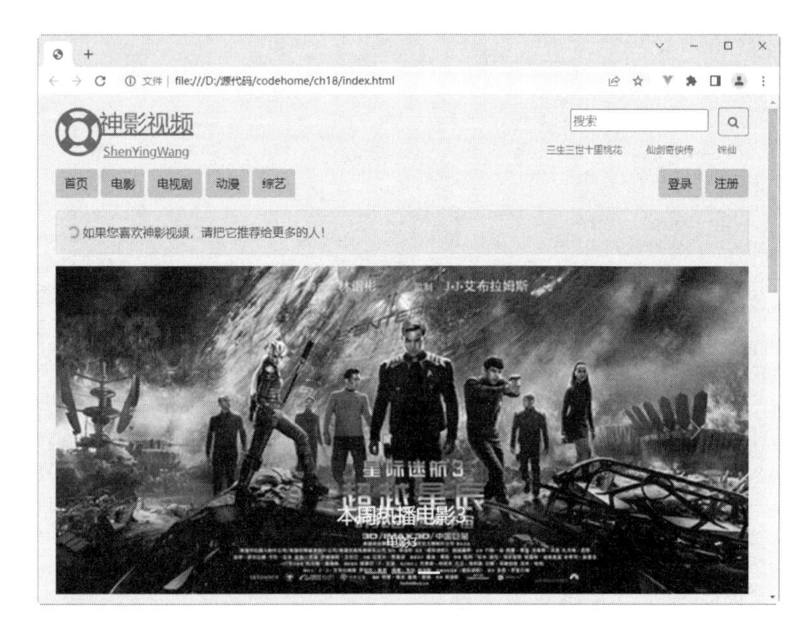

图 18-2　页面上半部分效果

图 18-3　页面下半部分效果

18.1.4　设计准备

应用 Bootstrap 框架的页面建议保存为 HTML5 文档类型，同时在页面头部区域导入框架的基本样式文件、脚本文件和自定义的 CSS 样式文件。

```
<!DOCTYPE html>
<html>
<head>
    <meta charset="UTF-8">
    <title>Title</title>
    <meta name="viewport" content="width=device-width,initial-scale=1,
```

```
shrink-to-fit=no">
    <link rel="stylesheet" href="bootstrap-5.1.3-dist/css/bootstrap.css">
    <link rel="stylesheet" href="font-awesome/css/font-awesome.css">
    <script src="bootstrap-5.1.3-dist/js/bootstrap.bundle.js"></script>
    <link rel="stylesheet" href="style.css">
</head>
<body class="container my-3">
</body>
</html>
```

18.2　设计主页面

本案例主要介绍主页面的设计方法，主要包括头部内容、轮播、分类列表、视频内容和脚注等部分。

18.2.1　设计头部内容

头部包含的内容比较多，有 Logo、网站名称、搜索框、导航按钮、登录注册按钮和推荐语。Logo、网站名称、搜索框、导航按钮、登录注册按钮使用网格系统布局，使用 Flex 实用程序类排列内容，推荐语使用 Bootstrap 警告框和旋转器组件设计。

```
<!--头部-->
<div class="header">
    <div class="row no-gutters">
        <div class="col-6">
            <div class="row">
                <div class="col-1">
                    <i class="fa fa-life-ring fa-4x text-success"></i>
                </div>
                <div class="col-4 text-center ms-3">
                    <h3 class="header-size"><a href="#">神影视频</a></h3>
                    <span><a href="#">ShenYingWang</a></span>
                </div>
            </div>
        </div>
        <div class="col-6">
            <div class="d-flex justify-content-end">
                <div class="form-inline">
                    <input class="me-sm-2" type="search" placeholder="搜索">
                    <a href="#" class="btn btn-outline-success my-2 my-sm-0"><i
class="fa fa-search"></i></a>
                </div>
            </div>
            <ul class="nav size1 justify-content-end">
                <li class="nav-item">
                    <a class="nav-link" href="#">三生三世十里桃花</a>
                </li>
                <li class="nav-item">
                    <a class="nav-link" href="#">仙剑奇侠传</a>
                </li>
                <li class="nav-item">
                    <a class="nav-link" href="#">诛仙</a>
                </li>
            </ul>
        </div>
```

```
    </div>
    <div class="row no-gutters mt-2">
        <div class="col-6">
            <a href="" class="btn btn-warning">首页</a>
            <a href="" class="btn btn-warning">电影</a>
            <a href="" class="btn btn-warning">电视剧</a>
            <a href="" class="btn btn-warning">动漫</a>
            <a href="" class="btn btn-warning">综艺</a>
        </div>
        <div class="col-6 text-end">
            <a href="" class="btn btn-warning">登录</a>
            <a href="" class="btn btn-warning">注册</a>
        </div>
    </div>
    <div class="alert alert-success mt-3">
        <div class="spinner-border spinner-border-sm text-info">
            <span class="sr-only">Loading...</span>
        </div>
        如果您喜欢神影视频，请把它推荐给更多的人！
    </div>
</div>
```

设计样式代码如下：

```
body{
    background: #ececec;          /*定义主体背景色*/
    font-family: 微软雅黑;         /*定义主体字体颜色*/
}
.header-size{
    font-size: 2rem;              /*定义字体大小*/
}
.size1{
    font-size: 0.8rem;            /*定义字体大小*/
}
```

头部效果如图 18-4 所示。

图 18-4　头部效果

18.2.2　设计轮播

直接使用 Bootstrap 轮播组件进行设计，没有添加任何自定义样式，删除 Bootstrap 自带的标题和文本说明。

```
<!-- 轮播 -->
<div id="carousel" class="carousel slide" data-bs-ride="carousel">

   <!-- 指示图标 -->
  <div class="carousel-indicators">
    <button type="button" data-bs-target="#carousel" data-bs-slide-to="0"
class="active"></button>
    <button type="button" data-bs-target="#carousel" data-bs-slide-
to="1"></button>
```

```
    <button type="button" data-bs-target="#carousel" data-bs-slide-
to="2"></button>
  </div>

  <!-- 轮播图片和文字 -->
  <div class="carousel-inner">
    <div class="carousel-item active">
      <img src="image/10.jpg" class="d-block w-100">
      <div class="carousel-caption">
        <h3>本周热播电影 1</h3>
        <p>电影 1</p>
      </div>
    </div>
    <div class="carousel-item">
      <img src="image/11.jpg" class="d-block w-100">
      <div class="carousel-caption">
        <h3>本周热播电影 2</h3>
        <p>电影 2</p>
      </div>
    </div>
    <div class="carousel-item ">
      <img src="image/12.jpg" class="d-block w-100">
      <div class="carousel-caption">
        <h3>本周热播电影 3</h3>
        <p>电影 3</p>
      </div>
    </div>
  </div>
    <!-- 左右切换按钮 -->
  <button class="carousel-control-prev" type="button" data-bs-
target="#carousel" data-bs-slide="prev">
    <span class="carousel-control-prev-icon"></span>
  </button>
  <button class="carousel-control-next" type="button" data-bs-
target="#carousel" data-bs-slide="next">
    <span class="carousel-control-next-icon"></span>
  </button>
</div>
```

轮播效果如图 18-5 所示。

图 18-5　轮播效果

18.2.3　设计分类列表

电影分类列表使用 Bootstrap 进行布局，一行四列，分别占网格系统的 4、4、2 和 2 份。每列内容都是由标题和内容包含框组成，标题中使用了 Bootstrap 中卡片的.card-header

类，并覆盖了部分样式；内容使用超链接设计，并添加伪类(hover)设置悬浮效果，如图 18-6 所示。

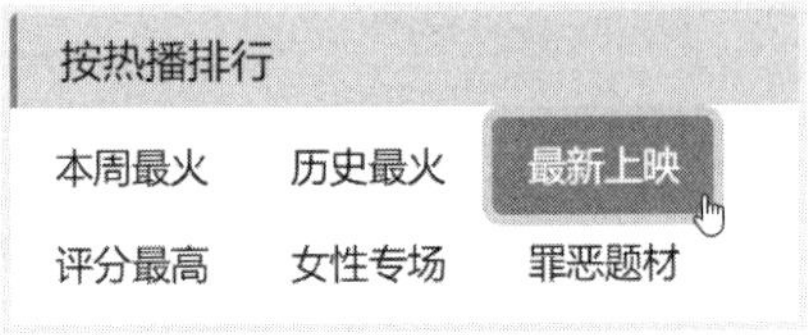

图 18-6　悬浮效果

具体代码如下：

```
<!--分类专区-->
<div class="row my-3">
    <div class="col-4">
        <h5 class="card-header">按热播排行</h5>
        <div class="p-1 bg-white">
            <a href="#" class="btn color4">本周最火</a>
            <a href="#" class="btn color4">历史最火</a>
            <a href="#" class="btn color4">最新上映</a>
            <a href="#" class="btn color4">评分最高</a>
            <a href="#" class="btn color4">女性专场</a>
            <a href="#" class="btn color4">罪恶题材</a>
        </div>
    </div>
    <div class="col-4">
        <h5 class="card-header">按类型</h5>
        <div class="p-1 bg-white">
            <a href="#" class="btn color4">爱情</a>
            <a href="#" class="btn color4">动作</a>
            <a href="#" class="btn color4">喜剧</a>
            <a href="#" class="btn color4">惊悚</a>
            <a href="#" class="btn color4">恐怖</a>
            <a href="#" class="btn color4">悬疑</a>
            <a href="#" class="btn color4">科幻</a>
            <a href="#" class="btn color4">历史</a>
            <a href="#" class="btn color4">灾难</a>
            <a href="#" class="btn color4">经典</a>
        </div>
    </div>
    <div class="col-2">
        <h5 class="card-header">按地区</h5>
        <div class="p-1 bg-white">
            <a href="#" class="btn color4">内地</a>
            <a href="#" class="btn color4">港台</a>
            <a href="#" class="btn color4">欧美</a>
        </div>
    </div>
    <div class="col-2">
        <h5 class="card-header">按电影基因</h5>
        <div class="p-1 bg-white">
            <a href="#" class="btn color4">抗日</a>
            <a href="#" class="btn color4">间谍</a>
            <a href="#" class="btn color4">硬汉</a>
            <a href="#" class="btn btn-outline-success btn-sm">更多</a>
        </div>
    </div>
</div>
```

设计的样式代码如下：

```
.color4{
    font-size: 0.9rem;                  /*定义字体大小*/
}
```

```
.color4:hover{
    background: #00cc00;             /*定义背景色*/
    color: white;                    /*定义字体颜色*/
}
.card-header{
    border: 0;                       /*定义边框为 0px*/
    background: #dedede;             /*定义背景颜色*/
    font-size: 1rem;                 /*定义字体大小*/
    border-left: 3px solid #00cc00;  /*定义左边边框*/
}
```

电影分类列表效果如图 18-7 所示。

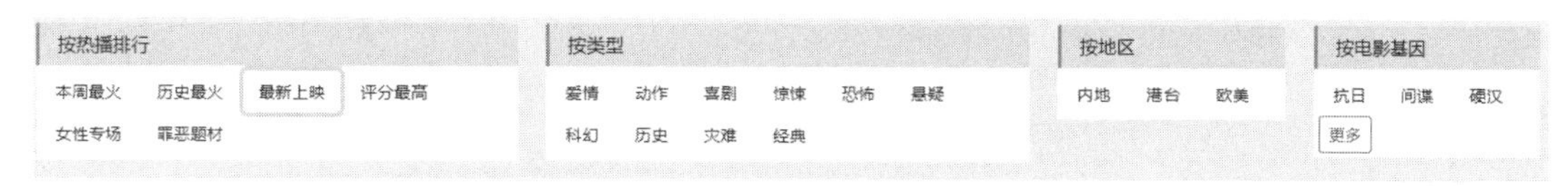

图 18-7　电影分类列表效果

18.2.4　设计视频内容

视频内容包括左右两部分，左边是最新视频的展示部分，右侧是对应视频的热度排行榜。使用 Bootstrap 网格系统进行布局，一行两列，分别占 9 份和 3 份。

左侧展示了最新的电影和电视剧，再嵌套一层网格系统，定义 4 列，每列占 3 份。每列内容由图片、视频名称和说明组成，为图片添加 2D 缩放效果，为视频名称和说明添加伪类悬浮效果。

```
<div class="row ps-3 scale">
    <div class="col-9 bg-white pt-3">
        <div class="d-flex justify-content-between">
            <div><h3><div class="border1 me-2"></div>最新电影</h3></div>
            <div><a href="#" class="btn btn-outline-danger btn-sm">更多</a></div>
        </div>
        <div class="row no-gutters">
            <div class="col-3 p-1">
                <img src="image/01.png" alt="" class="img-fluid">
                <h5 class="color1">绿巨人 2</h5>
                <p class="color2">最帅绿巨人诺顿</p>
            </div>
            <div class="col-3 p-1">
                <img src="image/02.png" alt="" class="img-fluid">
                <h5 class="color1">蚁人</h5>
                <p class="color2">漫威宇宙第二阶段收官之作</p>
            </div>
            <div class="col-3 p-1">
                <img src="image/03.png" alt="" class="img-fluid">
                <h5 class="color1">复仇者联盟三部连看</h5>
                <p class="color2">漫威英雄齐聚</p>
            </div>
            <div class="col-3 p-1">
                <img src="image/04.png" alt="" class="img-fluid">
                <h5 class="color1">钢铁侠 3</h5>
                <p class="color2">钢铁侠的崛起</p>
```

```
            </div>
        </div>
        <div class="d-flex justify-content-between mt-2">
            <div><h3><span class="border2 me-2"></span>最新电视剧</h3></div>
            <div><a href="#" class="btn btn-outline-primary btn-sm">更多</a></div>
        </div>
        <div class="row no-gutters">
            <div class="col-3 p-1">
                <img src="image/06.png" alt="" class="img-fluid">
                <h5 class="color1">闪电侠</h5>
                <p class="color2">宇宙快男大战思考者</p>
            </div>
            <div class="col-3 p-1">
                <img src="image/07.png" alt="" class="img-fluid">
                <h5 class="color1">西部世界</h5>
                <p class="color2">人工智能的终极复仇</p>
            </div>
            <div class="col-3 p-1">
                <img src="image/08.png" alt="" class="img-fluid">
                <h5 class="color1">河谷镇</h5>
                <p class="color2">高颜值悬疑版绯闻女孩</p>
            </div>
            <div class="col-3 p-1">
                <img src="image/09.png" alt="" class="img-fluid">
                <h5 class="color1">权力的游戏</h5>
                <p class="color2">HBO 奇幻史诗巨作</p>
            </div>
        </div>
    </div>
```

左侧部分样式代码：

```
.color1{
    font-size: 1rem;              /*定义字体大小*/
    font-weight: bold;            /*定义字体加粗*/
    margin: 10px 0 5px;           /*定义内边距*/
}
.color1:hover{
    color: red;                   /*定义字体颜色*/
}
.scale img:hover{
    transform: scale(1.05);       /*定义 2D 缩放*/
}
.color2{
    font-size: 0.8rem;            /*定义字体大小*/
    color: grey;                  /*定义字体颜色*/
}
.color2:hover{
    color: black;                 /*定义字体颜色*/
}
```

在 IE11 浏览器中运行，左侧最新视频展示效果如图 18-8 所示。

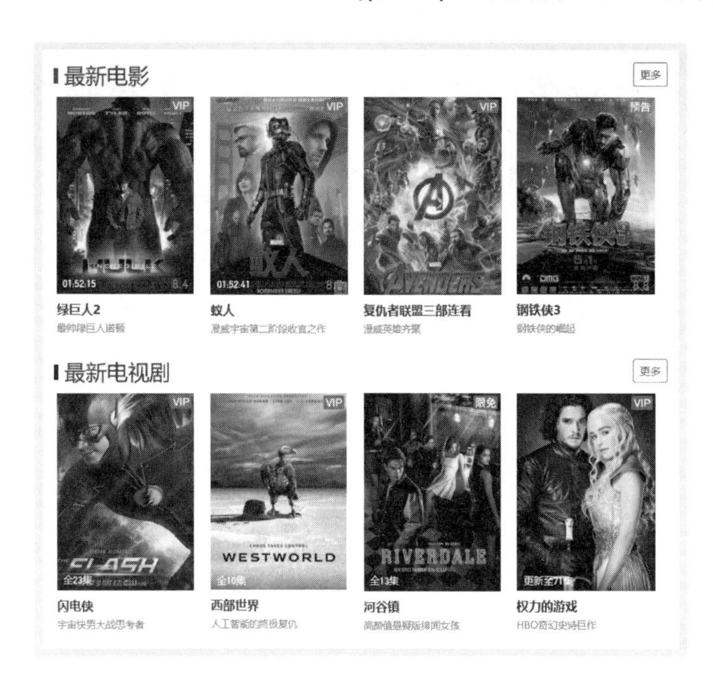

图 18-8　最新视频展示效果

右侧部分使用列表组进行设计，并更改了默认的内边距样式。

```
<div class="col-3">
   <div><h4><i class="fa fa-fire me-2 text-danger"></i>最热电影</h4></div>
   <div class="list-group list-group-flush mt-3">
      <a href="#" class="list-group-item list-group-item-action list-group-
item-light">
         <span class="number1 me-3">1</span><b class="color3">老师好</b>
      </a>
      <a href="#" class="list-group-item list-group-item-action list-group-
item-light">
         <span class="number1 me-3">2</span><b class="color3">笑盗江湖</b>
      </a>
      <a href="#" class="list-group-item list-group-item-action list-group-
item-light">
         <span class="number1 me-3">3</span><b class="color3">流浪地球</b>
      </a>
      <a href="#" class="list-group-item list-group-item-action list-group-
item-light">
         <span class="number3 me-3">4</span><b class="color3">人间喜剧</b>
      </a>
      <a href="#" class="list-group-item list-group-item-action list-group-
item-light">
         <span class="number3 me-3">5</span><b class="color3">复仇者联盟 3</b>
      </a>
      <a href="#" class="list-group-item list-group-item-action list-group-
item-light">
          <span class="number3 me-3">6</span><b class="color3">一代宗师</b>
      </a>
      <a href="#" class="list-group-item list-group-item-action list-group-
item-light">
          <span class="number3 me-3">7</span><b class="color3">叶问 3</b>
       </a>
       <a href="#" class="list-group-item list-group-item-action list-group-
```

```
item-light">
            <span class="number3 me-3">8</span><b class="color3">风中有朵雨做的云</b>
        </a>
    </div>
    <div class="mt-4 mb-3"><h4><i class="fa fa-fire me-2 text-primary"></i>最
热电视剧</h4></div>
      <div class="list-group list-group-flush">
        <a href="#" class="list-group-item list-group-item-action list-group-
item-light">
            <span class="number2 me-3">1</span><b class="color3">仙剑奇侠传</b>
        </a>
        <a href="#" class="list-group-item list-group-item-action list-group-
item-light">
            <span class="number2 me-3">2</span><b class="color3">趁我们还年轻</b>
        </a>
        <a href="#" class="list-group-item list-group-item-action list-group-
item-light">
            <span class="number2 me-3">3</span><b class="color3">暖暖小时光</b>
        </a>
        <a href="#" class="list-group-item list-group-item-action list-group-
item-light">
             <span class="number3 me-3">4</span><b class="color3">何人生还</b>
        </a>
        <a href="#" class="list-group-item list-group-item-action list-group-
item-light">
             <span class="number3 me-3">5</span><b class="color3">权利游戏</b>
        </a>
        <a href="#" class="list-group-item list-group-item-action list-group-
item-light">
             <span class="number3 me-3">6</span><b class="color3">遇见爱情</b>
        </a>
       <a href="#" class="list-group-item list-group-item-action list-group-
item-light">
            <span class="number3 me-3">7</span><b class="color3">三生三世十里桃花</b>
        </a>
       <a href="#" class="list-group-item list-group-item-action list-group-
item-light">
           <span class="number3 me-3">8</span><b class="color3">诛仙</b>
      </a>
    </div>
  </div>
</div>
```

右侧部分样式代码如下：

```
.number1{
    padding: 0.3rem 0.65rem;              /*定义内边距*/
    background: red;                      /*定义背景颜色*/
    color: white;                         /*定义字体颜色*/
    font-size: 12px;                      /*定义字体大小*/
}
.number2{
    padding: 0.3rem 0.65rem;              /*定义内边距*/
    background: blue;                     /*定义背景颜色*/
    color: white;                         /*定义字体颜色*/
    font-size: 12px;                      /*定义字体大小*/
}
.number3{
    padding: 0.3rem 0.65rem;             /*定义内边距*/
    background: #ffac2b;                 /*定义背景颜色*/
```

```
        color: white;                       /*定义字体颜色*/
        font-size: 12px;                    /*定义字体大小*/
    }
    .border1{
        height: 20px;                       /*定义高度*/
        display: inline-block;              /*定义行内块级元素*/
        border:3px solid red;               /*定义边框*/
    }
    .border2{
        height: 20px;                       /*定义高度*/
        display: inline-block;              /*定义行内块级元素*/
        border:3px solid blue;              /*定义边框*/
    }
    .list-group-item {
        padding: 0.5rem 1rem;               /*定义内边距*/
    }
    .color3{
        font-size: 1rem;                    /*定义字体大小*/
        color: black;                       /*定义字体颜色*/
    }
    .color3:hover{
        color: red;                         /*定义字体颜色*/
    }
```

右侧最热视频排行榜效果如图 18-9 所示。

图 18-9　最热视频排行榜效果

18.2.5　设计脚注

脚注部分由一个导航栏构成，用来指向下一个重要栏目。

```
<div class="footer mt-4 py-4">
    <ul class="nav justify-content-center">
        <li class="nav-item">
            <a class="nav-link active" href="#">关于我们</a>
        </li>
        <li class="nav-item">
            <a class="nav-link" href="#">|</a>
```

```
            </li>
            <li class="nav-item">
               <a class="nav-link" href="#">联系我们</a>
            </li>
            <li class="nav-item">
               <a class="nav-link" href="#">|</a>
            </li>
            <li class="nav-item">
               <a class="nav-link" href="#">诚聘英才</a>
            </li>
            <li class="nav-item">
               <a class="nav-link" href="#">|</a>
            </li>
            <li class="nav-item">
               <a class="nav-link" href="#">友情链接</a>
            </li>
        </ul>
        <div class="text-center size2">电影卫星频道节目中心</div>
    </div>
```

设计样式如下：

```
.footer{
    border-top:2px solid white;      /*定义顶部边框*/
}
.footer a, .size2{
    font-size: 0.8rem;               /*定义字体大小*/
    color: black;                    /*定义字体颜色*/
}
.footer a:hover{
    color: red;                      /*定义字体颜色*/
}
```

脚注页面效果如图 18-10 所示。

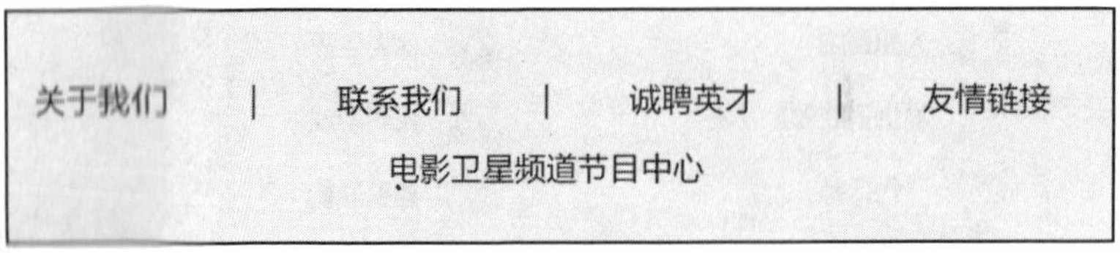

关于我们 | 联系我们 | 诚聘英才 | 友情链接

电影卫星频道节目中心

图 18-10　脚注页面效果